丽水水电

丽水市水利局　编著

中国水利水电出版社
www.waterpub.com.cn
·北京·

内 容 提 要

本书是在丽水市水利局2018年于浙江省率先完成小水电清理整改综合评估工作，获得和梳理一手水电站技术资料的基础上编写而成的，旨在保存丽水市水电发展的珍贵史料，再现丽水市水电发展的光辉历程，记录丽水市水电发展中的重大事件，全面反映和讴歌新中国成立以来丽水市水电的辉煌成就，宣传丽水水电。对于丽水市水电发展来说，此书具有重要意义。

本书适合关心和支持丽水市水电建设的读者阅读，也可作为了解丽水市水电发展历程的辅助读物。

图书在版编目（CIP）数据

丽水水电 / 丽水市水利局编著. -- 北京：中国水利水电出版社，2021.9
ISBN 978-7-5226-0052-9

Ⅰ. ①丽… Ⅱ. ①丽… Ⅲ. ①水利水电工程—概况—丽水 Ⅳ. ①TV752.553

中国版本图书馆CIP数据核字（2021）第202158号

书　名	**丽水水电** LISHUI SHUIDIAN
作　者	丽水市水利局　编著
出版发行	中国水利水电出版社 （北京市海淀区玉渊潭南路1号D座　100038） 网址：www.waterpub.com.cn E-mail：sales@waterpub.com.cn 电话：（010）68367658（营销中心）
经　售	北京科水图书销售中心（零售） 电话：（010）88383994、63202643、68545874 全国各地新华书店和相关出版物销售网点
排　版	金峰艺术设计中心
印　刷	天津嘉恒印务有限公司
规　格	184mm×260mm　16开本　15.5印张　358千字
版　次	2021年9月第1版　2021年9月第1次印刷
定　价	**98.00**元

谨以此书献给

为发展丽水水电事业做出贡献的人们！

编 委 会

编写人员

主　　编　沈春玲　秦俊虹

副 主 编　徐荣华　赵建达　陈勇泉

编写人员　项红英　丁敏冲　王晶晶　吴　昊　高晨烨
吴庆锋　江政儒　邓立鹏　徐海霞　吴逍凌
邹濯臣　季存华　叶方红

统　　稿　徐荣华　赵建达　沈春玲　秦俊虹

审　　定　卓观园

主　　审　徐荣华　赵建达

序

在庆祝中国共产党成立100周年之际，丽水市水利局组织编写的《丽水水电》一书付梓出版，这是我市水利水电发展史上的一件大事，也是向建党百年华诞献上的一份厚礼。

水是生命之源、生产之要、生态之基。所谓“丽水”，顾名思义：美丽之山水。丽水，素有“九山半水半分田”之称，其山是江浙之巅，其水是六江之源，山成就了她的特色，水造就了她的美丽。丽水因水而名、因水而兴、因水而美。诗画瓯江作为丽水的主要源流，贯穿整个丽水境内，从海拔1929m的龙泉市洞宫山脉主峰凤阳山黄茅尖跌落至东海之滨，水流落差巨大，气势磅礴，源源不断，生生不息，聚集成强大的能量。丽水之山水，展现了古代诗人李白笔下“飞流直下三千尺，疑是银河落九天”的美丽画卷。在这片广袤的土地上，有着得天独厚的水资源优势，水资源总量居浙江省第一。水能资源广泛分布在市辖9个县（市、区），技术可开发量达327.83万kW，为浙江省之最。丽水山水极具特色，人们广泛利用水能，成就了水电产业，丽水市因此被水利部命名为“中国水电第一市”，是浙江省的水电大市，丽水市下辖的景宁畲族自治县还被水利部授予“中国农村水电之乡”称号。丽水群山耸立，沟壑纵横，川流众多，山涧溪流上的水电站，宛如一颗颗璀璨的明珠镶嵌在丽水的青山绿水间，折射出丽水人民的智慧和敢为人先、勇于开拓、奋发有为的精神。

丽水水电发展波澜壮阔、可歌可泣。早在1940年，浙江省乡村工业实验所就在当时的丽水县太平乡大树岗创建了浙江历史上第一座水电站——太平汛水电站，开启了浙江省水力发电的先河。中华人民共和国成立后，特别是改革开放以来，在国家政策指引和各级党委、政府的领导和支持下，丽水水电从无到有、从小到大，从单站发电到联网运行，从建设县电网、建设农村电气化县、解决农村用电到节能减排、生态环境建设、促进农民脱贫致富和农村经济社会发展，于诸多方面发挥了重要作用，取得了巨大成绩。在不同的历史发展时期，丽水市涌现出一批享誉全国乃至世界的里程碑式的水电开发典型工程和改革创新探索。从20世纪50年代艰难探索瓯江大型水电站开发，到60年代国防“小三线”时期小水电建设小高潮，70年代自力更生、巧夺天工地开发盘溪流域梯级水电，80年代国内第一个中央与地方合资建设水电站试点项目——上标水电站、国内第一个以设计为主体的水电工程建设总承包改革试点项目——石塘水电站，90年代加快股份合作办电、引进外商独资办电，再到21世纪初期遂昌县水电资源开发权有偿出让率先试点、走进西部开发水电以及世纪梦圆、惠泽于民的浙江历史上最宏伟的扶贫工程之一——滩坑水电站，不同时期高潮迭起，屡攀高峰。改革开放以来，先后开展了高层次、多频次的小水电国际交流考察等活动，国内外影响广泛而深远。截至 2020 年年底，丽水建成了包括滩坑、紧水滩、三溪口、石塘、盘溪梯级、周公源梯级、成屏梯级、玉溪、上标、瑞垟、青田水利枢纽等为代表的大中小型水电站 803 座，装机容量 282.76 万 kW，年均发电量 70 亿 kW·h；其中，全市装机 5 万 kW 以下的小水电站 799 座，总装机 172.64 万 kW，年发电量 40 亿 kW·h，数量和装机占比分别是浙江全省的 1/4 和 2/5。

水为人类所利用，是上千年来劳动人民智慧的结晶。我国分布着诸多世界灌溉工程遗产，如四川都江堰、广西灵渠、丽水通济堰、宁波它山堰、龙游姜席堰、金华白沙溪三十六堰，等等。现代的水利水电事业是对先人的继承、发扬和光大。“上善若水，水善利万物而不争。”水处低位，却气势恢宏，奔腾不息，江河不竭，能量巨大！看上去是人在治水，实际上，是人领悟了水，顺应了水，听从了水。

有了水能的利用，就有了周而复始、循环往复的清洁能源、生态水电，强大的电流走进千家万户，点亮了个个村庄，照亮了座座山城。与水电密不可分的是一座座水库大坝、一个个人工湖，著名的千峡湖、南明湖、仙宫湖、留槎洲水上公园等成为人们闲暇时的去处。有了湖，座座山城更加散发她的无限魅力，长桥卧波，水面倒映着城中座座高楼，倒映着岸边柳树，倒映着城中夜景——夜景最是美不胜收，在湖光的衬托下，华灯璀璨，霓虹闪烁；有了湖，才有鱼儿畅游，游人垂钓，禽鸟栖憩；有了湖，人们漫步于绿道上、水岸边、水上公园，嬉戏于清澈湖水中，体现了“水清可游，岸绿可闲，景美可赏”的山水特色。座座水库大坝，更加作用非凡，它们调节上游水流时空分布不均、蓄水滞水、调洪削峰、灌溉供水，成为防洪防旱、防灾减灾的重要根基。

“绿水青山就是金山银山，对丽水来说尤为如此”。丽水是“绿水青山就是金山银山”理念的重要萌发地和先行实践地。水电是丽水市的特色产业、富民产业、惠民产业、生态产业、文化产业，对地方经济和社会贡献显著。生态资源变资本，绿水青山变银行。长期以来，水电开发一直是丽水市“绿水青山”转化为“金山银山”的重要载体和实现路径之一。丽水市水电多年平均发电量约为 70 亿 kW·h，电费收益约 40 亿元，对全市 GDP 贡献超过 3%。

作为首批国家生态文明先行示范区、国家生态保护和建设示范区，党的十八大以来，丽水市写好“水经注”，做好“水文章”，让富集的水资源优势真正成为强市富民的“源头活水”，让蕴含于“绿水青山”之中的生态资源、产品价值源源不断地变为地方发展、百姓手中的“金山银山”。丽水水电行业与时俱进，勇于探索，彰显了“生态担当”——绿色小水电示范电站创建遥遥领先，安全生产标准化建设成效卓著，长江经济带小水电清理整改全国率先，建成了绿色水电国际示范区，厚植了生态底色，夯实了绿色发展基础，推动了高质量发展，实现了生态文明建设、脱贫攻坚、乡村振兴协同推进。丽水市水电建设和行业管理继续走在全国的前列。

绿水逶迤去，青山相向开。而今，丽水的经济社会发展已进入以“高质量发展”为主题的新阶段。全市上下正坚定厉行“丽水之干”，贯彻新理念，构建新格局；全力打造“高水平建设和高质量发展重要窗口”。生态优先，让“绿水青山”的底色不褪色、不变色；绿色发展，使“金山银山”的分量更大、成色更足。满足人民对优质水资源需求的美好向往，打通“绿水青山就是金山银山”转化通道。生态文明建设将为丽水水电绿色发展开启一个更加灿烂的明天。

筚路蓝缕启山林，栉风沐雨砥砺行。本书记述了丽水水电不平凡的光辉历程，展示了丽水境内堪称博物馆、科普园的各类典型水电工程，彰显了丽水特色优势。本书内容丰富、资料翔实，为我们了解和认识丽水水电特别是小水电提供了一个很好的窗口和途径，这也是具有丽水辨识度、宣传丽水的又一张靓丽的“金名片”。

是为序。

丽水市人民政府副市长 杨秀清

2022 年 1 月

前 言

丽水市地处浙江省西南部，是瓯江、钱塘江、闽江、赛江、飞云江和椒江六江之源，素有“九山半水半分田”之说。市辖莲都、龙泉、青田、云和、庆元、缙云、遂昌、松阳、景宁九县（市、区）。

丽水市有着得天独厚的水资源优势，水资源总量居浙江省第一。水能资源十分丰富，技术可开发量达 327.83 万 kW，为浙江省之最。境内水电开发利用历史悠久，虽然有些电站和工程项目已如流星划过历史的长河，但给后人留下了不可磨灭的精神财富。迄今，800 多座各种类型的水电站如明珠般镶嵌并闪烁在青山绿水间，遍布全市大小水系的干支流。

伴随着新中国的建设和改革开放，丽水的水电事业走过了不平凡的发展历程。水电是丽水独具辨识度、特色优势明显的产业，在全国同类地级市中，水电资源开发利用，特别是小水电规模巨大，在惠民富民和对地方社会经济发展、生态文明建设及文化发展方面，举足轻重，贡献巨大。

“绿水青山就是金山银山，对丽水来说尤为如此”。进入 21 世纪，特别是党的十八大以来，丽水水电在“两山”理念和“八八战略”的指引下，努力探索把生态优势转化为经济优势、发展优势、竞争优势，把“绿水青山”所蕴含的生态产品价值更高效率、更好效果、更大效用地转化为“金山银山”，勇当水电绿色发展的探路者和模范生，争做践行“两山”理念的全国行业标杆！

为保存丽水市水电发展的珍贵史料，再现水电发展的光辉历程，记录水电发展中的重大事件，全面反映和讴歌新中国成立以来水电建设的辉煌成就，宣传丽水水电，我们在浙江省率先完成小水电清理整改综合评估工作，在获得和梳理一手水电站技术资料的基础上，编写了《丽水水电》一书。

全书共分四章，第一章由赵建达、沈春玲执笔，秦俊虹、吴庆锋、叶方红参与编写；第二章由徐荣华、陈勇泉执笔，邓小萌、沈春玲、项红英、吴逍凌参与编写；第三章由徐荣华、沈春玲、秦俊虹执笔，项红英、赵建达、陈勇泉、吴庆锋、丁敏冲、吴昊、高晨烨、王晶晶、邓小萌参与编写；第四章由沈春玲、秦俊虹执笔，邓立鹏、王晶晶参与编写；附表由赵建达、沈春玲、秦俊虹编制，吴昊、高晨烨、王晶晶、徐海霞、江政儒、邹濯臣、季存华参与编制。图片由各市（县、区）水利局及市水电行业协会及有关人士提供。全书编写大纲由徐荣华、赵建达起草，徐荣华、赵建达、沈春玲、秦俊虹统稿，徐荣华、赵建达审稿，卓观园审定。在全书编写过程中，丽水市水电行业协会、各县（市、区）

水利局和水电行业协会以及各水电站相关人员为本书提供了宝贵的资料。

本书可供农村水电行业有关管理部门，科研、设计、施工等单位和大专院校作为研究资料，也可供农村水电行业广大管理干部、科技工作者和技术人员借鉴参考。

本书有史有论，力图反映新中国成立以来丽水水电，特别是小水电发展的整体面貌。由于历史跨度较大，专业性较强，涉及内容广泛，加之编者水平有限，书中难免有不妥之处，热忱欢迎广大读者对本书提出宝贵意见和建议。在本书付梓之际，谨向长期支持丽水水电发展的各界人士，致以真诚的谢意！

编者

2021 年 3 月

目　录

第四章　水电之光

附录

第一章

自然资源

第一节 地理位置

丽水历史悠久，公元 589 年建处州，2000 年 7 月撤地设市。它位于浙江西南部，处于东经 118°41′～120°26′，北纬 27°25′～28°57′，东面与温州、台州接壤，西南与福建宁德、南平毗邻，西北与衢州市相连，北部与金华市交接，市域面积为 1.73 万 km^2，占浙江陆地面积的 1/6，是浙江省陆域面积最大的一个地级市，其中山地占 88.42%，耕地占 5.15%，自古有"九山半水半分田"之称。丽水市下辖一区一市七县，即莲都区、龙泉市和青田县、云和县、庆元县、缙云县、遂昌县、松阳县、景宁县，人口为 270.77 万人。

第二节 地形地貌

丽水市地形地貌受仙霞岭、括苍山、洞宫山三大山脉控制，总的地势是西南高、东北低，境内山地面积广，起伏剧烈。全市海拔 1000m 以上的山峰有 3573 座，1500m 以上山峰有 244 座，其中位于丽水西南的龙泉市的洞宫山脉主峰凤阳山黄茅尖，海拔 1929m，是江浙第一高峰。龙泉市、庆元县交界的百山祖主峰，海拔达 1856.7m，为江浙第二高峰。青田县温溪镇是全市最低点，地面海拔仅 7m，河床底高海拔 -3m 左右。区域内中山区占总面积的 68.6%，低山区占总面积的 18.9%，丘陵占总面积的 7.89%，山间盆地占总面积的 1.65%，河谷盆地占总面积的 2.9%，大多分布在干流及主要支流河道沿岸，如碧湖－丽水盆地、壶镇盆地、松古盆地等。

丽水是瓯江、钱塘江、飞云江、赛江（交溪）、闽江和椒江等水系干支流的发源地。瓯江自西向东贯穿整个丽水市，属典型的山溪性河流，干支流呈树枝状分布，大多与山脉走向平行，河谷两岸地形陡峻，河道纵向底坡较大。河床覆盖着较厚的卵石、大块石。河道及河谷宽窄不均，深潭与浅滩相间，河流基本上是在山谷中穿行，受两岸山谷约束，水流湍急。大溪大港头至丽水段河面较宽，水流比较平稳。小溪全部流经山区峡谷，河流曲折，两岸山坡陡峭。区域内小流域众多，基本分布在各流域的中上游山丘地区，域内由山、丘、谷、盆等多种地形组成，丘陵山地切割强烈，地形破碎，地面坡度大，坡度大于 25° 的土地占全市总面积的 77.4%。小流域上游大多为陡峻山地，土层瘠薄，不少区域植被相对较差，且河道多为峡谷性山溪，极易发生山洪和泥石流等地质灾害。

第三节 水文气象

丽水市属亚热带季风气候区，主要特点是温暖湿润、降雨充沛、四季分明。全市年平均气温为 16.9 ～ 18.5℃，年际变差较小。冬季极端最低气温，下游河谷平原区为 -4 ～ -5℃，中上游山区为 -7 ～ -12℃。夏季高温日数较多，丽水市为全省高温地区，极端最高气温为 43.1℃。多年平均无霜期为 245 ～ 274d，多年平均日照时数为 1774 ～ 1988h，多年平均降雨日数为 144 ～ 202d，多年平均降水量为 1733.7mm，区域平均年降水量为 1360 ～ 2280mm，地域差异较大，总的趋势是山区大于河谷平原，迎风坡大于背风坡。降水量年际变化亦较大，如干旱的 1967 年年降水量仅为最丰年的 1/3。降水量年内分配不均，其中 4—9 月的雨量占年总量的 70% 以上——4—6 月以梅雨为主，雨量集中，常有洪涝发生；7—9 月以台风雨为主，容易带来大风暴雨，形成洪涝灾害。

区域洪水的主要成因是暴雨，梅雨暴雨和台风暴雨都会形成流域性大洪水。由于梅雨暴雨过程较长，形成的洪涝灾害范围广，河道上、中、下游两岸均会受洪涝灾害侵害。台风暴雨历时短，容易产生局部洪涝灾害，特别是小流域山洪灾害。

第四节 河流水系

一、水系

丽水河流水系发达，水网密集，境内河流主要由瓯江、钱塘江、闽江、赛江（交溪）、飞云江和椒江六大水系构成（按境内流域面积自大到小排列）。其中瓯江水系贯穿丽水全境，为该区域主要水系，流域面积占全市的 75.86%，是丽水的主要水系，也是浙江省第二大河；其次为钱塘江水系，占全市面积的 14% 左右，主要位于遂昌县与衢州交界处；其他四大水系占全市面积的 10% 左右。各河流两岸地形陡峻，江溪源短流急，河床切割较深，水位暴涨暴落，属山溪性河流，由于落差大，水力资源蕴藏丰富。丽水市水系分布情况见表 1-1。

表 1-1　丽水市水系分布情况　　单位：km^2

水系名称		瓯江	钱塘江	闽江	赛江	飞云江	椒江	合计
水系总流域面积		18100.00	55558.00	60900.00	5635.00	3719.00	6603.00	150515.00
流经丽水市的面积		13105.00	2456.20	1115.00	229.60	214.80	155.60	17276.20
丽水市各县（市、区）面积	莲都区	1493.20	0.20	0	0	0	0	1493.40
	龙泉市	2580.10	313.00	152.40	0	0	0	3045.50
	青田县	2471.30	0	0	0	5.70	0	2477.00
	云和县	989.50	0	0	0	0	0	989.50
	庆元县	704.80	0	962.60	229.60	0	0	1897.00
	缙云县	1042.90	295.70	0	0	0	155.60	1494.20
	遂昌县	692.40	1847.30	0	0	0	0	2539.70
	松阳县	1400.90	0	0	0	0	0	1400.90
	景宁县	1729.70	0	0	0	209.10	0	1938.80
占全市面积的比例 /%		75.90	14.20	6.50	1.30	1.20	0.90	100.00

（一）瓯江水系

瓯江水系为丽水市的主干水系，瓯江也是浙江省的第二大河。瓯江发源于龙泉与庆元交界的锅帽尖西麓，出流向南至干上村转西经小梅镇黄南村以下向东北流，至丽水折向东南流，经青田、温州注入东海。瓯江自上而下，汇集的主要支流有八都溪、均溪、岩樟溪、浮云溪、松阴溪、宣平溪、小安溪、好溪、祯埠港、船寮港、小溪、四都港、戍浦溪、楠溪江等。瓯江干流全长 384km，流域面积为 18100km^2，其中丽水市境内干流长 309.4km，占全长的 80.57%，流域面积 13105km^2，占总面积的 72.4%。瓯江发源地如图 1-1 所示。

瓯江干流源头段为南溪和梅溪。河流在锅冒尖西麓出源后经南溪村，至竹篷后村纳瑞垟溪后称梅溪。之后流经小梅镇、查田镇、茶丰乡，至李家圩左岸汇入八都溪后称龙泉溪。梅溪以上干流河道总长 75.3km，集水面积为 539.55km^2。

瓯江干流上游段称龙泉溪，龙泉溪干流长 120.2km，集水面积为 2898.24km^2，流经龙泉、云和，经过紧水滩水库、石塘水库、玉溪水库，在莲都区大港头镇汇入松阴溪后称大溪。

大溪从大港头流经碧湖平原，汇入宣平溪和小安溪，流经丽水市区后，左岸纳入好

图 1-1　瓯江发源地

溪，折向东南进入青田县境内，在青田湖边村汇入小溪后称瓯江。大溪自大港头至湖边村河长 92.9km，区间（包括松阴溪）集水面积为 6404.55km^2。瓯江上游、中游河宽一般为 100 ～ 400m，下游大溪、小溪汇合后河宽一般为 400 ～ 800m。瓯江流经青田县城，在青田温溪镇进入温州市境内。

松阴溪为大溪一级支流，河长 120.12km，集水面积为 1985.02km^2，发源于遂昌县垵口乡北园岙村东北，经遂昌县城后折东南流经松阳古市镇及西屏镇，流至港口纳入小港，经莲都区通济堰后汇入大溪。

宣平溪又名宣平港，为大溪一级支流，河长 77km，集水面积为 831km^2，其中丽水市境内流域面积为 318.26km^2。它发源于金华市武义县顶头岗，流经武义柳城镇、莲都畎岸乡，在莲都区港口村汇入大溪。

小安溪又称太平港，长 68.95km，为大溪一级支流，集水面积为 558km^2，发源于武义、缙云、莲都交界的雪峰山，西南流经武义县至莲都石蒙圩乡进入雅一水库，而后流经小安、雅溪、太平等地，在联城街道武村汇入大溪。

好溪为大溪一级支流，河长 125.8km，集水面积为 1341.9km^2，丽水境内流域面积为 1087.04km^2，发源于磐安县仁川镇溪上村北仰曹尖，流经磐安县仁川镇、缙云壶镇平原、东方镇、仙都景区、五云镇，至丽水市区东南古城汇入大溪。

瓯江最大支流小溪河长 225.65km，集水面积为 3575.13km^2，丽水境内流域面积 3359.2km^2，发源于庆元县鱼树坑山尖西麓，流经福建寿宁和浙江庆元、龙泉、云和、景宁、文成、莲都、青田 8 县（市、区），上游段分别为南阳溪、毛垟溪，毛垟溪和英川溪汇合后称小溪，经滩坑水库，在青田县湖边与大溪汇合后为瓯江。瓯江水系树枝状图如图 1-2 所示。

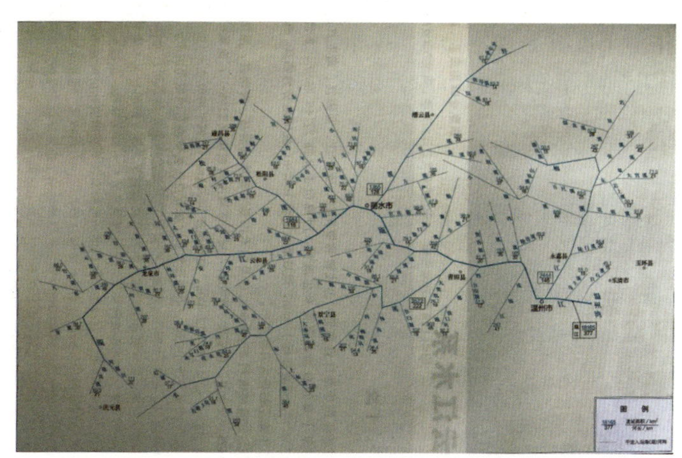

图 1-2　瓯江水系树枝状图

（二）钱塘江水系

钱塘江水系在丽水境内包括乌溪江上游、灵山港上游和金华江支流白沙溪、武义江上游南溪河段。乌溪江为钱塘江南源兰江的一级支流，在丽水市西北部，源出仙霞岭浙闽边境福建蒲城境内的大福罗东坡，干流自福建浦城由南向北流贯龙泉、遂昌两市（县）后向北流经衢州的湖南镇等地，在樟树潭入衢江。乌溪江总流域面积为 2577.3km^2，干流长 155.9km，境内流域面积为 1786.7km^2，干流长 86.9km。灵山港也为钱塘江南源兰江的一级支流，干流桃溪发源于遂昌县北面高坪镇境内，向西经应村乡至北界镇汇合并入右岸支流官溪后称灵山港，向北出遂昌县，在龙游县城注入衢江。灵山港总流域面积为 726.9km^2，干流长 90.6km，境内流域面积为 345.4km^2，干流长 38.2km。武义江为钱塘江南源兰江的一级支流金华江的支流，上游河段南溪位于丽水市北部，在缙云县西部，源出缙云县与武义县交界的峰头尖西面的千丈岩，向北流经永康市、武义县后注入金华江。武义江总流域面积为 2520.4km^2，干流长 129.2km，境内河段称南溪，流域面积为 295.9km^2，干流长 29km。白沙溪为金华江支流，源自遂昌县牛头山林场，出源后北流，在将军坑口出遂昌入婺城区境，在金华市马达镇附近入金华江。白沙溪总流域面积为 314.9km^2，干流长 68.3km，遂昌县境集水面积为 28.25km^2，干流长 9.5km。

（三）闽江水系

闽江水系位于丽水市南部和福建省西北部，是福建省第一大江。丽水市境内有松溪和富岭溪两条二级支流均汇入闽江一级支流建溪。松溪上游松源溪（也称椤溪）发源于浙闽边界洞宫山庆元县境的风岗尖西麓，由南向北至兰溪桥折向西流经庆元县城及菊水、马蹄岙出境至福建松溪县后汇入建溪。境内流域面积为 972.2km^2，干流长 62.6km。富岭溪上游宝溪在龙泉市内，由北向南流经龙泉市宝溪乡，境内流域面积为 142.8km^2，干流长 27.7km。

（四）赛江（交溪）水系

赛江又称交溪，位于丽水市南部和福建省东北部，境内有一级支流西溪及西溪支流八炉溪两条河流。西溪流域在庆元县南部，发源于庆元与福建省交界的大尖岩主峰西麓大井坳，向北经庄徐折东，在与举水溪汇合后东流，在后洋坑口下游约 1.8km 处出境，境内流域面积为 229.6km^2，干流长 26.9km。

（五）飞云江水系

飞云江位于浙江省东南部，源头三插溪位于丽水市东南部，干流大白坑发源于景宁

图 1-3 飞云江源头石碑及碑文

县景南乡湖岩炎北麓的忠溪岭头，境内河段称樟坑，自北向南流经北溪、白鹤、东坑等地后折向东流出境，经泰顺入飞云江。飞云江总流域面积为 3719km^2，干流长 193.4km，境内流域面积为 214.8km^2，干流长 37.2km。飞云江源头石碑及碑文如图 1-3 所示。

（六）椒江水系

椒江水系位于浙江省东部，上游永安溪在丽水市东北部，发源于缙云、仙居、永嘉三县边界的括苍山水湖岗西北麓的底寮，上游段迂回向北，再向东流经仙居、临海、椒江区，注入台州湾。永安溪总流域面积为 6603km^2，干流长 144km，境内流域面积为 155.6km^2，干流长 19.1km。

二、河流

丽水市 5km^2 以上河流有 973 条，总长约 9501km。丽水市河流分类统计见表 1-2。

表 1-2 丽水市河流分类统计

河流分类		瓯江	钱塘江	椒江	飞云江	闽江	赛江	合计
面积 5～10km^2	数量 / 条	361	62	5	7	34	4	473
	干流长 /km	1791.32	291.19	23.33	32.87	150.41	18.79	2307.91
面积 10～20km^2	数量 / 条	167	32	4	6	17	2	228
	干流长 /km	1249.35	220.83	24.19	40.74	123.71	14.27	1673.09
面积 20～50km^2	数量 / 条	128	21	1	2	8	3	163
	干流长 /km	1533.69	266.37	13.54	21.86	76.93	33.00	1945.39
面积 50～100km^2	数量 / 条	41	10	0	0	2	2	55
	干流长 /km	836.17	179.56	0	0	39.09	32.37	1087.19

续表

河流分类		瓯江	钱塘江	椒江	飞云江	闽江	赛江	合计
面积 100～200km^2	数量 / 条	17	4	1	0	3	1	26
	干流长 /km	481.51	100.83	19.07	0	73.57	26.90	701.88
面积 200～500km^2	条数量 / 条	13	4	0	1	2	0	20
	干流长 /km	533.50	179.83	0	37.27	55.38	0	805.98
面积 500～1000km^2	数量 / 条	2	0	0	0	1	0	3
	干流长 /km	79.42	0	0	0	62.57	0	141.99
面积大于 1000km^2	数量 / 条	4	1	0	0	0	0	5
	干流长 /km	750.83	86.87	0	0	0	0	837.70
合计	数量 / 条	733	134	11	16	67	12	973
	干流长 /km	7255.79	1325.48	80.13	132.74	581.66	125.33	9501.13

（一）省级河道

根据浙江省水利厅《关于公布省级河道名录的通知》（浙水河〔2017〕24 号），丽水境内仅有 2 条省级河道，且均在瓯江流域，分别是瓯江和小溪。境内省级河道名录见表 1-3。

表 1-3 省级河道名录

河道名称	河段名称	起止点	河道长度 /km	水域面积 /km^2
瓯江	大溪、瓯江	玉溪水电站以下	190.00	158.40
小溪	小溪	滩坑水库大坝至大溪汇合口	26.00	5.20

（二）市级河道

根据丽水市水利局《关于公布市级河道名录的通知》（丽水利〔2018〕20 号），丽水境内有 6 条市级河道，均在瓯江流域，分别是松阴溪、好溪、小溪、龙泉溪、小安溪和宣平溪。境内市级河道名录见表 1-4。

表 1-4　市级河道名录

河流名称	河段名称	流经县（市、区）	起点位置	讫点位置	河道长度/km	水域面积/km^2
松阴溪	松阴溪	遂昌县、松阳县、莲都区	妙高街道（北溪口）	碧湖镇（松阴溪与大溪汇合口）	74.81	11.12
好溪	好溪	缙云县、莲都区	五云镇（船埠头大桥）	紫金街道（古城岛）	47.55	5.07
小溪	小溪	景宁县	沙湾镇（英川港和毛垟港汇合口）	大赤坑口（滩坑水库库尾）	30.30	5.30
龙泉溪	龙泉溪	龙泉市	兰巨乡（八都溪口）	紧水滩镇（紧水滩大坝库尾）	20.40	3.28
小安溪	小安溪	莲都区	雅一水库大坝	联城街道（大溪汇合口）	33.74	3.35
宣平溪	宣平溪	莲都区	章湾水电站厂房	宣平港大桥（大溪汇合口）	35.85	4.91

三、河流的主要特点

丽水市位于浙江省西南部，为浙江内陆典型的山区市，除瓯江干流青田县城以下为感潮河段外，其余均为山溪性河流，具有典型的山溪性河流特征。其主要特点如下。

（1）河流纵坡大，河宽较小，河水流急。全市除瓯江干流纵坡小于 5‰以外，其余均大于 10‰，且纵坡随河流流域面积的减少而增大，流域面积小于 100km^2 的河道，纵坡均超过 30‰。

（2）洪水峰高量大，具有集中快、涨幅大、滞留时间短的特点，极易产生洪涝灾害。由于多为山溪性河流，河谷下切很深，河谷两岸地形陡峻，降雨后水量很快汇集于河槽，渗透损失少，地表径流大，暴雨后很快会出现较高的洪峰。同时，因河谷纵坡大，蓄水能力低，水量消退很快，河道水位变幅很大。瓯江圩仁水文站集水面积为 13500km^2，历史最大洪峰流量达 30400m^3/s，1952 年 7 月 20 日实测洪峰流量为 23000m^3/s。大溪丽水站 1955 年 6 月 21 日最高水位为 56.84m，1979 年 12 月 28 日最低水位为 44.71m，变幅达 12.13m。河道枯水期平均流速约为 1m/s，而洪水期平均流速在 4.5m/s 左右。

（3）枯水季水量小。由于降水不均和工农业用水量大，河流纵坡大，蓄渗能力低，枯水季节河流水量很少，遇干旱年度，很多中小河流会形成断流，甚至干枯。1967 年，圩仁水文站实测最小流量仅为 10.6m^3/s。

第五节　水资源量

丽水是“六江之源”，全市有大中型水库 30 座，境内拥有面积达 71km^2 的千峡湖、43.6km^2 的仙宫湖、5.6km^2 的南明湖等众多风光秀丽的人工湖泊。水资源总量居全省第一，水能蕴藏量得到有效开发和利用。

一、水资源总量

2006 年，《丽水市水资源综合规划》编制组采用 1956—2000 年 45 年的资料，计算出全市多年平均降水深为 1733.7mm，多年平均降水量为 300.43 亿 m^3，多年平均径流深为 1065.2mm，多年平均径流量为 184.59 亿 m^3。全市多年人均淡水资源量为全国平均值的 2 倍，浙江省平均值的 5 倍，在中国属富水区。据 2019 年浙江清华长三角研究院编制的《优质水资源调查及开发利用方案研究报告》，丽水的优质水资源具有以下特征：①外源污染水平低，以 I 类、Ⅱ类水为主，高锰酸盐指数和氨氮浓度低；②水质软，口感较好，总硬度（以 $CaCO_3$ 计）值在 60 mg/L 以下，属于极软水，限量阴阳离子（Cl^-、SO_4^{2-}、NO^{3-} 等）含量低；③水质纯净，偏硅酸含量较高，总矿化度为 20 ～ 50.5mg/L，均属于低矿化度水，无机物和重金属较低。与全国、浙江省地表水和饮用水源相比，丽水优质水资源常规指标远远优于全国、全省平均水平。

2009—2020 年丽水市水资源量见表 1-5。

表 1-5　2009—2020 年丽水市水资源量　　单位：亿 m^3

年度	年降雨量	年总水资源量	年地表水资源量	年地下水资源量
2009	290.11	178.28	178.28	41.37
2010	412.03	304.13	304.13	58.67
2011	240.83	118.86	118.86	34.21
2012	387.87	273.07	273.07	55.15
2013	311.03	192.40	192.40	44.48
2014	344.94	232.59	232.59	49.22

续表

年度	年降雨量	年总水资源量	年地表水资源量	年地下水资源量
2015	378.73	257.23	257.23	53.72
2016	366.44	250.66	250.66	52.33
2017	290.57	171.74	171.74	41.27
2018	270.63	133.26	133.26	38.55
2019	345.35	234.19	234.19	49.00
2020	282.21	161.87	161.87	39.84

丽水水资源量有以下 4 个特点。

（1）水资源总量丰富，人均拥有水资源量充足。丽水市 2009—2020 年水资源总量年平均为 209.02 亿 m^3，约占浙江省水资源总量的 1/5。

（2）水资源年内分配不均匀。丽水属于典型的亚热带季风气候区，降水的季节变化十分明显，主要集中在梅雨期和台汛期，4—9 月汛期的降水量占年降水量的近 80%，汛期降水量为非汛期降水量的 3 倍多。由于降水集中，且多以暴雨形式出现，易造成洪涝与干旱。

（3）水资源区域分布不均匀。总体情况是山区降水较多，河谷平原地区降水相对较少。龙泉市、景宁县、庆元县、遂昌县的降水量是莲都区、缙云县、松阳县的 1.5 倍左右。

（4）河流源短流急。丽水以山区为主，山陡土薄，河流源头短而水流急，造成枯水期径流量少，多数河流在枯水期可供水量也较少，不利于水资源的有效利用。

二、地表水资源量

地表水资源量用天然河川径流量表示。丽水市多年平均河川天然径流总量为 184.59 亿 m^3，平均径流系数为 0.61，平均产水模数为 106.5 万 m^3/km^2。根据 2020 年公布的《丽水市水资源公报》，当年全市地表水资源量为 161.87 亿 m^3，折合径流深为 934.4mm。

三、地下水资源量

采用排泄量法测算，把山丘区年均河川基流量近似值作为年均地下水资源量，丽水市多年平均地下水资源量为 37.24 亿 m^3，地下水资源量模数为 21.49 万 m^3/km^2。根据 2020 年公布的《丽水市水资源公报》，当年全市地下水资源量为 39.84 亿 m^3。

第六节　水能资源

丽水市多年平均降水量为 1733.7mm，水能资源非常丰富，辖区内水能资源蕴藏量为 396.36 万 kW，可开发常规水电资源为 327.83 万 kW，可开发量约占浙江省的 42%。丽水市主要干支流和各县（市、区）水能资源分布分别见表 1-6 和表 1-7。

表 1-6　丽水市主要干支流水能资源分布

水系	河流名称		理论蕴藏量 / 万 kW	可开发水电资源	
				装机容量 / 万 kW	发电量 / 万 kW · h
瓯江	大溪	干流	89.91	64.11	138842.00
		松阴溪	19.73	15.63	40449.00
		宣平溪	2.17	2.17	5736.00
		太平港	4.16	2.44	7584.00
		好溪	10.62	6.80	17702.00
	小溪	干流	149.80	147.22	309770.00
		英川溪	13.30	12.24	35018.00
		标溪	9.65	6.79	18528.00
		梧桐源	6.95	5.64	11300.00
		大顺溪	1.81	1.22	3650.00
	四都港		2.87	1.27	3978.00
	合计		310.97	265.53	592557.00
钱塘江	乌溪江		33.77	19.04	49151.00
	灵山港		4.77	3.62	8452.00
	新建溪		0.50	0.44	98.00
	合计		39.04	23.10	57701.00
飞云江	章坑溪		3.80	3.69	9198.00
椒江	永安溪		1.30	1.42	2899.00

续表

水系	河流名称	理论蕴藏量 / 万 kW	可开发水电资源	
			装机容量 / 万 kW	发电量 / 万 kW · h
闽江	宝溪	0.97	0.40	1283.00
	松源溪	10.96	5.95	18604.00
	竹口溪		0.78	2356.00
	合计	11.93	7.13	22243.00
赛江	西溪	5.28	2.53	7904.00
	八炉溪		0.19	596.00
	合计	5.28	2.72	8500.00
总计		372.32	303.59	693098.00

表 1-7　丽水市各县（市、区）水能资源分布　　单位：万 kW

县（市、区）	理论蕴藏量	可开发装机容量
莲都区	28.50	25.13
龙泉市	38.00	25.50
青田县	120.00	99.15
云和县	53.37	46.60
庆元县	28.00	22.00
缙云县	8.27	7.66
遂昌县	40.00	30.00
松阳县	13.60	10.80
景宁县	66.62	60.99
合计	396.36	327.83

第七节　开发利用

截至 2020 年年底，清理整改完成后，丽水市共有水电站 803 座（在册），总装机容量为 282.76 万 kW，发电量约为 70 亿 kW · h。其中，大中型水电站 4 座，总装机容量为 109.48 万 kW，分别是滩坑水电站（装机容量 60.4 万 kW）、紧水滩水电站（装机容量 30.5 万 kW）、三溪口水电站（装机容量 10 万 kW）和石塘水电站（装机容量 8.58 万 kW）。小型水电站 799 座，总装机容量为 172.64 万 kW，占浙江省农村水电总数的 44%。

“丽水水电”已成为丽水市的一张金名片。2004 年 10 月，景宁县被水利部授予“中国农村水电之乡”称号。2006 年 11 月，丽水市被水利部命名为“中国水电第一市”。2007 年年底，丽水市小水电装机总容量达 122.59 万 kW，成为浙江省乃至全国首个实现超百万小水电装机的地级市。截至 2020 年年底，丽水市水能资源开发情况见表 1-8。在清理整改的过程中，共计退出电站 37 座，总装机容量为 1.69 万 kW。

表 1-8　丽水市水能资源开发利用情况（截至 2020 年年底）

县（市、区）及干流大中型电站	在册水电站		
	数量 / 座	装机容量 / 万 kW	年发电量 / 万 kW · h
莲都区	101	6.87	19502.00
龙泉市	99	22.47	56862.00
青田县	106	27.07	69824.00
云和县	57	8.57	18668.00
庆元县	60	21.28	64222.00
缙云县	44	6.46	15707.00
遂昌县	111	25.37	63054.00
松阳县	67	11.22	25060.00
景宁县	152	34.93	98319.00
市本级	2	9.04	23052.00
小溪干流滩坑水电站（大型）	1	60.40	102300.00

续表

县（市、区）及干流大中型电站	在册水电站		
	数量 / 座	装机容量 / 万 kW	年发电量 / 万 kW · h
龙泉溪干流紧水滩水电站（大型）	1	30.50	49000.00
瓯江干流三溪口水电站（中型）	1	10.00	26600.00
龙泉溪干流溪石塘水电站（中型）	1	8.58	18900.00
合计	803	282.76	651070.00

第二章

发展历程

第一节　萌芽时期（1949 年之前）

中国古代很早就有利用水力从事农业和手工业生产活动的记载。古人在溪流江河的岸边使用水轮结构，利用杠杆和凸轮的原理，使用水力加工粮食，这种用水力把粮食皮壳去掉的机械叫水碓（水力驱动的杵舂）。东汉桓谭在其所著的《桓子新论》中说，与人力杵舂相比，水碓“役水而舂，其利乃且百倍”。东汉时期，已有水碓、水排（水力驱动的冶炼鼓风机）等水力机械；三国两晋时期，水碓已经广泛应用，并得到改进——利用一个大水轮驱动数个水碓，即连机碓。入唐以后，水碓记载更多，用途也逐渐推广开来，大凡需要捣碎之物，如药物、香料乃至矿石、竹篾纸浆等，皆可用省力、功率大的水碓。继后不久，人们根据此原理发明了水磨。刘宋时代，祖冲之造水碓磨，又称水硙，它是利用水力，通过一个大水轮同时驱动水碓与水磨的机械。南北朝至隋唐，还有水砻、水碾以及利用水力提水的水转翻车、高转筒车等相继出现；到了宋代，又出现了用于纺织苧麻的水转纺车，等等。古代水力机械一般有三种形式，“平流则以轮鼓水而转；峻流则以水注轮而转；又有木杓碓，碓杵之末刳为杓以注水，水满则倾而碓舂之”；“水磨，以水转轮，以轮转磨，制亦如之”。水碓、水磨均以木、石制作而成，即以木制水轮，以石制臼、制磨，轮轴亦为木制。

古代，丽水人也使用水碓，虽然具体时间不详，但至迟在唐宋时期已经普遍使用。清光绪版《遂昌县志》载唐代名僧贯休《山居诗二十四首》中，即有“石窗欹枕疏疏雨，水碓无人浩浩风”之句。民国《丽水县志》载，宋庆元三年（1197 年），州守赵善坚于城西北导丽阳后溪水，以资水碓。及至明清时期，沿溪傍川，或堰水激碓，或引水冲磨，几乎遍布临水村镇，以致民俗有“进村看水碓”之说。这些早期的水力机械，主要用于舂米、磨粉、榨油、舂制年糕、加工饲料、捣竹制纸、捣泥制瓷、提水灌溉等，构造各地大同小异。不少水碓一直沿用到 20 世纪 80 年代中期。

民国时期，随着西方近代水利科学技术的引进，水能利用在延续传统的同时，也积累了一些现代的要素，浙江省开始酝酿开发水力资源，开展水力资源初勘，进行了水电勘测规划。民国 24 年（1935 年），国民政府资源委员会曾派队到浙南勘察水力资源，在瓯江小溪勘察了大均、滩头、南举村 3 处；民国 29 年（1940 年），资源委员会水力发电勘测总队还曾派员勘测乌溪江和瓯江上游的水力资源；民国 35 年（1946 年），应浙江省所请，全国水力发电工程总处在杭州设立钱塘江水力发电勘测处，同年浙江省建设厅也组织查勘了钱塘江、苕溪、飞云江等水系支流上规模较小的水电厂址；民国 36 年（1947 年），浙江省政府提出《浙江省水利工作报告》，列述了水电站规划，其间建立了水利和航运机构，在重点河道设立了水文测站，开始水文监测。

民国时期，丽水开始利用水碓发电，开启了浙江省水力发电的先河。民国 27 年（1938 年），缙云县胡周封、王炳荣等人在缙云五云镇观音阁下，用水碓木轮带动发电机进行发电，可点亮 20 多盏 15W 的电灯。

抗日战争时期，浙西南山区成为浙江抗日的后方基地，浙江省政府等有关机构为解决军工生产和工作需要，兴建了一批规模很小的水电站，丽水水电开始启蒙，结束了浙江从无水电的历史。根据记载，在浙江省建设厅的主持下，民国 29—38 年（1940—1949 年）的 10 年间，先后建成了云和瓦窑水电站、遂昌龙潭水电站、龙泉安仁水电站、龙泉渠水电站、丽水太平汛水电站、大港头木寮水电站等。

浙江兴建的第一座水电站——丽水太平汛水电站，于民国 29 年动工，翌年 3 月建成发电。电站引太平港径流，渠长 500m，砌石拦河堰高 1.5m，设计水头为 2.89m，装机 1 台，装机容量 14kW，电站运行一年多，供榨油、碾米和照明所用，民国 31 年（1942 年）日军侵扰时被毁。同年，在丽水的大港头坦头嘴上游 1km 的西坑河上建成设计水头 8m、装机 2 台共 20kW 的木寮水电站，专供大港头兵工厂用电，不久毁于火灾。

民国 31 年，云和成为浙江省临时省会，人口骤增，衣食住行面临极大困难。时任浙江省政府主席的黄绍竑与建设厅长伍廷飏商量，要后者考虑利用云和浮云溪上游和另一支流雾溪的水力，筹建一座水力发电站。不到 1 年的时间，即 1943 年 4 月，瓦窑水电厂（原名云和水电厂）建成发电。瓦窑水电厂电站装机 1 台，水头 8m，流量为 $0.8m^3/s$，装机容量为 40kW，建有日调节水库和前池，是当时浙江省内最大的水电站。水轮机自行设计，由浙江铁工厂大港头分厂制造安装。电站建成后，解决了浙江省政府各机关、各单位的照明和生产用电，同时给云和、沙溪、小徐 3 个乡镇带来了光明，并利用发电尾水使 3000 亩稻田得到灌溉，军民皆大欢喜。该电站引自云和浮云溪上游及其支流雾溪的流量，利用当时兴建的云和城区农田水利工程（惠云源）瓦窑村跌水发电，是一座有两个日调节水池的低水头径流式水电站。在村头、河上两地分别建印度式砌石坝拦水入渠，坝高 1m，坝址以上总集雨面积为 $100km^2$。渠道经村头、沙溪、隔溪寮等村，穿过雾溪，再经河上村到瓦窑建站。渠道全长 5km，底宽 1.5m，深 1m，渠岸人行道宽 2m。在电厂上游 500m 处的山湾“河弄口”建一调节游泳池，以黏土做坝，高 4m，长 80m，库容 $12000m^3$，称上塘；电厂附近，利用山坳平地，两头各筑一道土坝，高 5m，为电厂前池，有效库容 $10000m^3$，称下塘。电厂尾水排入浮云溪的另一支流安溪。厂房为人字屋架，单层木结构，木板搭接外墙，小青瓦屋面，美观大方，宽敞实用。电站距云和镇约 1km，电力通过 2.3kV 高压线路输送到云和县城及附近主要村庄，降压后供用户照明，所有高低压导线都为铜线。该电站一直运行到才 1970 年停运。

民国 31 年，龙泉安仁水电站动工，民国 34 年（1945 年）10 月建成，水头为 7m，装机 1 台，装机容量为 12kW；民国 32 年（1943 年），龙泉的龙泉渠水电站动工，1949 年建成发电，水头为 5.5m，装机 1 台，装机容量为 55 kW；民国 33 年（1944 年），遂昌龙潭水电站动工，民国 35 年（1946 年）5 月建成发电，供县城机关、商店、学校照明，电站利用松阴溪原有灌渠，筑堰高 3m，水头为 6m，装机 1 台，装机容量为 32 kW。

中华人民共和国成立前，丽水全域曾建成6座水电站，总装机容量为173kW，成立时仅存4座，总装机容量为139 kW。龙泉水电厂进水闸及尾水渠遗址分别如图2-1和图2-2所示，安仁水电站拦河坝原址——兰狮畈支奥堰如图2-3所示。

图2-1　龙泉水电厂进水闸遗址

图2-2　龙泉水电厂尾水渠遗址

图2-3　安仁水电站拦河坝原址——兰狮畈支奥堰

第二节　起步时期（1949—1979 年）

中华人民共和国成立之初，百废待兴，虽然经济困难，但是小水电在工农业生产中最先起步。为了解决当时人民群众的基本照明需求和农产品加工及“三线”工业用电的特定要求，丽水人依托丰富的水力资源，因陋就简地建设了一批小规模水电站，至 20 世纪 70 年代后期，各县域均建起了以骨干水电站为支撑、以县域城镇 35kV 为主、以乡村水电自供为辅的供电网络，对解决地方日常照明和工农业生产发展发挥了积极作用。该时期主要是遵循国家“自建、自管、自用”的方针和“以电养电”的小水电发展政策，电站规模较小，投资主体为国家和农村集体，建设资金主要依靠群众投劳投工和国家补贴，基本解决了“火篾当灯照”的历史，实现了“点灯不用油”的梦想，并用于粮食加工等。但是由于经济基础差、科技水平低等原因，水电发展出现了短暂的失误和问题，走过了一段曲折的道路，缺少科学规划，工程设计等前期程序简化，有些甚至边规划、边设计、边施工等。到 1979 年年底，丽水全域水电站装机容量为 6.53 万 kW。

一、20 世纪 50 年代

20 世纪 50 年代初期，庆元、龙泉、景宁等地的干部和群众发挥聪明才智，以土法上马建水电站，用水碓带动发电机，用木板土制水轮机带动发电机发电。1953 年春，龙泉县凤鸣乡村头村在县委工作队和县电厂周功年师傅的帮助下，利用原有水碓轴，装一个直径近 2m 的大木轮，带动发电机高速运转发电，建成装机容量为 1.2 kW 的微型水电站，全村 60 户人家点上了电灯，还解决了村庄道路和大会堂夜间开会的照明问题。

20 世纪 50 年代中后期，丽水市各县人民政府根据浙江省《关于各地重点试办农村小水电站并进行站址普查工作的通知》和《农村小型水电站建站工作纲要（草案）》的精神，各地农村陆续兴建小型水电站，1958 年，掀起了小水电建设的第一个高潮。1956 年，水利电力部（现水利部）开始对瓯江流域水电开发进行勘测规划。1957 年 5 月，中华人民共和国成立后境内新建的第一座农村水电站——庆元竹口水电站建成发电，同年云和安溪水电站、遂昌湖山水电站、景宁学田水电站相继建成发电。1958 年，青田山口、景宁张村、缙云仁岸、松阳赤岸、庆元张地以及青林、海潮、干下、祥后等水电站建成发电，大型水电站瓯江电站（装机容量 126 万 kW）和龙泉梧桐口水电站（装机容量 6000kW）开工建设。

至1959年年末，丽水全域共有水电站52座，装机容量为2179kW，是1949年的30倍。

二、20世纪60年代

20世纪60年代初期，国家经济困难，中央实行“调整、巩固、充实、提高”的方针，大型和较大的水电停工缓建，但小水电在党和国家领导人的关怀下，持续稳定发展。特别是1960年3月14日，毛泽东主席亲临金华双龙水电站视察，指出“浙江水力资源丰富，搞水电大有前途”，给了各地水电建设以极大的鼓舞。1962年，青田瓯江水电站、遂昌成屏梯级水电站、龙泉梧桐口水电站停建，但瓯江水电站的配建工程青田石郭二级水电站在同年5月建成发电，该电站装机2台，装机容量为1600kW，为浙江全省60年代初最大的小型水电站。1963年后，掀起了小水电建设的高潮。1963年，青田县奇云山水电站、缙云县白马水库电站等一大批水电站动工建设；1964年，学习谭震林副总理在全国水轮泵会议上的指示和《人民日报》“有计划地做好推广水轮泵的工作”的社论精神，各县以“点灯不用油，耕田不用牛，舂米不用捣臼头，车水不用踩垒头”的社会主义新农村的蓝图为目标，纷纷制订农田水利基本建设的5年规划、10年规划；1965年，根据毛泽东主席和党中央的战略部署，中共浙江省委作出国防“小三线”建设的决定，丽水市龙泉、云和等被列为“浙江省国防小三线建设县”（对外统称“山区建设”），使丽水水电建设再掀高潮。1966年后，水利电力建设虽然受到一些干扰，广大干部群众在极其复杂、困难的条件下，仍然坚持自力更生、艰苦奋斗，开展农田水利基本建设，发展小水电，小水电站建设依旧取得较快发展。这期间，龙泉大白岸水电站、遂昌成屏二级水电站、庆元马蹄岙水电站等一批较大的水电站相继动工建设和建成发电。其中在1965年12月，缙云县革命老区章源、新化两个公社的12名老党员写信给周恩来总理，要求帮助解决普化水电站发电机组的问题，李富春副总理批示，安排在重庆水轮机厂生产一台水轮发电机组。1966年3月，发电机组运抵工地，装机容量为250kW。

至1969年年末，丽水全域共有水电站431座，总装机容量为1.65万kW，年发电量为1732万kW·h。

三、20世纪70年代

20世纪70年代，浙江省大中型水电开发的重点开始转向瓯江等大流域，丽水市大中型水电开发开始起步。1973年，根据水利电力部和省政府的统一部署，水利电力部第十二工程局和丽水地区水电局对瓯江流域的18个水电站坝址和库区进行查勘，于1976年提出《浙江省瓯江流域规划报告》，推荐黄浦、紧水滩、石塘、大赤、滩坑5座水电站的梯级开发方案，并推荐紧水滩水电站为第一期工程。同时，国家对小水电建设予以补助扶持，调动了兴办小水电的积极性。

1970年10月，水电办公室设立，管理水利电力工作。各地响应水利电力部在福建永春召开的南方山区小型水利水电座谈会和浙江省加强战备进行省内“小三线”建设的精神，丽水市水电发展更加顺利，从五六十年代的以社、队建设为主转向以县办为主，从径流式小电站转向以坝后式骨干电站为主，同时开始小流域梯级开发，装机容量逐步向 2500kW 以上发展。1970 年，缙云盘溪流域梯级水电站主体工程大洋水库、丽水雅溪水电站水库动工建设，之后青田县祯埠公社王村水电站、庆元马蹄岙水电站、景宁鸬鹚水电站、庆元兰溪桥水电站等开工建设并发电。至 1979 年，缙云县盘溪梯级水电站 1 ～ 5 级水电站陆续投产，总计装机容量达 7565kW，为全国小流域、高水头、小流量梯级开发小水电的典范，被誉为“深山明珠”。随着小水电的迅速发展，到 60 年代末和 70 年代初，开始形成以小水电为基础的自供小电网。至 70 年代末，全市基本建成了以骨干水电站为支撑、以小水电供电为主的县域供电网络。

到 1979 年年底，丽水全域水电站装机容量达 6.53 万 kW，发电量为 12437 万 kW · h。

第三节　全面发展时期（1980—1994 年）

改革开放以后，国民经济发展进入快车道，电力短缺成为阻碍社会经济发展的瓶径。而丽水又地处偏远山区，供电对象户多面广、分散，仅靠大电网延伸送电保证不了用电需求。为此，原丽水地区行政公署（2000 年丽水撤地改市）和各县（市）政府领导认识到，就地开发水电资源是解决丽水地区电力供应最现实、最经济可行的办法，于是制定了一系列优惠、鼓励政策。国家除继续对小水电站建设予以补助扶持外，还贯彻“谁建谁管谁受益”的政策，实行多层次、多渠道、多家办电的方针，随着第一、第二批全国农村初级电气化县的建设，水电建设在丽水发生了质的飞跃。这一阶段，丽水的水资源开发同样以政府投资、农民集资投工为主，水电和农村电网建设发挥了分布式能源的优势，先后摘掉了一大批“贫困县”的帽子，促进了区域农村社会经济发展。水能资源开发技术也逐步成熟，单机容量不断增大。区域内的农村电网也连成一片，基本形成了以 220kV 为龙头、110kV 和 35kV 干线为主的电网结构，且并入华东电网运行，供电质量不断提高。

1988 年，瓯江干流上第一座大型水电站紧水滩水电站（装机容量 30 万 kW）建成发电，结束了丽水域内无大型水库和大型水电的历史。1989 年 10 月 11 日，时任中共浙江省委书记李泽民视察了紧水滩水电站（图 2-4）。1990 年，又建成了石塘水电站（装机容量 7.8 万 kW）。

20 世纪 80 年代初期，国家启动了全国农村水电初级电气化县建设，要求通过 5 年时间，挖潜改造和择优新建一批水电站，完善电网建设，提高供用电水平，使试点县域的水电自供电量、人均用电、户均生活用电等各项指标均达到初级电气化标准。1983 年

图 2-4　1989 年 10 月 11 日，中共浙江省委书记李泽民（右二）考察紧水滩水电站

12 月，缙云、龙泉、庆元、云和（含景宁）被列入第一批 100 个国家农村初级电气化试点县，1991 年 3 月，原丽水市（今莲都区）、青田县、松阳县、遂昌县被列入全国“八五”期间第二批 200 个农村水电初级电气化建设县，丽水的小水电开发建设进入新的高潮。各地以中小流域综合治理为目标，在各支流上建成了具有中型水库调节能力、以发电为主的水利骨干工程，如缙云龙宫洞、龙泉瑞垟、庆元兰溪桥、景宁上标、青田金坑、遂昌成屏一级等水电站，大大推动了山区农村电网建设，丽水各县（市、区）均实现了初级农村水电电气化，极大地普及了农村电炊具的使用，结束了农村砍柴烧火做饭的历史。20 世纪 80 年代末和 90 年代初，为消灭无电村，实现家家有电，在偏僻山区以农民联户或独户的方式建设微型水电站 68 座，装机容量达 81.42kW。

该时期还出现了农民自筹资金办小水电和个体承包经营小水电的新事物。1985 年 3 月，缙云县由农村个人集资，县水利、电力参股的第一个股份制水电站——盘溪六级水电站开工建设，该水电站装机 3 台，装机容量计 890kW，1986 年建成。1991 年，原丽水市（现莲都区）郑地乡周坑村村民梁守泰与水电局合作投资收购乡企业周坑水电站进行扩容改造，建成后装机容量为 75kW。随着经济体制由计划经济向市场经济的逐步转换，一些乡镇集体所有的电站开始转向由私人承包经营。这一时期，丽水水电施工第一次走向国际，上演了 20 世纪 80 年代“海上丝绸之路”的水电版。1989 年，由原丽水地区科协、地区医院、缙云水利局及原丽水地区工程处选调水电工程设计、施工、安装等技术骨干和翻译、专家，组建了土建队、机电安装队和钢管制作安装队伍，远赴重洋，前往斐济建设威尼丘水电站，开启了丽水水电人的援外之路。斐济威尼丘水电站是我国第一个对外援助项目，电站装机容量为 2×400kW。通过 2 年多时间的建设，威尼丘水电站顺利并网发电，为斐济的初级电气化建设作出了贡献。借此，丽水首次迎来国际小水电会议的国际友人、专家到访。1980 年 10—11 月，国际小水电会议分两阶段分别在杭州和马尼拉召开，产生了《杭州—马尼拉小水电宣言》。各国参加会议或培训班的代表，多次对新安江、富春江等大型水电站和金华、缙云、新昌等地的小水电进行参观、考察，留下深刻印象。

该阶段丽水水电装机容量从 1980 年之前的 6.53 万 kW 增加到 1994 年年底的 78.57 万 kW。

第四节　高速发展时期（1995—2010年）

这一时期，丽水水能资源开发既重视电站本身的经济效益，又促进区域经济的发展，主要发展模式为“投资主体多元化、项目建设规范化、资源配置市场化”。一是地方政府通过招商，引导社会资本投资水电行业，私人投资者取得经济收益，地方政府则将原来以解决供电为目标转为增加地方税费收入，以此推动山区农村的经济发展和社会进步；二是针对在快速发展过程中出现的矛盾和问题，政府为实现开发与保护相结合，统筹兼顾各方利益，促进产业健康持续发展，出台了一系列规范性文件，采取了一系列措施加以引导和规范；三是为充分体现水资源的国有属性，探索和规范了水电资源市场化配置机制，以确保水电资源开发权的授予公开、公平、公正，通过公开拍卖、协议出让、政府补贴等形式，体现了水电资源的经济属性，全面实现了水电资源市场化。对以发电为主的经营性水电项目采取公开招标、拍卖或协议出让等方式，向开发的业主收取“水电资源开发权费”，以体现国有资源使用的有偿性；对防洪、灌溉、城市供水等公益性项目或部分，则采取公开竞价的方式给予政策性补贴。

水电资源开发权出让得到了丽水市政府的高度重视，2006年5月7日，丽水市水电资源开发权出让会议召开，市委书记陈荣高讲话（图2–5）。

进入1994年以后，丽水水电迎来了千载难逢的利好机会。1994年，浙江省进行了电价调整，提高了小水电上网电价，并且明确新建电站实行新的上网电价。当时的丽水地区行政公署审时度势，认识到丰富的水电资源是丽水得天独厚的优势，加快水电发展是促进山区脱贫致富和振兴丽水经济的重要途径。根据浙江省人民政府《关于加快水利改革促进水利发展的通知》（浙政发〔1993〕267号）的相关精神，行政公署要求在争取国家投资开发的同时，广开资

图2–5　2006年5月7日，丽水市委书记陈荣高（左二）在全市水电资源开发权出让会议上讲话

金渠道，动员全社会的力量兴办中小水电站，并于1994年5月下发了《关于加快股份合作办电的意见》（丽署〔1994〕20号），推行“积极鼓励各部门、各单位和个人集资，实行股份合作兴建农村中、小水电站”，“股份合作制水电站实行谁投资、谁所有、谁受益的政策，凡在我区投资兴建电站的单位和个人，按投资比例拥有产权，长期不变”，“兴建股份合作中小水电站要符合水资源开发规划，履行审批手续”以及下放审批权限等相关政策。各县政府把引导社会投资办电作为实施农村水电初级电气化和“脱贫、翻番、奔小康”发展战略的一项重要基础产业来抓，制定有关政策，认真搞好规划设计，总结树立典型，推动股份合作办电的发展，极大地调动和鼓舞了社会资金投资办电的积极性，迎来了多元投资水电的局面，带动了水电开发高速推进。1995年，由奥地利华侨杨焕恩投资的第一座外资电站——青田焕恩水电站（装机容量1500kW）动工建设，并于1997年建成发电。玉溪水电站（装机容量4万kW）是浙江省第一个实行工程业主负责制、施工管理监理制、建设资金股份制，并利用国外信贷资金，引进奥地利灯泡贯流式发电机组，建设项目全面实行招投标制的水利水电工程。工程于1994年开工，1997年年底投产发电，2000年全部建成。1995—1999年，谢村源、应村、沙铺砻、上标二级、白鹤等一批万千瓦级股份制投资电站开工或完成投产。股份合作办电的成功，不仅增加了自有电量，缓解了供电矛盾，而且带动了山区扶贫和群众的脱贫致富。

2000年撤地设市后，丽水市委、市政府提出了“生态立市、绿色兴市”的发展战略，确定了“以水力资源为依托，重点围绕瓯江整治和综合开发，加快水力资源开发，建设华东绿色能源基地，同时加快建设与之相配套的220kV和110kV网架的电网建设，使电力送出畅通”的方针，提出了在“十五”期末全市在建和已建水电装机容量达到200万kW的奋斗目标。2001年，浙江省委、省政府又出台了《关于扶持欠发达地区经济发展的若干意见》，明确支持欠发达地区水电资源开发。股份制多元化投资开发水电方兴未艾，水电投资空前高涨，水电开发建设进程进一步加快，建设规模进一步增大。为规范水电资源开发管理，鼓励和引导水电产业持续健康发展，2002—2004年，丽水市人民政府分别颁布了《丽水市水利工程建设管理办法》（丽政令〔2002〕19号）和《丽水市水利工程运行管理办法》（丽政令〔2003〕36号），并下发了《关于规范水电资源开发管理促进水电产业持续健康发展的通知》（丽政发〔2004〕75号）以及《丽水市南明湖景区管理暂行办法》《丽水市瓯江干流莲都段生态河道管理办法》《丽水市城区河道管理办法》等，进一步严格流域水电规划管理，切实加强河流生态保护，全面推行水电资源有偿出让制度，切实加强政策处理工作，严格执行基本建设程序，加强水电安全生产和项目验收工作。

在高速发展时期，瑞垟二级、岩樟溪一级、左溪一级及二级、大岩坑、黄水、英川、龙川、白鹤二级、金坑口、周公源梯级、碧龙源、蟠龙、安民一级及二级、开潭、五里亭、外雄、丽湖、滩坑等水电站相继动工建设。期盼半个世纪的大型水电站——滩坑水电站（装机容量60.4万kW）在于2004年10月31日正式开工建设，2009年2月12日首台机组投产发电。作为浙江省委、省政府确定的“五大百亿”工程中“百亿帮扶致富建设”的一项重要工程和浙江电网最大的统调水电站，滩坑水电站成为浙西南重要的绿色能源供应基地和强健稳定的经济增长点。由青田籍华侨投资的丽水第一座侨资中型电站——三溪口水电站于2009年11月开工建设，该电站位于瓯江干流大溪、小溪和瓯江交汇处，

总装机容量为 10 万 kW。2002 年 4 月 10 日，遂昌县人民检察院六楼会议室里响起了浙江省乃至全国公开拍卖小水电资源开发权的第一槌，遂昌县陈坑水电站成为全国资源开发公开招拍有偿出让的第一座电站。2004 年 10 月，景宁畲族自治县被水利部授予“中国农村水电之乡”称号（图 2-6），畲民用上了电炊具（图 2-7）。鉴于丽水在水电开发建设、运行管理、机制创新和现代化水电企业建设方面走在全国前列，2006 年 11 月 20 日，水利部授予丽水市“中国水电第一市”称号。

图 2-6　2004 年 10 月 18 日，水利部农电局局长程回洲（左）给景宁县“中国农村水电之乡”授牌

图 2-7　农村水电电气化后，畲民用上了电炊具

瑞垟二级水电站招商引资签约仪式如图 2-8 所示；2005 年 6 月 2 日，龙泉市电气化县建设验收会议召开，与会领导、专家合影，情景如图 2-9 所示；2002 年 7 月 8 日，时任浙江省省长柴松岳曾考察调研滩坑水电站建设情况，如图 2-10 所示。

在高速发展期，许多丽水水电产业的有识之士，带着丽水人的理念、闯劲、技术和资金，纷纷走进西部、走向全国，开发水电资源。2002—2004 年是丽水人在西部寻找和开发水电项目的高峰期。2005 年，全市在外省投资水电的企业和个人共有 158 个，项目 230 多处，装机容量达 240 万 kW，总投资达到 140 亿元之多，主要分布在陕西、四川、安徽、江西、河北、湖北、云南、贵州、福建等地，同时带动外资收购丽水水电，如中华水电公司（该公司于 2006 年 6 月在开曼群岛注册成立，是一家专注于在中国水电市场投资的外国投资公司）在 2006—2009 年于丽水市收购了已建成的青田五里亭等 8 座水电站，总装机容量为 20.51 万 kW。

图 2-8 瑞垟二级水电站招商引资签约仪式

在高速发展期，丽水市各级党委、政府高度重视，把握水电资源开发为“三农”服务的方向，鼓励和引导水电产业健康持续发展。按照“生态立市、工业强市、绿色兴市”的发展战略，积极探索和推进水电开发的资源补偿、生态补偿和经济补偿“三大补偿机制”，通过投资主体多元化、项目建设规范化、资源配置市场化等措施，变资源优势为经济优势、生态优势，水电产业得到快速发展，装机容量从 1994 年年底的 56.13 万 kW 增加到 2010 年的 247.24 万 kW，尤其是 2000—2010 年的高峰期，10 年时间增加 169 万 kW。至此，丽水市形成了非公有经济为主导、多种经济成分参与的水电投资结构。根据当时统计，2001—2007 年的 7 年时间里，建设投产的水电站装机容量达 82.16 万 kW，投资约 66 亿元。这些投资绝大部分是以股份制方式，大量民间资本参与其中。截至 2010 年年底，丽水市农村水电的所有制结构比例为：集体占 4.1%，国有占 24.6%，股份制占 71.3%。全市民间资金投资的水电站数量和装机容量分别占 67.2% 和 48.6%。

图 2-9 2005 年 6 月 2 日，龙泉市电气化县建设验收会议与会领导、专家合影

图 2-10 2002 年 7 月 8 日，时任浙江省长柴松岳（前排中）考察调研滩坑水电站建设情况

第五节　高质量发展时期（2011 年以来）

高质量发展时期，丽水水电发展坚持以科学发展观为指导，坚持“创新、协调、绿色、开放、共享”发展理念，践行“绿水青山就是金山银山”理论，围绕全面建设小康社会和社会主义现代化建设目标，按照“开源与挖潜结合，新建与改造并举”的原则和“全面规划，因地制宜，综合开发，滚动发展”的方针，注重水资源综合利用，注重生态环境改善和保护。深化水电和谐发展、安全发展，着力打造“民生水电、平安水电、绿色水电、和谐水电”。在持续推进水电开发建设的基础上，重点开展安全生产标准化、增效扩容及更新改造、生态水电建设和绿色水电创建，更加重视水电站与生态环境的相容性、协调性，着力推动水电产业转型升级，提升水电站管理水平，实现可持续发展，提高丽水水电产业影响力。

2011 年中央 1 号文件《中共中央 国务院关于加快水利改革发展的决定》指出：“加强水能资源管理，规范开发许可，强化水电安全监管。大力发展农村水电，积极开展水电新农村电气化县建设和小水电代燃料生态保护工程建设，搞好农村水电配套电网改造工程建设。”同年，中共浙江省委、浙江省人民政府颁布的《关于加快水利改革发展的实施意见》指出：“实施‘千站改造惠农保安’工程和水电新农村电气化县建设，推进农村水电更新改造。统筹兼顾防洪、灌溉、供水、生态等功能和农民利益保障，合理开发水能资源，强化水电安全监管。”在高质量发展时期，浙江省水利厅相继下发了《关于进一步加强水电资源开发管理工作的通知》《关于进一步加强水电建设项目管理工作的通知》《浙江省农村水电安全生产若干规定》《浙江省农村水电站安全管理年检办法（试行）》《浙江省农村水电站防汛安全管理办法》等管理制度，2016 年 11 月，浙江省水利厅出台了《浙江省农村水电管理办法》，有效加强了水能资源管理、水电建设和运行管理工作。

在高质量发展时期，为进一步规范水电建设和管理，维护行业权益，实现行业自律，做好行业与政府间桥梁和纽带作用，2014 年 12 月 27 日，成立了由 62 家核心会员企业参加的丽水市水电行业协会。协会在市水利局的指导下，坚持以全心全意为小水电企业服务为宗旨，围绕小水电企业存在的突出问题，努力发挥政府和小水电企业之间的桥梁、纽带作用，为社会和谐稳定发展发挥了应有的作用，取得了显著成效。特别是在后来的农村水电增效扩容、生态水电示范区、安全生产标准化和国际绿色水电示范区创建等方面发挥了重要作用，协会因此于 2017 年通过了中国社会组织 4A 级信用评估。2018 年 9 月，丽水市经济和信息化委员会授予协会“2018 年度丽水市中小企业十佳服务机构”荣誉称号。2020 年，协会加入浙江省社会组织总会，通过了中国社会组织 5A 级信用评估，理事长李晓明被评为浙江省和丽水市社会组织领军人物。

这一时期，随着 2015 年青田三溪口水电站的建成及 2019 年初青田水利枢纽工程的投产，丽水市全面完成了瓯江干流紧水滩以下共 8 座梯级电站的开发；开工建设黄南水库等 4 座中型水库配套水电工程，以国家“十二五”“十三五”新农村水电电气化建设和农村水电增效扩容项目建设及农村集体经济薄弱村消除等为契机，开展部分水电电源和水电技改增容建设。至 2020 年年底，丽水市水电站总数为 803 座，总装机容量为 282.76 万 kW，年均发电量为 65.11 亿 kW · h。

一、农村水电增效扩容项目建设

2011 年 7 月，水利部、财政部批复《浙江省农村水电增效扩容改造试点实施方案》。农村水电增效扩容改造是继 2008 年浙江省启动实施农村水电“千站改造惠农保安”工程后的又一民生工程，旨在消除水电站公共安全隐患，提高农村水电安全生产水平，实现行业安全发展，提高水能资源利用效率，增加可再生清洁能源供应，促进节能减排，改善生态环境。这对加快河流生态修复、推动“两美浙江”“五水共治”建设有重要意义。浙江省是全国两个试点省之一，丽水市莲都雅溪一级、缙云盘溪六级、岭头方、龙泉大赛二级、福源等 17 座水电站纳入试点范围。丽水市于 2011 年 8 月做了动员布置，2012 年 12 月开始试点任务，共完成农村水电增效扩容改造电站 116 座，改造装机容量 18.05 万 kW，完成投资 3.61 亿元，其中项目单位自筹 2.38 亿元，中央财政补助资金 1.01 亿元，省财政配套资金 0.33 亿元。

2013 年 7 月，财政部、水利部在全国范围内总结农村水电增效扩容改造试点项目经验，部署全面推进农村水电增效扩容改造工作。“十二五”后期至“十三五”，丽水市列入农村水电增效扩容改造项目的有莲都太平、龙泉竹垟一级、龙泉高浦、瑞垟一级、庆元马蹄岙等在内的 66 座水电站，总投资超 3 亿元。丽水市电站数量众多，列入增效扩容项目数也占全省首位。通过增效扩容项目，共增加装机容量 2.6 万 kW，年均发电量增加 7300 万 kW · h，并配套实施河流及电站生态化改造，修复减脱水河段 50km，水电站在水能资源利用及河道生态化改造等方面效益显著。

二、水电生态改造和生态水电示范区建设

2016 年 6 月，浙江省水利厅发布了《浙江省生态水电示范区管理暂行办法》，正式启动浙江省生态水电示范区建设工作，该项工作也是浙江省水电生态化改造进程中的创新举措。生态水电示范区建设是指以维护和改善河流生态环境、优化水能资源配置、科学利用水能资源为目标开展的水电生态修复综合治理。通过改造或增设水电站水库放水设施和监测设施、水电站下游河道生态修复等措施，基本消除或缓解因水电站造成的河

道脱水、减水等流域性环境问题，实现农村水电生态转型。

截至2020年年底，丽水市已创建遂昌十四都源生态水电示范区、遂昌垵口生态水电示范区等14个省级生态水电示范区，修复减脱水段超过50km，创建数量居浙江省首位。通过示范区建设，电站生态泄流管理、河流减脱水段综合治理、沿线景观化改造等方面成效显著。例如十四都源生态水电示范区建设按照全流域统一规划、同步实施、系统治理的原则，对8座水电站进行生态化改造，拦水堰坝增设生态放水设施，安装设施监管系统，通过蓄丰补枯、对水资源利用进行重新配置，并对26km河道减水段进行系统治理，新建生态堰坝，恢复河道水面，修建亲水平台、生态护坡，恢复河道岸线。建成后的十四都源生态水电示范区一年四季山清水秀，溪水潺潺，两岸伴花随柳，山峦叠嶂，与周边环境和谐共生，相得益彰，真正成为美丽乡村的样板。

2017年7月，盘溪梯级水电站正式确认列入水利部和联合国工发组织开展的全球环境基金（GEF）“中国小水电增效扩容改造增值”项目试点电站。项目设计概算总投资1060万元，主要改造措施有盘溪梯级水电站河道区间内堰坝景观改造、护岸整修、滩地生态修复、电站景观绿化、污水处理设施改造、生态放水设施改造、水生生物保护、电站厂房及宿舍外立面改造、隔音设施及漏油设施改造、漂浮垃圾收集及处理等，至2019年年底，工程已全面完成。

为贯彻习近平总书记2018年4月26日《在深入推动长江经济带发展座谈会上的讲话》的精神，针对水电发展过程中存在的一些审批手续和部分减脱水造成的生态环境问题，结合2017年中央环保督察对龙泉市和遂昌县水电提出的问题及2018年省环保督察组的要求，2018年6月，丽水市部署启动水电绿色发展综合评估，总结70年来的发展经验，全面梳理水电站立项建设和运行管理情况，准确掌握全市水能资源开发的强度和利用程度，以及水电站生态设施和生态流量下泄情况，客观科学评价水电发展对当地经济社会发展、温室气体减排及环境保护等方面发挥的重要作用，认真分析农村水电发展在生态环境方面存在的主要问题，并提出了针对性建议。2018年年底，评估全面完成，并依据评估结论开展“一站一策”清理整改方案编制。2018年，丽水市水利局联合环保局发布了《丽水市小水电生态流量分类核定与监测指导意见》，2019年，丽水市水利局联合市发展改革委、生态环境局、自然资源与规划局印发了《关于进一步推进丽水市小水电清理整改工作的意见》等，明确清理整改要求，全市已建在册的823座水电站按照保留、整改和退出三类进行了全面整改，使水电行业走上和经济社会、生态环境相协调的可持续发展之路。

三、安全生产标准化建设

水电工程运行安全管理一直是水电发展过程中的一个薄弱环节，如何切实从根本上消除安全隐患，把安全事故发生率降到最低，全面提高安全生工作水平，是安全生产工作面临的严峻课题。自2010年起，按照浙江省水利厅统一部署，丽水市开展两年一次的水电站安全运行年检制度，开展安全管理。根据浙江省水利厅关于开展农村水电安全生产标准化达标评级工作部署要求，丽水市在2014年启动了标准化创建试点，包括市本级玉溪水电站和遂昌县周公源一级、二级、三级电站等在内的60座水电站被列为第一批试点电站，开启了丽水市水电安全生产标准化管理的大幕。

为提高标准化创建试点示范效应，省、市、县三级联动，加强政策宣传和创建指导，2014年10月31日，庆元县兰溪桥水电站安全生产标准化创建工作顺利通过丽水市组织的评审验收，成为丽水市第一个通过达标验收的水电站。至2015年年底，60座试点电站全部顺利通过省级标准化评级验收。在此基础上，自2016年起，丽水市以贯彻《中华人民共和国安全生产法》为契机，以标准化电站创建为载体，以员工的行为规范为落脚点，以市、县两级水电行业协会为支撑，全面启动了总装机容量1000kW以上水电站的达标评级工作。至2020年年底，全市总装机容量1000kW以上水电站全部完成达标评级。其中遂昌成屏一级、松阳谢村源一级和二级、景宁上标一级等9座水电站被水利部评定为安全生产达标一级企业，市本级玉溪水电站、莲都雅一水电站等258座水电站被评为安全生产达标二级企业，龙泉市大白岸水电站、青田县大奕坑水电站等60座水电站被评为安全生产达标三级企业。通过标准化达标评级，对推动管理人员素质提升、管理设施升级、现场环境面貌改善等发挥了巨大作用，全市水电安全生产水平明显提升。

四、国际小水电中心绿色水电示范区建设

丽水市于2017年启动了绿色水电示范区创建工作。示范区建设是以党的“十九大”关于新时代生态文明建设要求为指引，坚定不移走“绿水青山就是金山银山”的绿色生态发展之路，按照浙江省委、省政府关于打好“五张牌”、积极创建“大花园”支持丽水绿色崛起的指导思想，围绕乡村振兴战略，在“绿色水电、民生水电、平安水电、和谐水电、开放水电”新理念之下，充分利用丽水的政治优势、资源优势、华侨优势、生态优势、区位优势，挖掘丽水水电产业优势，站在全球角度审视水电发展，不断提升服务能力和水平，做强做大水电产业，为共同推进全球能源转型，为小水电的可持续发展提供可复制、可推广的国际样板。同时示范区的创建可以促进丽水水电行业健康持续发展，加快丽水水电产业转型升级，促进丽水水电融入“一带一路”发展大战略。

2017年，丽水市政府向国际小水电中心提出创建国际小水电中心绿色水电丽水示范区的申请，国际小水电中心于2018年4月复函同意，并建议分步开展相关创建工作。首先按流域、区域创建一批绿色小水电站，形成规模效应；在此基础上，再巩固提高，建成绿色水电示范区。创建重点在于提高水电站绿色化、标准化、规范化、制度化、信息化水平，提升电站的生态保障能力、惠及民生能力和可持续发展能力，推进体制机制创新和人才队伍建设，主动为国内外小水电行业提供高标准建设、高水平管理、环境保护优良、社会和谐稳定的水电建设管理示范。

引导建立环境友好、社会共享、经济合理和安全高效的绿色小水电是水电建设的方向，绿色水电创建是贯彻落实新发展理念、加强水治理体系和治理能力现代化的重要举措，也是小水电行业升级转型的重要抓手。早在2012年，丽水市就与水利部水电局

和中国水利水电科学研究院水电可持续发展研究中心以及国际小水电中心合作开展绿色小水电评价理论研究与试点，松阳县安民一级、二级水电站通过试点建设。2017 年，水利部下发《关于开展绿色小水电站创建工作的通知》（水电〔2017〕220 号），要求积极顺应人民群众对美好生态环境的期待与日益增长的需求，以生态文明建设和绿色低碳发展为目标，积极推动绿色水电创建。丽水市积极响应，2017 年，松阳县裕溪水电站、合溪水电站成功创建为首批国家绿色小水电站，取得了很好的社会反响和示范效应。同年，丽水市明确了创建“国际小水电中心绿色水电丽水示范区”的目标，为此，全面启动绿色水电创建工作，拟利用 3 年时间，在全市创建完成 100 座绿色水电，绿色水电数量和创建质量走在全国前列。2018 年，丽水市玉溪、开潭等 19 座水电站顺利通过水利部国家绿色水电认证；2019 年，莲都港口、龙泉均溪二级等 37 座水电站顺利通过水利部国家绿色水电认证；2020 年，莲都雅溪二级、青田焕恩电站等 56 座水电站顺利通过水利部绿色水电认证。全市累计通过总数已达 114 座，占到浙江全省的 58%，全国的 19%。

2017—2018 年，丽水开展了以建立水电产（股）权交易中心为目的的水电产权制度改革研究。2018 年，丽水市水利局联合市发展改革委印发了《关于加快水电工程验收工作的通知》，明确了由于历史原因，资料缺乏，长期无法完成工程竣工验收的水电站，在满足工程质量、生产和生态安全的前提下，经县级水行政主管部门备案，视同通过竣工验收，解决了历史遗留的水电竣工验收问题，同年建立了丽水市水电产权（股权）流转平台，可为水电企业开展股权托管及线上交易，进一步培育和发展了丽水水电交易市场，规范了水电交易行为，优化了资源配置。2019 年，丽水市在全国率先发布了《小水电生态建设规范》，为全市水电生态化改造和建设提供了技术支撑，并为全国做出了示范。

2019 年，丽水市一期投资 500 多万元，建设完成“智慧水电”系统。该系统以实现水电行业数字化管理为目的，并精准定位安全生产和生态流量下泄监管，完善市、县、电站三级监管模式。系统由管理平台、监控监测终端、传输网络、移动终端等模块构成。平台从一站一源管理、GIS 地图服务、安全生产监管、生态流量监管、绿色水电创建管理等需求切入，运用大数据、人工智能、云计算、移动互联网等先进技术，建立全市统一的信息监管综合平台，实现水电行业管理信息一站式服务。

2020 年 7 月，丽水市水利局致函国际小水电中心，申请创建“国际小水电中心绿色水电丽水示范区”；2020 年 8 月，丽水市人民政府致函国际小水电中心，对创建国际绿色水电丽水示范区表示支持；2020 年 9 月，浙江省水利厅致函国际小水电中心，支持丽水创建国际绿色水电示范区；2020 年 11 月，在全国绿色水电会议期间，水利部为丽水市举行授牌仪式，示范区正式成立。依托示范区平台，丽水将继续加强与国际小水电中心的交流与合作，不断提升丽水水电示范项目整体水平，并以此为平台开展丰富的国际交流，常态化开展全国及国际性水电论坛、会议，全面提升丽水水电在全国及国际上的影响力。

丽水水电建设与管理获得了国际国内各级领导和同行的一致肯定，2019 年 1 月 23 日，水利部副部长田学斌在接到丽水市水利局 2018 年农村水电工作汇报后批示，“丽水的经验值得研究总结”。此后，一批集防洪、供水、灌溉结合发电和生态供水的综合性水电工程加快建设。缙云县潜明水库、松阳县黄南水库2020年年底已建成蓄水，配套水电站即将投产发电；庆元兰溪桥水库扩建、遂昌清水源水库、青田小溪水利枢纽等工程2020年已开工建设；装机1800MW的缙云方溪抽水蓄能电站2019年开工后顺利推进；一批具备综合功能的水利水电工程和抽水蓄能发电工程正在酝酿规划之中。相信丽水水电仍是丽水经济发展特色和绿色产业，是推动生态产品价值实现的最有效载体，是实现碳中和目标的主力军。

第三章

多彩水电

第一节　水电开拓者

2006年11月20日，水利部授予丽水市“中国水电第一市”称号。2004年10月18日，景宁畲族自治县被水利部授予“中国农村水电之乡”。获此荣誉，并不是因为丽水水电装机容量全国第一，而是因为在丽水的水电发展历程中，丽水水电人在水电开发建设、运行管理、机制创新等方面敢为人先，勇于开拓，走在前列，创造了不少全国和全省第一。

1. 丽水太平汛水电站

1941年3月，浙江省第一座水电站——丽水太平汛水电站在丽水太平港建成发电。

民国29年（1940年），浙江省乡村工业实验所在丽水县（唐武德四年设，位于今丽水市莲都区境内）太平乡创办太平汛水电站，翌年3月建成发电，供榨油、碾米和照明之用，是浙江省最早的水力发电站。电站引太平港径流水发电，拦河堰高1.5m，引水渠道长500m，设计水头为2.89m，装有16英寸（1英寸=2.54cm）直立推进式水轮发电机1台，装机容量为14kW。1942年6月，日寇侵犯丽水，运行仅一年多的太平汛水电站，机器设备被迫拆除。

民国29—38年（1940—1949年）10年之间除了太平汛水电站，丽水还先后建成了云和瓦窑水电站、遂昌龙潭水电站、龙泉安仁水电站、龙泉渠水电站、大港头木寮水电站，装机总容量为173kW。到中华人民共和国成立时仅存4座，总容量为139kW。

2. 瓯江水电站

瓯江水电站是20世纪50年代与新安江水电站同时上马的大型水电站，虽然在国家困难时期调整下马，但对丽水水电的发展具有重大影响。

瓯江水电站是一项已经停建的大型水电工程，位于青田县城上游约1km处的瓯江干流上。电站工程由水电部上海勘测设计院设计，瓯江水力发电工程局施工，建设力量主要来自新安江水电工程局和温（温州）、丽（丽水）等地区，工程概算总额达4.1亿元。

电站坝址选在瓯江干流青田县城西门附近的一段峡谷内，坝址以上控制流域面积为1.36万km^2。设计坝型为黏土心墙砂石坝，坝顶高程为124.80m，最大水头为112.4m。装机6台，总容量为126万kW，多年平均年发电量为38.7亿kW·h。供电联入江南电网，以解决沪（上海）、宁（南京）、杭（杭州）地区以及金华、温州等地区的用电需要。

电站以发电为主，兼有防洪、航运等效益。

电站水库正常高水位为 118m 时，水面面积为 523km^2，淹浸范围远及丽水等地，淹没农田 22 万亩，需移民 25 万人。

电站工程主要由大坝、厂房、泄洪隧洞及航运过坝建筑物 4 大主体建筑物组成。

拦河坝：坝址设计在县城西门外，采用土石混合式坝型，高 135m，顶长 620m，底宽 1004m，体积约为 2200 万 m^3。

厂房：设计在左岸山体内，长 145.5m，宽 27.5m，高 5.8m，为当时国内最大规模地下厂房。

泄洪隧洞：右岸开凿 2 条直径为 18m 的隧洞和斜井，总长约 2000m，作为施工期导流和完工后泄洪之用。

航运过坝建筑物：右岸拟建纵向斜面举船机，300t 船只年通过能力为 120 万 t，坝面上专设干筏道 2 条，供竹木材过坝，年通过能力为 110 万 t。

根据主体工程施工需要，两岸新建公路超过 60km，码头 3 对，施工用房 38 万 m^2，生活用房 24 万 m^2，永久性建筑 9000m^2。

1956 年，水利电力部上海水电设计院开始对瓯江流域进行规划，1958 年 6 月拟定规划报告，建议采用青田高坝方案，对瓯江水电进行第一期开发。水电部和中共浙江省委批准了这一方案。7 月，瓯江水力发电工程局成立，8 月，瓯江水电站开工建设，浙江省文化部门组成瓯江水库文物工作组，对丽水后铺古文化遗址、吕步坑、保定古窑址，及淹没段沿江的古墓葬进行抢救性考古发掘。10 月，浙江省委与水电部水电总局会同召开中外专家（包括苏联专家 5 人）现场会议，研究和决定电站设计的主要方向与原则，时任副省长吴宪代表省委、省人委在会上做了总结报告。是年冬，工程全面动工，参建职工近 2 万人。

1960 年 7 月 16 日，苏联撤走专家。1961 年 3 月，为贯彻国民经济“调整、巩固、充实、提高”的方针，水利电力部和浙江省委决定瓯江水电站下马停建，人员、设备并入新安江水电工程局。至次年停建时，两条泄洪隧洞已打通并衬砌，衬砌后洞径为 22m；厂房顶拱已开挖完成，跨度为 38m；整个工程建设已投入资金 4541 万元。

3. 青田县石郭水电站

青田县石郭水电站是我国第一座定向爆破黏土斜墙堆石坝和首个流域梯级开发电站，也是浙江省 20 世纪 50 年代最大的农村小型水电站。

青田石郭水电站坐落于瓯江下游青田县城南的石郭溪上。水库坝址以上集水面积为 14.1km^2，坝顶全长 110m，坝顶高程为 251.60m，坝顶宽 5.7m，最大坝高为 51.5m，水库总库容为 290 万 m^3。石郭一级电站装机容量 2400kW，设计水头为 190.45m，发电流量为 1.61m^3/s，多年平均发电量为 625 万 kW·h；二级电站装机为 570kW，设计水头为 27m，发电流量为 1.61m^3/s，多年平均发电量为 105 万 kW·h。青田石郭水电站初期为瓯江水电站建设用电的附属配建工程。

1958 年，为满足瓯江水电站施工用电和解决部分青田县工农业生产生活照明用电需要，水电部瓯江工程局计划在青田附近建设小型水电站。现场踏勘瓯江青田段多条小支流后，最终选定开发青田县鹤城镇石郭村所在地的石郭源。石郭源在双垟坑汇合口至河流出口附近的2200m河段有190m的落差，沿途多瀑布，跌水，其中河段最大比降达38%。双垟坑汇合口上游河段地势开阔平缓，适宜建库。根据河段落差和当时机组设备的情况，计划在石郭源双垟坑汇合口下游设坝建水库进行梯级开发，分三级建设水电站，装机容量分别为一级1200kW（后因当时600kW机组国内没有生产，改为2台800kW机组），二级1600kW，三级400kW，共计3600kW。

石郭水库选用当时国际上认为先进的新型筑坝技术，建造所谓的“定向爆破黏土斜墙堆石坝”。具体由中国科学院爆破研究所配合，水电部瓯江水电工程局技术处设计。1959年4月，水利部、中国科学院等单位联合建立工程局试验研究中心组，在石郭第一次实施定向爆破筑堆石坝、黏土斜墙和坝体渗透、溢洪等项目试验。1959年10月，石郭水库开工，11月24日，实施定向爆破，在坝址范围内抛掷堆筑了16.9万m^3的石块，另需从爆破坑取石块8万m^3补填。后因土石和斜墙填筑质量问题，经过1960年汛期几次蓄水，黏土斜墙即被击穿。1960年年末，瓯江水电工程局对大坝进行翻修。临近1962年1季度末，由于瓯江水电站正式下马，上级指令石郭水库工程停建，当时黏土斜墙填筑到231.60m高程，遂采取保护措施，并遵令停工。

石郭一级电站为混合式，由水库、输水系统、地下厂房和尾水系统组成。输水系统进水口在水库坝轴线上游约100m的右岸山坡，进水口底板高程为225.27m，进水口设一道拦污栅和一道尺寸为1.6m×2m、重量为2.98t的斜插式钢闸门，由14kW双筒电动卷扬机启闭；进水口后为输水隧洞，洞长240m，出口底板高程为219.56m，隧洞断面为1.8m×1.87m，呈马蹄形，洞后沿山布置内径为80cm的明敷压力管道，管道长415m，至高程为197.56m时，进入斜井上平洞段（砖拱廊道），廊道长23.14m，至高程为195.20m时，下接48.5m长斜井和13.2m长平洞，在背河道侧进入地下厂房。地下厂房布置在大坝下游约700m的河道瀑布顶右岸峭壁山体内，厂房开挖尺寸为：沿河道方向长20.5m，宽7.6m，衬砌后19.5m×6.6m，地坪高程158.67m，厂房净高5.96m；厂房在上游端面靠河侧设有55m长的交通斜井，断面为3m×3m，呈城门洞形，井口高程为185.76m，坡比为1∶5，出口有坡道与公路连接；厂房在下游端面靠河侧设有出线通风井，直径为2m，井口高程为180.42m，井口设有面积为22m^2的鼓风机房，一级站机组电压通过洞内电缆井输送至二级变电站；厂房下游侧布置两条尾水支洞并与机组轴线垂直，长度分别为5.9m和11.9m，汇合后成尾水干洞，断面为2.4m×1.6m，长25.4m，底高程为156.62m，进入一小段尾水明渠后至二级电站压力前池。设计水头为80m，原设计装机容量为2×600kW，后因当时600kW机组国内没有生产，改为2×800kW。引水和厂房系统始建于1960年1月，同年5月基本完成，当时输水隧洞和斜井均未衬砌，地下厂房仅有局部破碎带衬有两条顶拱，输水隧洞和斜井之间的压力管为钢箍木管；同年8月，安装完成1台800kW机组，经试运行，厂房渗水严重，机组损坏，未能投产。

石郭二级电站为引水式，由前池、压力管道和厂房组成。二级电站利用石郭源最陡河段，河段中有连续、多级瀑布，两岸山坡陡峭，景致怡然，一级尾水至二级厂房直线距离仅330m，河道自然落差近120m。二级压力前池就位于一级尾水河段大瀑布顶部，拦河建堰而成，拦河堰为浆砌块石重力堰坝，最大堰高约5m，堰顶高程为158.12m，前池进水室位于河道左岸，长 17.2m，宽 1.6m，右岸为溢流堰，堰顶高程为 158.12m，底板高程为 154.12m，前池最低水位为 156.12m，整个进水室顶部用钢筋混凝土板覆盖并作为交通道路，路面高程为 158.72m，进水室设进口和出口闸门各一道，出口压力前墙接内径为 80cm 的压力水管。压力管道直接在河道左岸沿山布设，至坑底、坑口的山脊附近沿山坡下至厂房上游，跨过河道后沿河道右岸山脚布设 70 多米，接入右岸地面厂房。厂房距石郭源出口约 1.5km，厂房地坪高程为 48.12m，正常尾水位为 46.12m。电站设计发电水头为 112m，装机容量为 2×800kW。电站于 1958 年 11 月开工建设，1959 年 12 月完建，12 月 25 日第一台机组投入运行发电；1961 年 7 月，第二台机组投入运行。由于采用钢箍木管压力管，未经防腐处理，管道漏水逐年加重，特别是下段陡坡高压部分漏水严重。

石郭三级电站为混合式，由大坝、进水口、输水隧洞、厂房和尾水渠组成。大坝位于二级厂房下游 490m 的石郭源峡谷口处，两岸峭壁对峙，基岩裸露，设计为定向爆破堆石黏土斜墙坝，坝顶高程为 42.12m，坝基为 16.12m，最大坝高为 26m，坝顶宽 12m，长 60m，上游坡坡度为 1∶3，下游坡坡度为 1∶4 ～ 1∶2。考虑到两岸地形陡峭，开挖溢洪道工程量浩大，经中国水利科学院试验所模型试验后，采用坝内渗流的方式溢洪。大坝堆石 7 万 m^3，完成黏土斜墙 1.3 万 m^3，库容为 26 万 m^3，作为日调节池。进水口位于大坝上游 80m 的右岸山坡，底板高程为 28.92m，启闭机平台工程高程为 43.34m，尺寸为 2m×1.6m，采用斜插门式。输水隧洞沿右岸山体布置，长 360m，出口中心高程为 12.50m，开挖尺寸为 2m×2.1m，呈马蹄形。厂房为地面式，距大坝约 300m，尺寸为 8.1m×18.4m，地坪高程为 10.62m，正常尾水位为 8.48m。尾水渠沿石郭源挖深至 7.68m，向河道出口方向，长 300m。工程于 1959 年 3 月动工，1960 年 1 月完成输水隧洞开挖，同年 3 月完成大坝定向爆破 7.5 万 m^3，左岸高出设计，右岸稍有不足，同年 5 月完成黏土斜墙建基面至 21.12m 高程；1962 年 1—3 月，完成黏土斜墙 30.12m 高程至坝顶部分，21.12 ～ 30.12m 高程部分的斜墙尚未施工；1962 年 9 月 6 日，遭洪水漫顶决口，此时已完成进水口混凝土浇筑和厂房部分基础开挖，并自制水轮机 1 台。

三级大坝为坝体渗流堆石坝，系当时新型试验坝型。虽经模型试验验证，但坝体为爆破堆填，块石粒径级配不均匀，左岸偏大，右岸偏小，孔隙率也难以控制和估算，且坝体断面未达到设计要求。大坝堆筑后曾先后遭受两次洪水，第一次为 1960 年 8 月暴雨，降水 170mm，洪水流量约为 120m^3/s，当时除个别坝顶较低处有最大约 10cm 水深溢流外，其余洪水均由坝内渗出；第二次为 1962 年 9 月 5 日暴雨，降水 230mm，当时正处于第二次施工停建期间，坝顶入渗面堆放石渣、废土等，入渗空隙被堵塞，洪水未能全部入渗，以致坝顶过水溃决，决口宽 20m、深 15m。之后因电站处于停工期，没有修复，多年后全部被冲毁。

1963 年，水利部考虑石郭水库安全和地方工农业生产用电需求，决定重新启动石郭水电站续建工程，同年 12 月水电部新安江水电工程局完成了《石郭电站续建工程技术设计》，将一级电站装机容量由原来的 2×800kW 改为 1×800kW，输水系统尺寸基本保持原设计。主要续建项目为：完成一级水库大坝黏土斜墙和大坝基础处理，完成一级电站厂房和输水系统、机电设备安装，完成二级电站压力前池上游挡渣坝工程及进水口改建和木质压力管更换。三级电站续建未列其中。

1964 年 7 月，石郭一级大坝复工，从 231.60m 高程继续施工。同时，将二级水电站引水木管换成钢管。1965 年年中，二级水电站恢复发电，年底一级坝黏土斜墙翻修至坝顶，并砌筑防浪墙，墙顶高程为 252.10m。同时扩挖旁侧溢洪道槽身，浇筑混凝土溢流堰，考虑到大坝沉降尚未稳定，堰顶高程暂定为 245.80m 并蓄水运行。经过数年运行后，认为坝体已基本稳定，于 1971 年冬将堰顶加高至 246.80m，最高库水位为 249.1m。1964 年 4 月，水电部将石郭工程移交给青田县，受财力物力的限制，一级电站续建工程进展缓慢，直至 1974 年才建成发电。

三级电站在 1980 年经研究后重启建设并开始前期设计，将拦水坝上移至二级厂房下游附近，采用浆砌块石单曲拱堰，拱冠梁高 6.4m，堰顶高程为 43.40m，通过 390m 长明渠引入原发电输水隧洞。在原厂址新建厂房，地坪高程为 13.00m，正常尾水位为 12m，设计水头为 27m，安装 1 台 250kW 和 1 台 320kW 发电机组，共 570kW，于 1988 年建成发电。

2000 年以后，历年水库安全检查均发现大坝下游坝脚和左坝肩存在漏水现象。2013 年，开始对大坝进行除险加固，包括大坝上游黏土斜墙防渗改为钢筋混凝土面板防渗、左岸绕坝灌浆渗漏处理、溢洪道加固、防空洞加固、增设大坝安全监测及水雨情测报系统等，2015 年完成。

2006 年，技术改造得到批准，报废原有一级电站，将原有一级、二级电站合并成一级电站；2007 年技改工程开工，2008 年技改完成。技改后的石郭一级电站水头为 190.45m，设计流量为 $1.61m^3/s$，安装 3 台 800kW 斜击式水轮发电机组，总装机容量为 2400kW。2019 年，石郭一级电站被评为农村水电站安全生产标准化二级单位。

石郭水电站大坝下游俯视图如图 3-1 所示，石郭水电站原一级电站地下厂房及进口如图 3-2 所示，石郭水电站原二级电站（即新一级电站）厂区及厂房机组如图 3-3 所示。

图 3-1　石郭水电站大坝下游俯视图

（a）地下厂房

（b）进口

图 3-2　石郭水电站原一级电站地下厂房及进口

(a)厂区

(b)厂房机组

图 3-3 石郭水电站原二级电站（即新一级电站）厂区及厂房机组

4. 缙云县普化水电站

普化水电站是缙云县最早的水电站，电站建设得到了周恩来总理的帮助。

普化水电站位于缙云县大源镇大源村，距离缙云县城约 40km，属永安溪流域。工程由水库引水渠道、水库大坝、发电引水渠道、压力前池、压力钢管、电站厂房、升压站等组成。水库集水面积为 4.3km^2，引水渠道长 3.5km，大坝为黏土心墙坝，高 19.75m，正常库容为 80 万 m^3，发电引水渠道长 600m，压力钢管长 461m，设计水头为 233.85m，发电流量为 0.32m^3/s，装机容量为 1×500kW，多年平均发电量为 93 万 kW·h，由 10kV 出线接入大源变电所。

电站于 1964 年开工建设，设计装机容量为 250kW。建设过程中发电机无处购买，因大源镇是革命老区，加之小章村人蔡鸿猷烈士曾与周恩来总理共事，故老区 12 名老党员写信给周恩来总理求助。在周总理的帮助下，一机部（中华人民共和国第一机械工业部）及时安排重庆水轮机发电设备厂生产 1 台 250kW 水轮机。重庆水轮机厂为普化电站特制了发电机（图 3-4）并长途运抵大源，电站得以顺利建成并于 1966 年投产，结束了大源无电的历史。

图 3-4 重庆水轮机厂为普化电站特制的发电机

1984 年，电站进行了增容扩建，增 1 台 250kW 机组，装机容量为 2×250kW；1999 年，经过技术改造，装机容量改为 1×500kW。

普化水库还承担下游灌区 1500 亩水田的灌溉用水，它也是麻车自然村饮用水水源地。电站坚持“安全生产，绿色发展”的理念，以实现经济效益与社会效益的互利共赢。

5. 庆元县马蹄岙水电站

图 3-5　马蹄岙水电站全貌

庆元县马蹄岙水电站（图 3-5）是浙江省国防“小三线”建设电站，也是浙江省唯一在运的地下厂房常规水电站。

马蹄岙水电站位于闽江二级支流松源溪浙闽交界处，距庆元县城区 18km，大坝位于屏都镇马蹄岙弯道的上游处，厂房位于竹口镇马蹄岙，是一项以发电为主、兼顾灌溉等综合利用的水利工程。

水库拦河坝为浆砌块石重力坝，坝顶全长 141.2m，中间 75m 为开敞式自溢流溢洪道，左右两边为非溢流坝段，长度分别为 26.8m 和 39.4m。溢流坝段坝顶高程为 300.95m，非溢流坝段坝顶高程为 311.45m，最大坝高为 40.5m。水库坝址以上集水面积为 738km^2，为小（1）型日调节水库，水库正常库容为 130 万 m^3，总库容为 539 万 m^3，多年平均流量为 26.7m^3/s。

马蹄岙水电站为 1965 年浙江省国防“小三线”建设（山区建设）的第一批水电站，始建于 1966 年，1972 年建成发电，由浙江省水电勘测设计院设计，省水电工程局四处施工，全部投资由浙江省水利厅从水利投资中拨款。电站为混合式地下厂房，装机容量为 4×1250kW。2012 年，原中控室由地下迁建至地面，装机扩容为 4×2000kW。每年 3—10 月，4 号机组尾水经灌溉闸门提高水位 7m，经空腹堰向松溪县供水，灌溉面积为 2.01 万亩。

图 3-6　马蹄岙水电站一级站地下厂房

2014 年 11 月，电站开展二次扩容工程（即二级站）建设，于 2017 年 10 月完工投运，电站设计水头为 55m，最大利用水头为 57m，发电流量为 41.5m^3/s。厂房位于厂区下游 130m，装机容量为 2×5000kW。

如今，电站总装机容量为 1.8 万 kW，多年平均发电量为 5347kW · h。2018 年 12 月，马蹄岙水电站被水利部评为农村水电站安全生产标准化一级单位。马蹄岙水电站一级站地下厂房如图 3-6 所示。

6. 遂昌县成屏一级水电站

遂昌县成屏一级水电站位于遂昌县妙高街道，距遂昌县城区 12km，所在河流为瓯江水系松阴溪上游干流成屏溪。水库坝址以上集雨面积为 185km²，多年平均来水量为 1.84 亿 m³，正常水位为 346m，正常库容为 4670 万 m³，校核洪水位为 353.54m，总库容为 6094 万 m³，为不完全年调节水库。它是一座以防洪为主，兼顾发电、灌溉及供水等综合利用的中型水库，工程等别为Ⅲ等，水电站设计水头为 56m，最大利用水头为 78.28m，装机容量为 13MW，多年平均发电量为 2555kW · h。

拦河主坝为混凝土面板堆石坝，坝顶高程为 354.50m，防浪墙顶高程为 355.70m，最大坝高为 78.32m。坝顶宽为 6m、长为 217.7m，大坝上下游坝坡均为 1∶1.3。

成屏一级水电站于 1978 年 12 月开工建设，1980 年列入缓建项目，1985 年 6 月复工，其所用的混凝土面板堆石坝是我国最早使用的坝型，由丽水地区水利水电设计院设计。1985 年 10 月 12 日截流，1988 年 12 月 31 日水库下闸蓄水，1990 年 7 月 1 日正式投产发电，1991 年 10 月竣工，装机容量为 4×2MW。1999 年，扩容为 4×2MW ＋ 1×5MW。2008 年，水库实施除险加固工程建设，2011 年 9 月完工，同年，电站列入中央农村水电增效扩容改造试点，改造内容为报废原 4×2MW 机组，重建一台 8MW 机组，并对 5MW 机组进行综合自动化改造。工程于 2012 年 2 月开工，2013 年 1 月投产发电。

水库大坝为混凝土面板堆石坝，是国内首批从国外引进技术，国内自行设计、施工的新型试验型坝。主坝的设计、施工及运行、安全管理，为我国面板坝技术积累了十分宝贵和丰富的经验，为该坝型在全国全面推广奠定了坚实的基础。成屏电厂对钢筋混凝土面板堆石坝安全管理的重视和资料的积累分析及研究、运行管理的经验，至今仍在国内处于领先地位，被列入水工教科书和《水工设计手册》案例。1989 年 10 月和 2001 年 10 月，全国面板坝施工、运行管理经验交流会在成屏水库大坝现场召开。

水库建成 30 多年来，对下游的防洪、抗旱、城市供水和农业灌溉发挥了巨大作用，下游县城防洪能力显著提高，县城生活、生产用水得到保障。成屏一级水电站已累计向电网输送超过 7 亿 kW · h 的清洁电源，下游多个电站相继增机扩容，社会效益非常突出。

成屏一级水电站水库及大坝如图 3-7 所示。

图 3-7　成屏一级水电站水库及大坝

7. 缙云县盘溪梯级水电站

盘溪梯级水电站是国际小水电开发模式的样板工程。

缙云县盘溪小流域集水面积为 90km^2，属典型的山区性小河流，洪水暴涨暴落，水旱灾害时常发生。20 世纪 70 年代，流域上游建设了大洋水库，控制集水面积为 20.1km^2，跨流域引水面积为 23.27km^2，总库容为 1508 万 m^3。为充分利用超过 600m 的天然落差，缙云县于 1973—1979 年先后建成了盘溪一级至五级水电站，总装机容量为 8040kW，实现了一水多用、“一方水发一度电”的目标。浙江电影制片厂还将之拍成纪录片《青山明珠》，当时轰动全国各地。联合国工业发展组织曾多次组织专家前来考察，第一次国际小水电会议期间，主题展示盘溪梯级水电站的彩色照片；第二次国际小水电会议期间，即 1980 年 10 月 24 日，在时任水利部副部长李伯宁的陪同下，24 个国家的代表及我国部分省、市水电专家共 60 多人，前往盘溪梯级实地参观考察。挪威代表根纳斯先生说，“不到缙云参观，就不能对中国的小水电作出正确的评价”。1986 年 4 月 6 日，在结束于杭州召开的第二届国际小水电会议后，来自北美、欧洲、非洲、亚洲、大洋洲 16 个国家的小水电专家考察了大洋水库（图 3-8）。

大洋水库坝址位于缙云县大洋镇，距缙云县城区 35km，所在河流为瓯江水系好溪支流盘溪。它是一座以防洪、发电为主，兼顾灌溉、供水等综合利用的水利工程，属中型水库，电站装机容量为 600kW。水库坝址以上集雨面积为 20.11km^2，跨流域引水集雨面积为 16.84km^2。

图 3-8　1986 年 4 月 6 日，来自北美、欧洲、非洲、亚洲、大洋洲 16 个国家的小水电专家考察了大洋水库（盘溪梯级开发）

拦河坝为混凝土防渗墙结合土工膜防渗土石坝，坝顶高程为 824.50m，防浪墙顶高程为 825.70m，坝顶宽 6m、长 170m，最大坝高为 47.5m。上游坝面，790.00～810.00m 高程时坝坡比为 1∶1.3，810.00～822.00m 高程时坝坡为 1∶1.9；下游坝面，811.30m 高程以上坝坡比均为 1∶1.4，811.30m 高程以下坝坡比均为 1∶1.5。

侧槽溢洪道位于大坝左侧，由开敞式自由溢流段和泄洪闸段组成，其中开敞式自由溢流段采用 WES 实用堰，堰顶高程为 820.00m，溢流长度为 20m；泄洪闸段设置 5 孔泄洪闸，总净宽为 39.5m，堰顶高程为 817.00m，泄洪闸每孔设置一扇 8m×3.7m（其中中孔为 7.5m×3.7m）的平板钢闸门挡水和控制泄洪。

水库正常蓄水位为 820m，对应正常库容为 1410 万 m^3，死水位为 795m，对应死库容为 95 万 m^3，设计洪水位（P=1%）为 820.33m，校核洪水位（P=0.05%）为 821.15m，总库容为 1508 万 m^3。

水库大坝工程于 1970 年 8 月开工建设，1973 年 4 月建成并投入蓄水运行，2006 年 8 月完成水库除险加固工程，2005 年 6 月通过除险加固工程蓄水验收，2020 年 12 月通过竣工验收。

盘溪一级电站（图 3–9）为大洋水库坝后式水电站。厂房位于大洋水库大坝下游，从水库大坝右岸通过水水隧洞引入厂房发电，电站发电尾水位为 780.8m，最大毛水头为 38.7m，装机容量为 3×200kW，多年平均发电量为 100 万 kW · h。电站于 1973 年 1 月开工建设，1974 年 8 月建成发电。

图 3–9　盘溪一级电站全貌

盘溪二级电站位于浙江省缙云县胡源乡，距县城约 31km。电站发电水源来自盘溪一级电站尾水，通过长 2045m 的引水隧洞引水至压力前池，再通过长 406m 的压力钢管引至厂房发电。前池正常蓄水位为 803.31m，电站发电尾水位为 582m，电站毛水头为 219.69m，装机容量为 3×800kW，多年平均发电量为 877 万 kW · h。工程主要建筑物包括发电引水系统、发电厂厂房和升压站等。电站于 1970 年 8 月开工建设，1974 年 8 月建成并正式投产发电。盘溪二级电站厂内机电设备如图 3–10 所示。

图 3–10　盘溪二级电站厂内机电设备

盘溪三级电站位于浙江省缙云县胡源乡蛟坑村，距县城约 28km，电站发电水源来自盘溪二级电站尾水，通过长 2472m 的引水隧洞引水至压力前池，再通过长 386m 的压力钢管引至水轮发电机组。前池正常蓄水位为 579m，电站发电尾水位为 372.5m，工程主要建筑物包括发电引水系统、发电厂房和升压站等。电站发电水头为 196.21 ～ 204.38m，电站装机容量为 3×800kW，多年平均发电量为 928 万 kW · h，电站厂区地面高程为 374.00m，厂房装有 3 台卧式水轮发电机，现有装机容量为 3×1000kW。电站于 1976 年 1 月开工建设，1977 年 9 月建成并正式投产发电，2019 年 10 月底开展标准化复评工作。2020 年，盘溪三级电站入选水利部年度绿色小水电示范电站名单。

盘溪四级电站位于浙江省缙云县胡源乡章村，距县城约 20km，电站发电水源来自盘溪三级电站尾水，通过引水隧洞引水至压力前池，再通过压力钢管引至水轮发电机组。

前池正常蓄水位为367.3m，电站发电尾水位为276m，工程主要建筑物包括发电引水系统、发电厂厂房和升压站等，电站设计水头为87m，装机容量为2×800kW，多年平均发电量为506万kW·h。电站引水隧洞长5648m，衬砌后洞径为1.9m，压力钢管长373m，管径为1m。发电厂主机层安装高程为275.85m。电站于1978年1月开工建设，1979年建成并正式投产发电。电站于2019年10月底开展标准化复评工作，2020年通过绿色小水电创建评审。

盘溪五级电站（插花墩水电站）位于四级电站厂房下游约5km的舒洪镇仁岸行政村西塔坑自然村上游河湾段，水库为插花墩水库，坝址以上集雨面积为76km^2，干流长为20km。水库大坝为双曲浆砌条石拱坝，水库正常蓄水位为250.7m，正常库容为105万m^3，总库容为195万m^3。盘溪五级电站为坝后式开发，设计水头为30m，发电流量为5.4m^3/s，装机容量为3×400kW，多年平均发电量为100万kW·h。电站于1969年10月动工兴建，1973年1月建成投产，装机容量为2×320kW，1984年增容1台400kW，2010年10月报废重建改成3台400kW，现有总装机容量为1200kW，多年平均年发电量为300万kW·h，年利用小时为2500h；达到安全生产标准化评审二级，2019年创建为绿色小水电示范电站。

盘溪梯级开发工程小水电站技术特性见表3–1。

表3–1　盘溪梯级开发工程小水电站技术特性

梯级	电站型式	设计水头/m	设计流量/（m^3/s）	装机容量/kW	机组/台	建成时间
盘溪一级	坝后式	38.70	1.80	600.00	3	1974年8月
盘溪二级	引水式	220.00	1.50	2400.00	3	1974年8月
盘溪三级	引水式	205.00	1.52	2400.00（3000.00）[a]	3	1977年9月
盘溪四级	引水式	92.00	2.35	1600.00	2	1979年8月
天生桥	混合式	11.50	6.66	800.00	2	1998年7月
盘溪五级	坝后式	29.20	3.40	1040.00（1200.00）	2	1973年5月
盘溪六级	混合式	22.00	5.50	890.00（1040.00）	3	1986年1月
合计		618.50		9730.00（10640.00）	18	

注　“a”表示括号内数值为增效扩容后目前的装机容量，下同。

8. 景宁县上标水电站

上标水电站是中央与地方合资建设的试点电站。

水库坝址位于景宁县景南乡，距景宁县城区68km，所在河流为瓯江水系小溪支流标溪，是一座以发电为主，兼顾农田灌溉和防洪等综合利用的中型水利工程，电站装机容量为19MW，工程等别为Ⅲ等。水库坝址以上集雨面积为25.7km^2，另有跨流域引水面积

4.4km²。

水库正常蓄水位为986m，对应正常库容为1681万m^3，死水位为962m，对应死库容为265万m^3，设计洪水位（P=2%）为990.22m，校核洪水位（P=0.2%）为991.52m，总库容为2180万m^3。

大坝为C25混凝土非溢流变圆心双曲拱坝，坝顶高程为991.70m，最大坝高为50.7m，坝顶宽4m，坝底宽8.05m，厚高比为0.16，坝顶弧长为105.59m。在大坝左侧954.00m高程处设直径为60cm的放水管1根，出口设工作和事故锥阀。

溢洪道布置在大坝左岸垭口，为开敞式岸边正槽溢洪道，堰身为驼峰堰，堰顶高程为986.00m，溢流净宽20m。驼峰堰后接陡槽段，陡槽出口设挑流鼻坎消能。堰上设单跨公路桥1座，桥面高程为992.78m。

1982年11月13日，浙江省计划委员会与水电部计划司签订《关于合资建设上标水电站的协议》，将上标水电站建设列入中央与地方合资建设水电站的第一批试点电站。工程于1986年9月开工，1988年12月主体工程完工，1989年2月通过蓄水阶段验收，同年7月投产发电，2015年11月通过竣工验收。

上标水电站水库及大坝如图3-11所示。

图3-11　上标水电站水库及大坝

9. 盘溪六级水电站

盘溪六级水电站是改革开放后以股份制修建的第一座水电站。

1984年1月，缙云县舒洪镇清井湾村出于发展村集体经济的考虑，计划在家门口——盘溪五级电站的下游兴建水电站，并提交全村160多个户主民主讨论，当时会上未达成一致意见。于是几位村干部商量决定改为个人集资办电站，吸收了本村43户村民参加，并成立筹建电站领导小组。1984年2月，村民所写的集资办电报告送到缙云县委、县政府等有关部门，得到县领导的支持。7月，缙云县水利电力局进行勘测设计，翌年1月，县水利电力局批准建设。1985年3月，电站动工兴建，1986年8月1日，总装机容量为890kW的3台机组安装发电。电站总投资为97万元，其中村民个人集资10.05万元，县电力公司投资10万元，县水利电力局投资15万元，银行贷款61.95万元。

盘溪六级水电站地处缙云县舒洪镇清井湾村，位于好溪流域支流盘溪上，距县城14km左右，主要建筑物有拦河坝、发电输水隧洞、发电厂房、升压站及输电工程等，水库坝址以上集雨面积为85.87km²，干流长度为27.3km。拦河坝位于清井湾村上游700m的盘溪上，为双曲拱坝，最大坝高为12.5m，正常蓄水位为200.5m，正常库容为1万m^3，按30年一遇设计，200年一遇校核。坝顶中段为开敞式溢流坝，溢流段长55m，堰顶高程为200.50m，两岸非溢流坝段坝顶高程为202.00m；输水隧洞布置于河道左岸，进水口在左坝肩上游15m处，进水底板高程为194.00m，进口闸门为水泥钢丝网平板斜门（2.4m×2.7m），启闭机为螺杆手动式；输水隧洞长640.28m，衬砌后内径达到2.7m，至厂房后接钢管，分三支进入厂房；电站为混合式开发，正常发电尾水位为178.5m，最高净水头为21.5m，设计发电水头为20.5m；厂房位于外畈村盘溪左岸，长26.45m，宽9m，面积为238.05㎡，地面高程为180.60m，内装3套混流式水轮发电机组；升压站紧靠厂房，尺寸为5m×8m，高程为180.60m。

电站于1986年投产发电，原装机容量为890kW，年发电量为220.7万kW·h。2011年，进行报废重建（增效扩容改造），建设内容包括改造进水口、隧洞局部扩洞和渗漏处理、更新机电设备、改建升压站等，改造后装机容量为1040kW（1×400kW＋2×320kW），2012年12月通过竣工验收，多年平均发电量为271.2万kW·h。

电站于2015年创建安全生产标准化二级电站，2018年通过标准化复评，并成功创建为水利部绿色小水电站。盘溪六级水电站外貌和发电机组分别如图3-12和图3-13所示。

图3-12　盘溪六级水电站外貌

图3-13　盘溪六级水电站发电机组

10. 石塘水电站

石塘水电站（图3-14）是瓯江干流梯级开发的第二座枢纽工程，为我国第一座采用设计总承包方式建设的中型水电站。工程由华东勘测设计院下设的华东水电咨询公司总承包，水电十二局负责施工。

图3-14　石塘水电站全貌

石塘水电站位于瓯江干流龙泉溪，距已开发的第一级水电站——紧水滩水电站

25km，是一座以发电为主，兼顾航运、过木（竹）、水库养殖等综合利用的中型低水头河床式水电站，设计水头为22.5m，电站安装3台单机容量为2.86万kW的水轮发电机组，总装机容量为8.58万kW。

电站主体工程于1985年7月开工，1988年12月31日下闸蓄水，1989年首台机组投产发电，1990年6月3台机组全部投产发电。石塘水电站受紧水滩水电站的调控，同步运行。石塘水电站工程投资为1.85亿元，单位千瓦投资为2378元，完成工程量计混凝土27.6万m^3，土石方39.19万m^3。

电站大坝为实体混凝土重力坝，坝高为38.9m，坝顶全长255.5m，左右两岸挡水坝段总长80.5m，顶宽分别为8.9m、6.8m；溢流坝段总长98m，设有5孔弧形闸门，每孔净宽16m，高12.5m，采用液压启闭机启闭，总泄洪能力为7880m^3/s，顶宽21m，设有工作桥、交通桥；厂房坝段总长77m，顶宽23m，主厂房建在左岸，长51m、宽18.7m；过坝船道长265.39m，竹木筏道长274.86m，均采用卷扬机牵引。

石塘水库为日调节水库，与紧水滩水电站的尾水衔接。水库多年平均降水量为1788.9mm，年径流量为34.4亿m^3。库区水面面积为6.7km^2。水库正常蓄水位为102.5m，总库容为0.83亿m^3，100年设计洪水位为102.7m，1000年校核洪水位为103.8m，相应总容量为0.91亿m^3。水库淹没、占用耕地3117.86亩，迁移人口5573人。

石塘水电站设3回110kW输电线路，其中2回经丽水，1回经云和接入浙江电网，承担浙江电网的调峰和事故备用任务。

紧水滩水电站和石塘水电站两站库区的形成，改善了龙泉溪的水运条件，石塘库区至龙泉市凤鸣乡82km内，通航能力由4t增至30t，年航运量由2.5万t增至18万t，年木（竹）流放量由14万m^3增至近30万m^3。两站库区还形成了面积达43.6km^2的人工湖——云和湖，湖水沿山湾延伸，湖湾56处，山水交错，横布的30多个岛屿犹如镶嵌在湖面上的宝珠，奇峰异石，千姿百态，众多名胜古迹缀以亭台楼榭。山、水、洞、石构成别具一格的江南园林风光，形成了浙西南地区又一旅游休闲胜地，每年吸引众多游客。

11. 青田县焕恩水电站

青田县焕恩水电站是浙江省第一座侨资电站，它位于青田县山口镇梅岸村境内，距离青田县城12km，距山口镇约1.4km，有青岱线公路沿库区右岸通过，交通较为方便。

焕恩水电站水库所在水系属瓯江水系，处在瓯江一级支流四都港源中下游，电站水库坝址位于梅岸村上游370m处，坝址以上干流长31.8km，集雨面积为211.5km^2。水库大坝坝型为混凝土单曲拱坝，坝顶高程为34.40m，顶宽为1m，坝高为12.5m，坝长为145.6m。水库正常蓄水位为31.9m，总库容为11万m^3，正常库容为7万m^3，可调节库容为4万m^3。发电厂房位于山口镇下游1.6km，设计水头为12m，装机容量为1500kW，多年平均发电量为450万kW·h。

浙江省青田焕恩电站有限公司通过招商引资成为丽水地区第一家外商独资企业，法人代表杨焕恩为奥地利华人。公司于1995年3月经青田县对外经济贸易委员会批准设立。同年3月，时任青田县委书记张成祖、县长刘建新主持开工典礼，青田县水电局承担该工程的初步设计工作。

1996年8月，电站处于基建期，厂房还未结顶，部分设施尚未完全建成，却遭遇了特大洪水，原先的基建设施几乎全被冲毁，损失较重。事后时任省侨办主任朱惠珍、省侨联主席周慧兰、地委书记陈仲芳、专员徐培金等，多次莅临工地现场指导工作。在各部门的大力支持下，电站得以开工重建。

图 3–15　焕恩水电站竣工典礼

1997年2月28日，青田县焕恩水电站举办竣工并网典礼（图3–15）。时任省侨办主任朱惠珍、省侨联主席周慧兰、地区专员徐培金、温州市政协主席蒋云峰、青田县人民政府及有关部门派人参加，参加人员共计600余人。时任浙江省副省长龙安定发来贺电，祝贺电站竣工并网。省侨办、省侨联、省地矿厅、丽水地区专属、丽水市侨办、丽水市侨联等部门发来贺电表示祝贺。

当时丽水地区经济快速发展，电力缺口较大，因此焕恩水电站的审批、建设、竣工并网均得到了省、地区、县各级人民政府的支持。浙江省青田焕恩电站有限公司于2000—2002年被浙江省人民政府侨务办公室、浙江省对外贸易经济合作厅评为“浙江省优秀侨资企业”。电站于2016年6月通过安全生产标准化三级验收，并于2019年5月通过安全生产标准化复评。

12. 丽水玉溪水电站

丽水玉溪水电站（图3–16）位于瓯江干流龙泉溪的下游河段，距丽水市城区30km，距风景秀丽的大港头镇3km，厂区与古堰画乡景区连成一片，省道丽蒲线从旁绕过。丽水至玉溪水电站全程为一级公路，电站厂区绿化面积近3.5万m^2，丽龙高速公路横穿而过。

1992年1月，国家计划委员会批准兴建玉溪水电站，它是一项以发电为主，兼有航运、过木、供水等综合效益的中型水利枢纽工程，也是浙江省水电工程建设中第一个实行工程建设业主负责制、施工管理全面监理制，第一个利用外国贷款（奥地利）并引进国外机组的水电工程项目。电站装机容量为40MW，采用两台20MW奥地利伊林公司生产的灯泡贯流式机组，发

图 3–16　玉溪水电站

电设计水头为10.5m，发电流量为425m^3/s，多年平均发电量为9400万kW·h。电站于1993年开工建设，1997年11月第一台机组并网运行并投产发电，2002年6月通过竣工验收，总投资为3.88亿元人民币。玉溪水电站为日调节河床式电站，坝址上游集雨面积为3407km^2，水库总库容为1453万m^3。工程由混凝土重力坝、发电厂、冲沙闸、泄洪闸、船闸、黏土心墙砂壳主坝及副坝等建筑物组成。

玉溪水电站在建设和发展过程中得到了各级领导的关心和支持。时任浙江省委书记李泽民、省长柴松岳、副省长刘锡荣、水利厅厅长章猛进、丽水地委书记陈仲方、行署专员徐培金等多次对玉溪水电站的建设作重要指示，并赴现场进行视察和指导。李泽民曾为玉溪水电站题词："加快玉溪电站建设，促进丽水经济发展"。

玉溪水电站建成发电，对缓解丽水市电力紧张、改善坝下农田灌溉、提高航运能力及山区经济发展起了促进作用，为库区农业经济发展和旅游资源开发创造了条件，为在瓯江干流上建设低水头水电站作出了有益的探索，为瓯江流域梯级开发积累了经验，同时给库区两岸的经济发展注入了新的活力。

自运行以来，玉溪水电站在管理、安全生产等方面也取得了良好成绩。2015年，玉溪水电站成为浙江省第一家通过安全二级标准化的水电站，先后完成水库安全标准化和水利部绿色小水电建设。根据丽水"大花园建设"、丽水创建国际绿色小水电示范区及长江经济带小水电生态环境问题清理整改工作要求，玉溪水电站于2019年9月开工建设一台装机容量为2400kW的生态流量机组，在电站主机不发电时段内，通过生态机组向下游放水，既能满足下游生态流量要求，保证下游河道的生态环境用水，又能合理有效地利用能源，2020年8月，生态机组已完工并投产发电。

面对未来，玉溪水电站致力于发挥自身的环境、技术、资本优势，开拓现有资源，实行多元化开发，着力把玉溪水电站建设为一个集绿色水电生产与瓯江生态旅游为一体的现代化水利枢纽。

13. 遂昌县陈坑水电站

遂昌县陈坑水电站是敲响全国水能开发权有偿出让第一槌的水电站。

2002年4月10日，在遂昌县人民检察院六楼会议室举行了浙江省首次规范化操作的水电资源开发权有偿出让招标会，敲响了浙江省乃至全国公开拍卖小水电资源开发权的第一槌。遂昌县水利局对本县规划的陈坑水电站的资源开发权进行公开招标，实行有偿出让。通过激烈的竞价，最终起标价为11万元、保留价为15万元的陈坑水电站开发权以118万元的高价由遂昌县陈坑水电开发有限公司取得，全国第一宗水电开发权竞标会一举获得成功。

陈坑水电站位于钱塘江水系周公源上游支流陈坑上，大坝建在小长坑与小陈坑汇合处下游约100m处，厂房建在陈坑村中蓬自然村下游1.5km处，距遂昌县城95km。坝址以上集雨面积为19.55km^2（包括范坑和龙井头引水面积13.65km^2），厂址以上集雨面积为35km^2，水库总库容为45.4万m^3，正常库容为40.1万m^3，调节库容为34.9万m^3，为日调节水库；设计正常水位为714m，设计洪水位为715.25m（P=5%），校核洪水位为715.5m（P=1%），死水位为 696m。电站设计水头为 220m，发电流量为 $1.8m^3/s$，装机容量为 3200kW，多年平均发电量为 821 万 kW · h。

陈阬水电站于 2003 年 5 月开工建设，2004 年 12 月建成投产，工程总投资为 2409 万元。主要建筑物有拦河坝、发电输水隧洞、跨流域引水系统、压力管道、发电厂房、升压站、输电工程等。拦河坝的坝型为混合线型双曲混凝土拱坝，非溢流段坝顶高程为 716.00m，坝顶上游侧防浪墙顶高程为 716.90m，最大坝高为 716m，死水位为 696m；采用坝顶开敞式溢流方式，宽度为 30m，溢流堰顶高程为 714.00m，溢流面为 WES 曲线，消能型式为挑流消能。大坝放水管采用坝内埋管的方式，钢管直径为 0.5m，中心高程为 683.00m。

图 3-17　陈坑水电站主厂房及压力管道全景

陈坑水电站在改善当地农业灌溉、完善供水设施、改善村容村貌的同时，与当地政府和村庄充分融合，为营造和谐互助、帮扶脱困的社会环境作出了应有的贡献，受到了当地政府和附近村庄的一致认可。

陈坑水电站主厂房及压力管道全景如图 3-17 所示。

14. 景宁县梧桐坑水电站

景宁县梧桐坑水电站（图 3-18）堪称全民参股、带富一方百姓的水电站。

梧桐坑水电站位于瓯江小溪的梧桐坑支流，拦水坝位于梧桐坑流域云和县金坑口水电站下游，厂房位于梧桐乡梧桐坑自然村上游，距景宁县城 30km，坝址以上集雨面积为 $138km^2$，电站装机总容量为 3750kW（3×1250kW），设计水头为 64m，发电引用流量为 $3×2.43m^3/s$，设计多年平均发电量为 721.5 万 kW · h，年利用小时为 1900h，总投资为 1861 万元。

图 3-18　梧桐坑水电站

拦河坝采用 C10 细骨料混凝土灌砌石重力滚水坝，堰顶长 40m，为全段溢流，堰顶高程为 306.00m，发电输水隧洞为城门形无压隧洞，全长 2350m，洞径为 3.2m×3.2m，压力钢管斜坡直管长 70m，压力钢管管径为 1.7m，厂房内布置 3 台混流式水轮发电机组，升压站为户外露天式，配置 1 台 S9-5000/35 变压器，以 1 回路 35kV 线路送电至金坑口水电站。

梧桐坑水电站于 2003 年 1 月开工建设，2005 年 7 月完工，2020 年 7 月 4 日通过电站竣工验收，2016 年 11 月通过安全生产标准化管理二级评审，2019 年 11 月通过安全生产标准化管理二级复审。运行管理单位为景宁畲族自治县梧桐坑水电站。

电站对当地农民的增收致富能够发挥积极作用，有利于增强乡村集体经济，改善农村社会福利，在文化建设、环境建设、生态文明建设等方面成效显著，因此景宁县农民群众对电站的投资热情非常高。景宁梧桐乡梧桐坑村全村群众以各种方式投资入股，参与了梧桐坑水电站及金秋电站、金丝坑电站和金坑水电站 4 座水电站的开发建设，入股 200 户、650 多人，投资参股 1200 多万元，股份约占总投资的 25%。2005 年建成的梧桐坑水电站，村民投入 360 万元，投产次年就开始给村民分红，电站建设惠及全村，带富一方百姓。

15. 遂昌县群力水电站与云和县安溪茶山水电站

遂昌县群力水电站（图 3-19）属于村级集体入股、壮大村级集体经济、服务民生的电站。

遂昌县垵口乡群力水电站在十四都源干流上，大坝位于垵口乡黄大山口，厂房位于垵口乡垵口村，距遂昌县城区 30km。大坝以上总集水面积为 14.2km^2，水库大坝为细骨科混凝土砌块石抛物线拱坝，最大坝高为 21m，坝顶宽 2.7m，坝顶溢流段长 35m，水库库容为 9.66 万 m^3。电站设计水头为 227m，发电设计流量为 1.6m^3/s，装机容量为 2400kW，多年平均发电量为 580 万 kW · h。电站枢纽主要建筑物有拦河坝、发电输水隧洞、压力管道、发电厂房、升压站、输电工程、过鱼设施等。

群力水电站于 2007 年 12 月开工建设，2009 年 5 月建成投产并完成竣工验收，工程总投资达 1393 万元。电站在建设和发展过程中得到了相关机构与各级领导的关心与支持。浙江省水利厅，时任丽水市委常委、组织部长胡侠以及遂昌县委书记张壮雄等先后对电站进行实地考察和指导，对水电站的建设和发展作出重要指示。2019 年 3 月 29 日，水利部组织新华社、人民网、《中国能源报》等多家中央媒体记者，到垵口乡群力水电站调研采访生态水电建设工作，对群力水电站助力农村集体经济“消薄”和群众增收工作成效给予充分肯定。

图 3-19　群力水电站

群力水电站是一座典型的“民生电站”，水电是垵口人民的富民产业。为发展壮大村集体经济，2007 年下半年，垵口村村两委（村中国共产党员支部委员会和村民自治委员会）积极探索村集体经济发展新路子，本着资源富裕村带动资源贫乏村、实现资源共享的原则，通过水电资源开发，采取由资源所在地村（垵口村）控股、其他集体经济薄弱村和垵口村生产队组及农户参股的“垵口模式”筹建群力电站。其中群力水电站项目所在地垵口村（牵头村）集体投资 178 万元，其余 7 个行政村每个村投资 10 万元。为带动当地村民共同致富，垵口村还为本村村民提供每人 0.6 万元的股份投资份额，参与投资农户达到 136 户、500 余人，人均分红能达到 20%，充分带动了当地群众脱贫致富，助力消除了 8 个集体经济薄弱村，使 4500 人脱贫。群力电站项目的实施，实现了富村携穷村、发展资源共享、集体经济与农民收入共同增长的多赢局面。群力水电站案例曾在浙江省扶贫开发视频工作会议上作为“消薄”典型，对其发言材料内容进行广泛交流。

群力水电站以水为媒，点绿成金，对村集体经济和村民脱贫变“输血”为“造血”，每年为村集体经济注入稳定的源头活水，很好地实现了水生态产品价值转换。它不仅壮大了村集体经济，充实了老百姓的钱袋子，而且提升了老百姓的满足感和幸福感。村集体有了稳定的经济收入，村项目工程等公益事业建设如火如荼，村容村貌不断刷新；农村群众医疗保险、农房保险、育龄妇女体检等民生事业稳步推进，切实让广大群众共享了小水电绿色发展带来的福利。

2014 年，垵口村又尝试探索群力水电站股权反担保的农村贷款新模式，由农户提出贷款申请并与群力水电站签订反担保合同，将电站股权抵押给群力水电站，群力水电站统一为符合条件的农户提供保证，遂昌农商银行垵口支行审批后发放贷款并给予利率优惠，进一步拓宽了农户融资渠道，解决了村民融资难、贷款难、担保难等问题。

发展的步伐永不停止。遂昌县垵口乡群力水电站全体职工将深入践行“绿水青山就是金山银山”发展理念，开拓进取，奋力拼搏，努力实施水电站示范化建设提升工程，切实让水电站的水电成为垵口人民的生态产业、富民产业和惠民产业，加速打开“两山”转化通道，助力乡村振兴。

无独有偶，云和县安溪茶山水电站与遂昌县群力水电站一样，也属于村级集体入股、壮大村级集体经济、服务民生的电站。

云和县安溪茶山水电站是安溪乡 8 个行政村联合建设的发展村级集体经济物业试点项目。它是一座以发电为主，兼有灌溉、供水功能的混合式水电站，电站集雨面积为 6.32km^2，设计水头为 155m，装机容量为 2×320kW，设计年发电量为 159 万 kW・h。水库大坝位于东岱村，厂区位于上村村。大坝为混凝土双曲拱坝，最大坝高为 28m，总库容为 7.2 万 m^3，为日调节水库，坝顶自由溢流，溢流段长 28.8m。压力管道总长 1748m，主管管径为 0.63m，设计流量为 0.55m^3/s。厂房、升压站均为地面式，厂房内安装两台 320kW 斜击式水轮发电机组。

茶山水电站工程总投资达 937 万元，其中水库大坝投资 274 万元，由云和县农业综合开发办公室于 2006 年投资建成，资金由财政资金解决；压力管道、厂房、升压站等投资 663 万元，由云和县安溪集体经济投资开发中心于 2014 年投资建成，其中浙江省省级财政扶持村级集体物业资金补助 300 万元、丽水市水利局补助 20 万元，其余资金通过银行贷款解决。

茶山水电站是发展村级集体经济试点项目，也是云和县第一座消除集体经济薄弱村示范水电站。项目建设时受到云和县委组织部、发改局、水利局、电力公司、安溪乡人民政府及项目所在地村民的大力支持，各项审批程序只用了短短 6 个月，工程建设

图 3-20　安溪茶山水电站发电机

仅用了 9 个月，创造了“安溪速度”。项目建成后由安溪集体经济投资开发中心统一经营和管理，项目建成后年均发电量达 180 万 kW·h，年均收入 95 万元。所得收益由 8 个村按比例分配，实现了安溪乡村级集体经济零的突破。

安溪茶山水电站发电机如图 3-20 所示。

16. 青田县三溪口水电站

青田县三溪口水电站（图 3-21）为浙江省首座侨资中型水电站。

三溪口水电站在瓯江干流上，为河床式开发，位于三溪口街道溪口村，距青田县城区约 6km。电站坝址以上集水面积为 13380km^2，闸坝设计正常水位为 18m，正常水位下河道容积为 5655 万 m^3，可进行日调节。电站设计水头为 9.81m，设计发电流量为 1227m^3/s，装机容量为 10 万 kW，多年平均发电量为 26640 万 kW·h。枢纽由泄洪闸、河床式厂房、船闸等建筑物组成，工程等别定为三等中型，主要建筑物为Ⅲ级，设计洪水重现期为 100 年，校核洪水重现期为 500 年。

泄洪闸位于河床中部，设 22 孔，每孔净宽 12m，总净宽为 264m，闸段总长 327.4m。发电厂房位于泄洪闸左岸，为河床挡水式厂房，厂内安装 3 台容量为 3330 万 kW 的灯泡贯流式水轮发电机组。主厂房右侧与泄洪闸相邻，装配场位于主厂房的左端；副厂房位于主厂房下游侧以及装配场的下层与下游，中控室位于装配场段下游副厂房的上层；升压站为户外式，布置在主厂房段下游副厂房的屋顶，设有 3 台变压器，110kV 开关站接线方式为单母线。船闸位于泄洪闸右侧，船闸轴线与坝轴线垂直。船闸由上游引航道、上闸首、闸室、下闸首和下游引航道等组成，其中上闸首挡水闸门与泄洪闸位于同一轴线上，同为枢纽挡水建筑物。船闸通航能力为 500t 级。左右岸接头建筑物为混凝土重力式挡墙连接坝。

图 3-21　三溪口水电站

三溪口水电站于 2009 年 11 月 27 日开工建设，2013 年 12 月底一期工程完工蓄水，同时首台机组投产发电，2015 年 1 月 3 台机组全部投产发电，2016 年 3 月二期工程全部建成投入使用。目前，船闸工程施工已处于扫尾阶段，基本已经完工。工程总投资为 16.8 亿元，由青田华侨投资。

17. 青田县青田水利枢纽

图 3-22　青田水利枢纽

青田水利枢纽（图 3-22）是浙江省首座在感潮河段修建的水电站。

青田水利枢纽位于瓯江干流，大坝位于瓯江干流与四都港汇合口下游约 185m 处，厂房位于温溪镇高岗村，距青田县城约 10km。坝址以上集水面积为 13810km^2，为河床式电站，闸坝设计正常蓄水位为 7m，正常水位下河道容积为 3396 万 m^3，电站最低尾水为 -2m，最高感潮水位为 5m。电站设计水头为 7m，发电流量为 921.39m^3/s，装机容量为 42000kW，多年平均发电量为 12656 万 kW · h。它主要由河床式电站厂房、泄洪闸、船闸、左岸混凝土重力坝及右岸回填防渗建筑物组成。

发电厂房布置在河床右岸，位于泄洪闸右侧，为河床挡水式厂房，全长 109m。主厂房上部宽 23m，副厂房位于主厂房下游侧以及装配场的下层与下游。右岸连接建筑物布置在发电厂房挡水坝段右侧，与 330 国道连接，长 192m。泄洪闸布置在河床中央，位于船闸右侧，共 25 孔，闸底槛高程为 -5.00m。泄洪闸段坝轴线方向总长度为 375.9m，每孔净宽 12m，总净宽为 300m，闸室顺水流方向长 27.5m。闸室上部启闭平台高程为 20.50m。工作闸门为侧拉式平面钢闸门。船闸位于枢纽左岸，船闸轴线与坝轴线垂直正交，左侧与重力坝相接，右侧紧邻泄洪闸左侧，上闸首位于坝轴线处，为枢纽挡水建筑物的组成部分，其顶高程与泄洪闸高程为 17.00m。船闸由上、下闸首，闸室及上、下游引航道组成，全长 911m。上闸首长 29m，宽 29m，闸室结构总长度为 260m，闸室总宽为 27m，闸室墙顶高程为 10.30m；下闸首长 24m，宽 29m，顶高程为 11.50m。上、下游引航道直线段长度分别为 298m 和 300m，底宽均为 50m，可满足设计船舶双排停靠的要求。工程设有过鱼设施，以集鱼拦网诱导河道中的上溯鱼类并集中到网箱，垂直升降过鱼设施至 17m 平台，再将捕获的鱼类放入 Φ1.2m 过鱼管道，通过集中冲水的方式将上溯鱼类通过水流放回到上游河道型水库内。升压站为户外式，布置在发电厂房的右侧回填区域内。地坪高程为 16.85m，站内设两台变压器以及出线架等。升压站以 1 回 110kV 线路接入相距约 3km 的 110kV 港头变电所。

电站于 2015 年 9 月开工建设，1 号、3 号机组相继于 2018 年 7 月 15 日、8 月 25 日投产，2018 年 11 月 2 号机组试运行。工程总投资为 159922 万元，由青田华侨投资，通航船闸部分由青田乡政府出资，电站业主代建。

第二节 大坝博物馆

丽水市已建成小（2）型以上水库266座，其中大型水库2座，中型水库28座，小型水库236座，总蓄水量达67.75亿m^3。建有土坝、堆石坝、混凝土（浆砌石）重力坝、拱坝等各类坝型，还有全国为数极少的定向爆破堆石坝和周边缝拱坝、连拱坝等，堪称“大坝博物馆”。

一、土坝

1. 云和县雾溪水库

雾溪水库（图3–23）坝址位于云和县雾溪乡，距云和县城6km，所在河流为瓯江水系龙泉支流雾溪。它是一座供水为主，结合灌溉、发电等综合利用的中型水库，工程等别为Ⅲ等，水库供水规模为6万t/d，灌溉面积为0.78万亩，水电站装机容量为1500kW。水库坝址以上集雨面积为29.7km^2，总库容为1185万m^3。水库正常蓄水位为239.37m，对应正常库容为1018万m^3，死水位为218.37m，对应死库容为125.7万m^3，设计洪水位（P=1%）为241.22m，校核洪水位（P=0.05%）为241.79m，总库容为1185万m^3。

主坝为黏土心墙沙壤土坝壳，最大坝高为47.24m。心墙底部高程为197.37m，坝顶高程为244.61m，顶高程为244.35m。坝顶浆砌石防浪墙顶高为245.96m，坝顶长124m、宽8m。大坝上游坡比自下而上为1∶3.75～1∶1.8。下游坡比自下而上为1∶2.88～1∶1.23，上游坝坡为C25混凝土预制块，设置2条马道，下游坝坡为干砌块石护坡，设置3道马道。

图3–23　雾溪水库

溢洪道位于大坝右岸小山岗鞍部，距主坝100m，堰顶高程为239.37m，溢流宽度为90m，堰型为长研—Ⅰ型滚水堰。

水库位于隧洞水库左岸，采用竖井式进水口，总长 325.6m，圆形断面，钢管衬砌段洞径为 1.5m，进口底板高程为 205.00m，出口底板高程为 198.00m。配套坝后式电站，装机容量为 3×500kW，设计水头为 37.6m，流量为 1.74m³/s，年发电量为 269.43 万 kW·h。

图 3-24 雾溪水库大坝

水库大坝工程始建于 1959 年 12 月，1960 年 10 月建成蓄水，而后多次进行除险加固，2007 年实施“千库保安”工程，2008 年 4 月完工；2008 年 10 月通过蓄水阶段验收；2012 年 6 月通过水库“千库保安”工程竣工验收。

雾溪水库大坝如图 3-24 所示。

2. 莲都区高溪水库

高溪水库坝址位于莲都区碧湖镇，距丽水市区 26km，所在河流为瓯江水系大溪支流高溪。它是一座以灌溉为主、结合发电等综合利用的年调节中型水库，工程等别为Ⅲ等，水库灌溉面积为 1.87 万亩，水电站装机容量为 320kW。水库坝址以上集雨面积为 26km²，总库容为 1017 万 m³。水库正常蓄水位为 96.07m，对应正常库容为 820 万 m³，死水位为 74.27m，对应死库容为 5 万 m³，设计洪水位（P=2%）为 97.64m，校核洪水位（P=0.1%）为 98.28m，总库容为 1017 万 m³。

高溪水库大坝（图 3-25）原为黏土心墙砂壳坝，2015 年除险加固后改为 C15F50 混凝土心墙砂壳坝，坝顶长 145m，宽 11.65m，坝顶高程为 99.10m，坝底高程为 66.07m，最大坝高为 33.03m。大坝上游坡比自下而上为 1∶2.5 ～ 1∶2.1，下游坡比自上而下为 1∶1.77 ～ 1∶1.6。

溢洪道为开敞侧槽式，位于大坝左侧，全长 275m，由侧槽段、渐变段、泄槽段和消能段组成。溢流堰长度为 65m，堰顶高程为 96.07m，侧槽底宽 8m，纵坡为 0.4‰。消能型式为挑流消能，消能段下游接泄洪渠。

图 3-25 高溪水库大坝

水库放空、放水建筑物为灌溉发电输水隧洞，位于大坝右坝头山体内，进口底板高程为 74.27m，洞长 300m，洞径为 2m，设计水头为 21.5m，流量为 1.84m³/s，配套电站为坝后式水电站，装机容量为 1×320kW，年发电量为 84.14 万 kW·h。

水库大坝工程始建于1956年，因各种原因，水库工程建、停、建，通过大坝加高、扩大规模、保坝等，工程于1985年春建成，1987年11月通过竣工验收；2015年12月，进行除险加固工程，2018年1月通过完工验收，同年7月通过蓄水阶段验收并恢复蓄水。

3. 龙泉市石隆水库

石隆水库位于梅溪右支流石隆溪干流上，工程于1976年投产运行。坝址位于查田镇隆丰村上游1km处，坝址以上集水面积为7.94km^2，另从留坪坑引入2.1km^2，水库总利用集水面积为10.04km^2，多年平均流量为0.41m^3/s。

水库主要用于附近村庄供水，以及灌溉、防洪，同时兼发电。灌溉农田面积达4000余亩，供水人口达6200人。水库正常蓄水位为374m，正常库容为102万m^3，校核洪水位为375.94m，总库容为122万m^3，具有不完全年调节能力。

拦河坝为黏土心墙坝，最大坝高为30.4m，坝顶长度为81m，坝顶宽4m，坝底宽124.7m。溢洪道设在大坝左岸，为岸坡式溢洪道。

电站枢纽按坝后式布置，发电输水系统由引水隧洞及压力管道组成。塔式进水口位于左岸，隧洞从溢洪道陡槽下穿过，总长80m，最大引用流量为1.11m^3/s。后接56m长的压力钢管至厂房，钢管内径为800mm。电站投产时装机容量为1×100kW，多年平均发电量为15万kW·h。2008年经过技术改造（改造厂房、升压站，更新水轮发电机组），总装机容量为1×200kW，改造后多年平均发电量为54.8万kW·h。

图3-26　石隆水库黏土心墙坝

水库于1971年11月开工建设，1976年1月电站建成投产。石隆水库黏土心墙坝如图3-26所示。

二、面板堆石坝

1. 龙泉市瑞垟二级水电站

瑞垟二级水电站水库坝址位于龙泉市小梅镇，距龙泉市区66km，所在水系为瓯江水系梅溪支流南溪。它是一座以发电为单一任务的中型水库，工程等别为Ⅲ等。水库坝址以上集雨面积为86.22km^2，引水入库集雨面积为77.73km^2。电站设计水头为140m，发电流量为12.75m^3/s，装机容量为3.2万kW，多年平均发电量为6797万kW·h。

拦河坝为钢筋混凝土面板堆石坝，坝顶高程为 541.35m（防浪墙墙顶高程为 541.70m），最大坝高为 89.35m，坝顶长度为 188.05m。上、下游坝坡比均为 1∶1.3。坝体分垫层区、过渡层区、主堆石区、次堆石区、下游坡干砌石等。水库正常蓄水位为 535m，对应正常库容为 1182 万 m^3，死水位为 498m，对应死库容为 190 万 m^3，设计洪水位（P=2%）为 539.97m，校核洪水位（P=0.1%）为 541.58m，总库容为 1485 万 m^3。

岸坡侧槽开敞式溢洪道布置在右坝头，堰顶高程为 535.00m，侧堰净宽 50m，泄槽底宽 20m，溢洪道水平总长度为 278.5m，消能型式为挑流消能。

发电输水系统由进水口、引水隧洞、调压井、斜洞及跨流域引水工程组成。发电输水隧洞全长 4900m，隧洞进水口为竖井式，位于大坝右坝头上游 40m 处，进水口底板高程为 490.00m。发电厂房位于坝址下游的小梅镇金村，为引水地面式厂房。厂房分主厂房和副厂房，副厂房位于主厂房右侧，升压站位于副厂房右侧。输电线路全长 55km，电站通过单回 110kV 输电线路接入龙泉宏山变电所并入电网。

图 3-27 瑞垟二级水电站水库钢筋混凝土面板堆石坝及岸坡侧槽式溢洪道

工程于 2001 年 10 月开工，2003 年 9 月下闸蓄水，2003 年 12 月投产发电，2004 年 9 月完成竣工验收。电站于 2015 年 8 月被评为水电站标准化二级单位，10 月通过复评，同年被评为水库安全生产标准化单位。2019 年，电站通过水利部绿色水电评价。

瑞垟二级水电站水库钢筋混凝土面板堆石坝及岸坡侧槽式溢洪道如图 3-27 所示。

2. 庆元县大岩坑水电站

大岩坑水电站水库坝址位于庆元县张村乡，距庆元县城区 68km，所在河流为瓯江水系小溪支流大岩坑。它是一座以发电为单一目标的中型水库，工程等别为Ⅲ等。水库坝址以上集雨面积为 22km^2，另有跨流域引水，共两大片 5 个引水区，引水面积共计 78.2km^2。电站为引水式开发，设计水头为 415m，发电流量为 11m^3/s，装机容量为 2×18000kW，多年平均设计发电量为 8846 万 kW・h。

拦河坝为混凝土面板堆石坝，坝顶高程为 832.80m，防浪墙顶高程为 834.00m，河床段趾板底高程为 756.00m，最大坝高为 76.8m，坝顶宽度为 6m，坝顶长度为 158m，上、下游坝坡比均为 1∶1.3。大坝防渗体由上游防渗面板、上游防浪墙、趾板及灌浆帷幕组成。水库正常蓄水位为 829m，对应正常库容为 967 万 m^3，死水位为 790m，对应死库容为 82 万 m^3，设计洪水位（P=2%）为 831.53m，校核洪水位（P=0.1%）为 932.19m，总库容为 1125 万 m^3。

溢洪道位于左坝头，采用侧槽泄洪道，堰顶高程为 829.00m，不设闸门控制。溢洪道由侧槽段、调整段、泄槽段和反弧段组成。溢流堰净宽 40m，堰顶高程为 829.00m，溢流堰为 WES 型低实用堰，堰高 3m，为 C20 混凝土实体结构。溢洪道消能型式为挑流消能，反弧半径为 15m，挑流鼻坎挑出点高程为 775.00m，挑射角为 20°。

水库放空、放水建筑物由导流洞进口封堵段放空（水）管改建而成，设有 1 根直径为 600mm 的放水管，出口中心高程为 767.75m。发电输水隧洞及压力明管全长 4194m，发电隧洞设计流量为 11m^3/s。

图 3-28　大岩坑水电站大坝

电站厂房及升压站位于大岩坑溪与南阳溪的交汇处，距庆元县城约 62km 的庆景公路边上。

工程于 2000 年 8 月开工建设，2002 年 2 月通过蓄水阶段验收，2012 年 11 月通过竣工验收，被评为安全生产标准化二级企业。

大岩坑水电站大坝如图 3-28 所示。

3. 莲都区黄村水库

黄村水库（图 3-29）坝址位于莲都区黄村乡，距丽水市区 22km，所在河流为瓯江水系好溪支流严溪。它是一座以城市供水为主、结合发电的中型水库。水库坝址以上集雨面积为 150.7km^2，水库正常蓄水位为 149.2m，对应正常库容为 1195 万 m^3，死水位为 136m，对应死库容为 320 万 m^3，设计洪水位（P=2%）为 154.28m，校核洪水位（P=0.1%）为 156.16m，总库容为 1845 万 m^3。

拦河坝为为混凝土面板堆石坝，坝顶高程为 156.50m，防浪墙顶高程为 157.70m，河床段趾板底高程为 109.00m，最大坝高为 47.5m，坝顶宽度为 7m，坝顶长度为 179.5m，上、下游坝坡比均为 1∶1.3。

图 3-29　黄村水库

溢洪道位于右岸坝轴线上游 400m 处，为宽顶堰开敞式溢洪道，溢洪道堰顶高程为 149.20m，宽 67.66m，消能型式为挑流消能。

放空洞位于右岸溢洪道上游约 100m 处。放空洞洞径为 1.2m，洞长 114m，进口中心高程为 124.60m，进口设固定式拦污栅，出口阀室安装手电两用的 Φ1200 检修蝶阀和 Φ1200 锥形阀各 1 只。配套电站为坝后式，装机容量为 1×250 ＋ 2×200kW，设计水头为 14m，流量为 5.8m^3/s，多年平均发电量为 309.45 万 kW·h。

工程于 1999 年 7 月开工建设，2001 年 5 月通过蓄水阶段验收并开始蓄水，2001 年 7 月 25 日竣工，2003 年 11 月 12 日通过竣工验收后投入正常运行。2020 年 8 月开始对电站进行增容改造，装机容量增为 3×320kW。

4. 遂昌县应村水电站

应村水电站位于遂昌县灵山港流域桃溪上游，坝址在应村乡上游 1.5km 处，电站厂址在北界镇坑里潘村下墅，距遂昌县城 30km。坝址上游集雨面积为 79.6km^2，跨流域引水集雨面积为 38.7km^2，水库总库容为 2349 万 m^3，水库正常蓄水位为 435m，相应正常库容为 2020 万 m^3，为年调节中型水库。工程于 1995 年 11 月批准兴建，是一座以发电为主，兼顾下游防洪、灌溉和供水等综合效益的中型水利枢纽，工程由混凝土面板堆石坝、溢洪道、发电输水隧洞、发电厂、升压站等建筑物组成。

拦河坝为混凝土面板堆石坝，坝顶高程为 438.50m，防浪墙顶高程为 439.70m，河床段趾板底高程为 371.00m，最大坝高为 67.5m，坝顶宽度为 5m，坝顶长度为 148.5m，上、下游坝坡比均为 1∶1.3。岸坡式正槽溢洪道位于左坝头，由进水渠、泄洪闸控制段、泄槽段和挑流鼻坎段组成。溢流堰采用 WES 实用型，堰顶高程为 430.00m，闸室共设 3 孔，每孔净宽为 8m，总净宽为 24m。溢洪道消能型式为挑流消能，反弧段半径为 14m，鼻坎项高程为 401.96m，挑射角为 25°。

电站装机容量为 3.2 万 kW，安装 2 台 16000kW 的立轴混流式水轮发电机组，设计水头为 220m，发电流量为 16.46m^3/s，多年平均发电量为 7094 万 kW·h。

工程于 2000 年 8 月开工建设，2004 年 7 月机组并网运行投入发电，2010 年 12 月通过竣工验收。它由浙江龙川水利水电开发有限公司投资建设和管理，是全国第二家水利部农村水电站安全生产标准化一级达标企业、浙江省水利工程标准化管理达标企业、水利部绿色小水电站。

应村水电站水库大坝如图 3-30 所示。

图 3-30　应村水电站水库大坝

5. 景宁县英川水电站

英川水电站位于瓯江水系小溪上游支流英川溪上，水库坝址位于英川镇上游英川溪的两条主要支流黄湖港、茶园溪交汇处下游约 500 处，离英川镇 4km，坝址以上集雨面积为 199km^2（其中西坑源引水集雨面积为 15.6km^2），厂址位于英川镇下游约 8km 处的黄垟口村，距景宁县城约 55km。电站总装机容量为 2×20000kW，年设计发电量为 10876 万 kW · h，设计水头为 192m，设计发电流量为 25.52m^3/s。

英川水库是一座以发电为主的不完全年调节中型水库，水库正常蓄水位为 555m，总库容为 3731 万 m^3，拦河坝为混凝土面板堆石坝，坝顶高程为 561.00m，河床趾板底高程为 474.00m，最大坝高为 87m，坝顶宽 6m，长 250m，上、下游坡比均为 1∶1.3。555.50m 高程处上游设高 6.6m 的“L”型防浪墙，墙顶高程为 562.10m；坝顶处下游设高 1.2m 的护栏。大坝下游为干砌护坡，分别在 540.00m、520.00m、500.00m 高程处设宽 2m 的马道，上坝公路自左岸绕行，经溢洪道上的交通桥和左坝头相接。溢洪道为正槽式岸边溢洪道，紧邻左坝头，采用闸门控制表孔溢流，共设 3 孔，堰顶高程为 549.00m，最大下泄流量为 2314m^3/s。进水渠长 100m，宽 33m，底高程为 546.50m。泄槽（含流鼻坎）长 95m，宽 23 ～ 33m，坡度为 1∶5。堰顶设 3 扇 10m×7m 的弧形钢闸门，每扇闸门配 1 台 QXQ2×10t 启闭机，启闭平台高程为 563.50m，消能方式为挑流，最大挑距为 91m。

电站引水隧洞为圆形有压洞，隧洞总长 6819.5m（含 2.5m 管径的管桥，长 85m）。厂房安装 2 台混流式水轮发电机组，型号分别为 HL-LJ-140 和 SF-20-10/3250，升压站主变压器型号为 SF8-50000/110。

图 3-31　英川水电站大坝泄洪

工程于 1999 年 10 月开工建设，2002 年 6 月投产并网，2010 年 1 月通过工程竣工验收，工程总投资为 3.2 亿元。2017 年，英川水电站被评为水利部农村水电站安全生产标准化一级电站。

英川水电站大坝泄洪如图 3-31 所示。

三、重力坝

1. 庆元县兰溪桥水电站

兰溪桥水电站坝址位于庆元县濛洲街道，距庆元县城区 7km，所在河流为闽江水系楼溪支流松源溪。它是一座以发电、防洪为主，结合供水、灌溉等综合利用的中型工程，水电站装机容量为 0.64 万 kW，多年平均发电量为 2124 万 kW · h。水库坝址以上集雨面积为 235km^2，总库容为 1617 万 m^3。水库正常蓄水位为 420m，对应正常库容为 1230 万 m^3，死水位为 402m，对应死库容为 218 万 m^3，设计洪水位（P=2%）为 423.99m，校核洪水位（P=0.2%）为 423.99，总库容为 1617 万 m^3。

大坝为混凝土重力坝，最大坝高为 53.5m，坝顶高程为 428.50m，坝顶长 174.4m，宽 5m。大坝上游面，399.00m 高程以上为直立面，399.00m 高程以下坡度为 1∶0.05。非溢流坝下游面，421.50m 高程以上为直立面，421.50m 高程以下坡度为 1∶1。

溢洪道布置于河床中部的溢流坝段，为坝内式闸门控制的溢洪道，消能型式为挑流消能。泄洪闸共 6 孔，每孔净宽 10m，总净宽为 60m，总宽为 70.5m。溢流堰为实用堰，堰顶高程为 415.40m。挑流鼻坎高程为 394.86m，反弧半径为 14.5m，挑射角为 25°。

5 号坝段设有一冲砂孔，圆形断面，直径为 1.6m，进口底高程为 387.30m，出口底高程为 387.20m，冲沙孔长 48.1m，进口处设有拦污栅及事故检修闸门各一道，出口设一套锥形阀作为工作阀。

工程于 1977 年 12 月开工建设，1984 年 6 月下闸蓄水，同年 7 月投产发电。2005 年 11 月至 2006 年 6 月进行水库“千库保安”工程，2006 年 8 月通过蓄水阶段验收，2014 年 11 月通过竣工验收。

根据庆元县社会经济发展需要，兰溪桥水电站于 2020 年 11 月开展加高扩容工程，坝面加厚加高，坝顶高程增至 453.00m，最大坝高达到 78m。水库大坝加高后，总库容将增至 7826 万 m^3，电站装机规模扩容为 1.2 万 kW，多年平均发电量达到 2569 万 kW · h。庆元县城防洪能力从 20 年一遇提高到 50 年一遇，实现了对县城及周边居民进行供水的目标，供水人口 17.3 万人，年供水量 3174 万 m^3。工程采用 PPP（Public-Private Partnership，政府和社会资本合作）模式建设。

兰溪桥水电站大坝如图 3-32 所示。

图 3-32　兰溪桥水电站大坝

2. 松阳县安民一级水电站

安民一级水电站位于松阳县境内小港流域的安民溪上，厂址位于安民乡筏铺村下游约 800m 处，距松阳县城约 40km。水库大坝位于安民乡曹竹村上游 1.2km 处，距松阳县城约 50km。水库坝址以上集雨面积为 45.8km^2，总库容为 332 万 m^3，水库正常蓄水位为 425m，相应库容为 285 万 m^3；死水位为 410m，相应库容为 88 万 m^3，具备月调节功能，是一座以单一发电为主要任务的小（1）型水库。设计水头为 166.72m，最大利用水头为 192m，发电流量为 4.38m^3/s，装机容量为 2×6300kW，多年平均发电量为 2450 万 kW · h。工程由拦河坝及泄洪建筑物、发电引水系统、小流域引水系统（3 条，引水面积共计 7.9km^2）、发电厂和升压站组成。

大坝坝型为细骨料混凝土砌块石重力坝，坝顶高程为 427.60m，防浪墙顶高程为 428.70m，最大坝高为 44.6m，坝顶宽 6m、长 162m，其中非溢流坝段左岸长 94m，右岸长 45m。溢流坝段布置在大坝主河床偏右岸侧，总长 23m，堰顶高程为 421.00m，上设 3

孔 6m×5m 弧形钢闸门控制，消能型式为挑流消能。

发电引水系统由进水口、发电引水隧洞、调压井、压力管道等组成，全长 4131m。进水口布置在大坝上游左岸，为竖井式。进水口前设置斜拉式拦污栅，进水口设平板事故检修钢闸门一道。发电输水隧洞为有压隧洞，断面为圆形，衬后直径为 2.2m。调压井竖井衬后直径为 3m，上室衬后直径为 6m。压力管道由上平洞、斜洞、下平洞和岔道及其支管组成。上平洞和斜洞总长 210m，衬后洞径为 2.2m，下平洞总长 234m，钢管内衬，衬后直径为 1.7m。

发电厂房为引水地面式，主、副厂房及升压站沿溪呈“一”字形布置，安装了 2×6300kW 立轴混流式水轮发电机组。升压站紧靠副厂房左侧，内设 1 台 S9-16000/35 主变压器，以一回 35kV 出线接入 110kV 西屏变电所。

电站于 2002 年 3 月开工建设，2004 年 4 月建成并投产发电，2011 年 11 月完成竣工验收；2017 年进行自动化改造，2018 年 12 月 26 日通过初步验收；2016 年被评为水利部农村水电站安全生产标准化一级企业，同年年底通过浙江省水利厅组织的水利工程标准化验收；2018 年通过水利部绿色小水电评审。根据绿色小水电站要求，安民一级水电站始终坚持绿色清洁能源建设与发展理念，深刻把握习近平总书记“绿水青山就是金山银山”的理念，高度重视绿色环保工作，践行企业责任，用心反哺社会。

安民一级水电站大坝如图 3-33 所示。

图 3-33　安民一级水电站大坝

3. 遂昌县成屏二级水电站

成屏二级水电站（图 3-34）水库坝址位于遂昌县妙高街道，距遂昌县城区 6.8km，所在河流为瓯江水系松阴溪上游干流成屏溪。它是一座以发电为主，兼顾城市供水、防洪灌溉等综合利用的中型水库。工程最早于 1958 年开工建设，1960 年停建，1965 年 2 月续建，1966 年 6 月蓄水运行并发电，1966 年 7 月 26 日通过竣工验收。

水库坝址以上集雨面积为 215km^2，干流长度为 34km。水库正常蓄水位为 263m，对应正常库容为 920 万 m^3，死水位为 257m，对应死库容为 273 万 m^3，设计洪水位（P=2%）为 267.2m，校核洪水位（P=0.2%）为 268.66m，总库容为 1325 万 m^3。拦河坝坝型为混凝土重力坝，坝顶高程为 269.30m，长 138m，上游防浪墙顶高为 270.5m，两岸非溢流坝段最大坝高为 35.4m，左坝头坝顶宽为 4.5m，右坝头顶宽为 4m。电站为坝后式开发，建筑物包括引水隧洞（长 222m，洞径 3m）、压力钢管（老厂房管径 3m，新厂房管径 2.4m）、发电厂房及升压站等。

溢洪道设在中间坝段，堰顶高程为263.00m，溢流总净宽为70m，为开敞式溢洪道，挑鼻坎高程为237.00m，挑射角为30°。溢流坝段最大坝高为46.3m。

图 3-34 成屏二级电站

水库放空隧洞由导流洞改建而成，洞长为190m，进口底高程为280.68m，洞底坡为0～8%，开挖断面为10m×12m（宽×高），呈城门洞形，封堵段长35m，并埋设了两根直径为0.9m的放水钢管，出口设检修蝶阀和锥形阀。

1993年，电站进行了增容改建，将老电站的4台机组共0.32万kW容量扩容到0.36万kW，并新建2台单机2000kW机组，电站总装机容量达0.76万kW（2×800kW＋2×1000kW＋2×2000kW），多年平均发电量为1327万kW·h。

2017年，电站开始进行“十三五”增效扩容改造，主要内容为：拆除报废老厂房原4台（2×800kW＋2×1000kW）发电机组，更新改造成4台1250kW的发电机组，引水压力管道、尾水检修闸门、辅助机械设备及屏柜等设备进行更新改造，升压站拆除重建，更新改造2台3150kVA主变压器及其他设备；拆除报废新厂房原2台2000kW发电机组，更换成2台新的2000kW发电机组，尾水检修闸门、辅助机械设备及屏柜等设备进行更新改造，升压站更新改造1台5000kVA主变压器及其他设备；新建高低压开关室。项目于2017年11月开工，2018年12月完工。经增效扩容改造后，电站总装机容量为0.9万kW（4×1250kW＋2×2000kW），多年平均发电量最终达到1411万kW·h。

4. 莲都郎奇水电站

郎奇水电站水库位于丽水市莲都区碧湖镇郎奇村，属瓯江水系，位于大溪考坑的支流上，距碧湖镇10km，坝址以上集雨面积为16.23km^2，干流长7km，大坝为宽缝重力坝和刚性斜墙堆石坝组合坝，水库正常水位为105.57m，相应正常库容为200万m^3，总库容为274万m^3。它是一座以灌溉为主，兼顾发电、防洪、养鱼等综合利用的小（1）型水库。水库枢纽工程主要由大坝（含坝顶溢洪道）、输水建筑物和电站等组成。工程于1978年11月动工，1986年12月完工并发电。

大坝为细骨料混凝土砌石宽缝重力坝，上游设钢丝网防渗面板防渗，坝体总长122m。溢流坝段顶高程为105.57m，最大坝高为23m，上游坝坡比为1∶0.5，溢流堰为WES曲线，宽40m；非溢流坝段为刚性斜墙堆石坝，最大坝高为27m，坝顶高程为109.57m，防浪墙高0.6m，坝顶宽4m，上游坝坡比为1∶0.5，下游坝坡分三级。

输水建筑物进口位于大坝左侧山体内，进口段为两支涵管，长22m，直径为0.6m，进水口高程分别为91.07m和93.57m，闸门型式为斜拉插板式；涵管进口底高程为

89.77m，出口底高程为 87.67m，涵管下接输水隧洞，隧洞全长 184m，坡比为 1∶0.01；隧洞出口高程为 87.35m，隧洞未衬砌段开挖直径为 2.6m，采用钢筋混凝土衬砌，衬砌后直径为 2m。

电站为坝后式开发，设计水头为 17m，发电流量为 1.5m³/s，原装机容量为 2×100kW，2007 年 2 月报废重建后装机 1×200kW，发电量为 28.3 万 kW · h。

郎奇水电站大坝如图 3–35 所示。

图 3–35　郎奇水电站大坝

四、拱坝

1. 莲都雅溪一级水电站

雅溪一级水电站水库坝址位于莲都区雅溪镇，距丽水市区 36km，所在河流为瓯江水系大溪支流小安溪。它是一座以发电为主，兼有防洪、水产养殖等综合效益的中型水库，工程等别为Ⅲ等，水电站装机容量为 8450kW。水库坝址以上集雨面积为 184km²，总库容为 2871 万 m³。水库正常蓄水位为 242m，相应正常库容为 2230 万 m³，死水位为 208m，相应死库容为 340 万 m³，设计洪水位（P=2%）为 245.3m，校核洪水位（P=0.02%）为 248.15m。

拦河坝为变圆心、变半径双曲混凝土拱坝，坝顶高程为 249.00m，防浪墙顶高程为 250.00m，河床基础高程为 174.00m，最大坝高为 75m。坝顶弧长 180m，弦长 151m，坝顶宽 3.5m，坝底宽 25.9m，厚高比为 0.35。右岸推力墩长 17m，左岸重力墩长 60m。水库二道坝位于主坝下游 130m 处，坝型为混凝土拱坝，坝高为 16m，坝顶高程为 188.00m，坝底高程为 172.00m，顶部溢流段长 70m，坝顶弧长 79.6m，坝顶宽 1.2m。

溢洪道为坝顶表孔泄洪闸溢流，溢流堰顶高程为 240.00m，溢流堰前缘净宽 60m，上设 6 孔弧形钢闸门（每孔闸门尺寸为 10m×3.2m），采用高鼻坎挑流。在大坝 191.60m 高程处设有直径为 0.8m 的锥形阀 2 孔，作为水库放空及冲砂之用。

发电输水隧洞进水口位于大坝右岸上游 50m 处，为岸坡式，进口底高程为 201.00m。隧道直径为 3.5m，局部衬砌为 2.5m，总长 1824m。隧道末端设有双室式调压井，高 57.4m。斜洞压力管道长 75.4m，内径为 2.5m，钢管末端采用 3 只钢岔管，逐级变径引出支管后通过直径为 0.65m 的球阀连接水轮机。

发电厂房位于河流右岸，距大坝下游约 3km。原设计安装 4×1600kW 机组，1995 年

7月增容1台1250kW机组。2005年6月，利用浙江省新能源发展小水电利用世行贷款项目，对原4×1600kW机组进行扩容改建，现装机容量为4×1800kW＋1250kW，多年平均设计发电量为2320万kW·h，装机利用小时数为3222h。

工程始建于1970年9月，1977年4月16日下闸蓄水，同年5月投产发电，1993年竣工验收。2015年，创安全生产标准化二级企业；2017年，雅溪水库顺利通过浙江省水利工程标准化管理验收；2019年1月，被水利部绿色小水电站评定委员会评定为水利部绿色小水电站。

图3–36　雅溪一级水电站拱坝泄洪

雅溪一级水电站拱坝泄洪如图3–36所示。

2. 龙泉市瑞垟水电站

瑞垟水电站水库位于龙泉市屏南镇，距龙泉市区75km，所在水系为瓯江水系梅溪支流瑞垟溪。它是一座以发电为主、同时兼顾灌溉等综合利用的中型水库。坝址位于梅溪左支流瑞垟溪上游段大溪上，坝址以上集水面积为23.65km^2。1992年3月，开始实施二期外流域引水工程，引南溪小支流18.46km^{2}和流域左侧小支流四山溪12.18km^{2}进入水库；1998年7月，开始实施三期外流域引水工程，引南溪小支流12.74km^{2}进入水库。水库实际利用总集水面积为67.03km^2，多年平均流量为3.14m^3/s。水库正常蓄水位为876.6m，相应库容为863万m^3，调节库容为808万m^3，为不完全年调节水库；水库设计洪水位为879.93m（P=2%），校核洪水位为880.56m（P=0.2%），相应总库容为1088万m^3。电站原装机容量为2×6000kW＋1×3200kW，多年平均发电量为5457万kW·h；2018年实施增效扩容改造，将3200kW机组扩容至6000kW，增容后电站总装机容量达到1.8万kW，多年平均发电量达到5895万kW·h。水库电站枢纽按混合式布置，主要建筑物有拦河坝、输水系统（包括外流域引水）、发电厂房及升压站等。

瑞垟水电站拦河坝为国内第一座采用中国水利水电科学研究院非对称三心拱坝优化程序设计的混凝土单心双曲拱坝。坝顶高程为881.50m，坝底高程为827.00m，最大坝高为54.5m，坝顶弦长141.7m，拱冠梁顶厚3.7m，底厚13m，大坝弦高比为2.6，厚高比为0.24，中心角为80°～108°。大坝坝内布置一条纵向灌浆排水廊道，放水孔底孔为坝内埋管式，布置在大坝内，中心高程为836.50m，直径为0.8m。

溢流道布置在坝顶中部，设置4孔开敞式溢洪道，溢流段总净宽为37m，溢流堰顶高程为877.50m，溢流堰面采用WES型。鼻坎顶高程为873.12m，挑射角为15°，鼻坎处反弧半径为2.5m。

输水系统位于右岸，由进水口、引水隧洞、压力管道等组成。进水口布置于大坝上游右岸约 1km 处，发电输水隧洞全长 3034.43m，经混凝土衬砌后内径为 2m。隧洞出口接压力明钢管，主管长 579m，内径为 1.2m。二期引水工程的南溪隧洞长 6140m，设计引水流量为 4.5m^3/s。四山溪隧洞长 2786m，设计引水流量为 4m^3/s。三期引水工程的 4 个洞段总长 5654m，设计引水流量为 3m^3/s。

厂房位于垟顺村下游 2.5km 处的瑞垟溪右岸边，主厂房内装 3 台卧式冲击式水轮发电机组，型号有 CJ237-W-140/2×14 和 SFW6000-12/2130 两种。主厂房地面高程为 541.00m。电站尾水入瑞垟溪，设计尾水位为 539m。水轮机额定水头为 312m，机组单机容量为 6000kW，额定流量为 2.37m^3/s。电站采用 110kV 出线，经长 44km 输电线路接入龙泉 110kV 变电站。

工程于 1984 年 10 月动工，1988 年 10 月 28 日投产，2010 年 12 月水库通过除险加固工程蓄水前阶段验收，2018 年 10 月通过除险加固工程竣工验收。2018 年 10 月电站进行增效扩容改造，2019 年 5 月 26 日并网发电。通过增效扩容，将原大坝的放水管改造为下游生态流量下泄设施，增加了拱坝监测设施，增设生态流量口及监测设施；在南溪堰坝下游干山村修建生态堰坝 2 座和生态护岸 600m，共修复下游减脱水段 1.88km；改造厂区、绿化环境，有效改善了河道生态环境。2019 年 12 月 19 日，瑞垟水电站首次通过由浙江省水利厅组织的农村水电站安全生产标准化达标评审，评审等级为二级。

图 3-37　瑞垟水库及混凝土单心双曲拱坝

瑞垟水库及混凝土单心双曲拱坝如图 3-37 所示。

3. 青田县金坑水电站

金坑水电站水库位于青田县季宅乡，距青田县城 43km，所在水系为瓯江水系船寮溪干流十二都源。它是一座集防洪、发电、灌溉和供水等综合利用的中型水利工程。水库坝址以上集雨面积为 107.3km^2，另从内冯坑跨流域引水 17.3km^2，水库正常蓄水位为 210m，对应正常库容为 2030 万 m^3，死水位为 190m，对应死库容为 1020 万 m^3，设计洪水位（P=2%）为 214.55m，校核洪水位（P=0.2%）为 216.35m，总库容为 2473 万 m^3。

拦河坝为细骨料混凝土砌条石双曲拱坝，坝顶高程为 218.60m，最大坝高为 80.6m，坝顶宽 4m，底宽 20m，宽高比为 0.25，坝顶外弧长 285.15m，中心角为 110°45′，弧高比为 3.54。坝体上游设有 C20W8 混凝土防渗面板，下游坝面为浆砌花岗岩条石。

水库泄洪通过坝顶表孔溢流实现，溢流段净宽70m，堰面采用WES曲线，设有7扇10m×5m（宽×高）的弧形闸门，堰顶高程为210.00m，消能型式为挑流消能。坝底150.00m高程处设有2个直径为0.8m的放水管，廊道内和下游坝面出口分别设置闸阀和锥形阀控制，作为水库放空及冲沙之用。

发电进水口布置在左岸坝肩上游80m处，为塔式进水口，通过左岸群山布置输水隧洞，在河左岸水牛塘村建发电站厂房，厂内安装3台3200kW卧轴混流式水轮发电机组。

水库大坝工程始建于1978年1月，1984年6月建成投入使用，2009年3月实施水库"千库保安"加固工程并于2010年11月完成，2011年6月通过"千库保安"加固工程蓄水验收。2012年9月开始机组报废改建工程，当年12月底完成技术改造，装机容量仍为3×3200kW。设计年平均发电量为2148万kW·h，2020年6月通过增效扩容工程竣工验收，多年平均发电量约为2100万kW·h。2015年被评为农村水电站安全生产标准化二级单位，2018年通过浙江省农村水电站安全生产标准化复评。

金坑水电站大坝如图3-38所示。

图3-38 金坑水电站大坝

4. 青田县大奕坑水电站

大奕坑水电站水库位于青田县仁宫乡，距青田县城26km，所在水系为瓯江水系小溪支流大奕坑。它是一座以发电为主的中型工程，电站装机容量为1.26万kW，工程等别为Ⅲ等。水库坝址以上集雨面积为61.81km^2，水库总库容为2840万m^3。水库正常蓄水位为240m，相应正常库容为2318万m^3，死水位为214m，相应死库容为751万m^3，设计洪水位（P=2%）为245.21m，校核洪水位（P=0.2%）为246.21m，总库容为2840万m^3。

拦河坝为混合线型优化设计混凝土双曲拱坝，坝顶高程为245.80m，最大坝高为86.8m，拱冠梁顶厚为4.460m，底厚为10.03m，厚高比为0.12，坝顶中心弧长为156.24m，弧高比为1.8。大坝在190.00m、210.00m和230.00m高程处布置坝后桥，在187.50m高程处设有管径为1.2m的放空水管。

正槽溢洪道布置在大坝左岸凹口处，为开敞式宽顶堰。溢流堰顶高程为240.00m，上口净宽49.1m，底部束窄为42.11m。溢流堰顶设有交通桥，桥面高程为247.30m。

发电输水系统由输水隧洞、压力钢管组成。输水隧洞为圆型有压洞，衬后洞径为2.5m，长2553m。压力钢管主管长355m，管径为1.8m，支管2条，长24m，管径为1.2m。

主厂房长32.5m，宽12.3m，布置2台水轮发电机组。副厂房长32.5m，宽8m。升压站主变压器场平面尺寸为9m×8.5m，开关室平面尺寸为8.45m×8m，35kV出线门架平面尺寸为10m×10m。

图 3-39　大奕坑水电站大坝

电站于 1998 年 12 月动工兴建，2001 年 3 月完工蓄水发电，2018 年通过竣工验收。2015 年在农村水电站安全生产标准化创建中被评为三级单位，2018 年复评为标准化二级，2019 年被评为水利部绿色小水电站。电站建成后，提高了下游大奕坑等村的防洪抗旱能力，确保了区间生态环境的可持续发展。

大奕坑水电站大坝如图 3-39 所示。

5. 龙泉市梅村水电站

梅村水电站坐落于浙江省龙泉市安仁镇境内，位于瓯江水系安仁溪中上游，距龙泉市区 44km，距安仁镇 11km。梅村水电站是安仁溪干流的第三级电站，坝址位于安仁镇大舍坑河口下游 200m 处，坝址以上集水面积为 50.9km^2，多年平均流量为 1.84m^3/s。梅村水库是以防洪为主，结合灌溉、供水和发电的综合利用水利枢纽工程，水库灌溉农田面积达 3700 多亩，供水规模为 4000t/d。水库正常蓄水位为 399.1m，相应正常库容为 50 万 m^3，校核洪水位为 402.72m，相应总库容为 71.2 万 m^3，具备周调节能力。电站原装机容量为 2×250kW，2009 年改造增容到 2×320kW，多年平均发电量为 182 万 kW · h。枢纽按坝后式布置，主要建筑物包括拦河坝、输水系统、发电厂房及升压站等。

拦河坝坝型为细骨料混凝土砌石双曲拱坝（图 3-40），采用 C15 混凝土心墙防渗，坝顶溢流堰净宽 45m，堰顶高程为 233.10m，拱坝顶高程为 237.70m，最大坝高为 25.6m，坝顶弧长为 80.63m。大坝设有泄流阀。

输水系统布置在左岸，由进水口、隧洞、压力钢管组成。进水口位于坝轴线上游约 50m 处；输水隧洞全长 251m，为有压圆形断面，开挖洞径为 2.8m，衬后洞径为 2.3m；压力管道采用埋藏式压力钢管，钢管长度为 50m，内径为 1.8m。

图 3-40　梅村水库混凝土砌石双曲拱坝

发电厂位于大坝下游 300m 处，安装场地坪高程约为 377.00m，厂内安装 2 台卧轴混流式水轮发电机，水轮机安装高程为 375.50m。尾水入安仁溪。

水库工程于 1991 年 9 月开工，1994 年 12 月建成蓄水，1996 年 10 月建成发电，2009 年 3 月完成更新改造。梅溪水电站有综合利用功能，周边生态环境较好。

五、混凝土浆砌块石重力墙堆石坝

1. 松阳县东坞水电站

东坞水电站位于松阳县叶村乡，距松阳县城区 8km，所在河流为瓯江水系松阴溪支流东坞源。水库总库容为 1610 万 m^3，灌溉农田面积达 3.16 万亩，电站装机容量为 820kW，是一座以灌溉和供水为主，结合发电等综合利用的中型工程。水库坝址以上集雨面积为 29km^2，另外从竹溪源引水，引水面积为 23km^2。水库正常蓄水位为 206m，对应正常库容为 1471 万 m^3，死水位为 175m，对应死库容为 88 万 m^3，设计洪水位（P=1%）为 207.46m，校核洪水位（P=0.05%）为 207.98m，总库容为 1610 万 m^3。

拦河坝为混凝土浆砌块石重力墙堆石坝，坝顶高程为 208.20m，防浪墙顶高程为 209.40m，坝高为 52.1m，坝顶长 190m、宽 10.5m。迎水面为混凝土浆砌块石重力墙，181.00m 高程以上坡度为 1∶0.1，181.00m 高程以下坡度为 1∶0.25。下游侧为堆石坝，坡比为 1∶1.5。

溢洪道位于大坝右侧，为开敞侧槽式溢洪道，由溢流堰、侧槽、泄槽及挑流消能段组成。溢流堰为 WES 实用堰，堰顶高程为 206.00m，堰顶长 100m，最大堰高为 14.65m，堰体内部为浆砌块石结构，表面设混凝土面板和溢流面板。消能型式为挑流消能，挑流鼻坎高程为 168.00m，挑射角为 25°，反弧半径为 15m。

放水隧洞位于大坝与溢洪道之间的山体内，由进水渠、进水口、有压隧洞、闸门井和无压隧洞组成，总长度为 191.67m。

配套电站位于大坝左岸下游侧，为坝后式开发，装机容量为 820kW，设计水头为 30m。

工程于 1970 年 10 月正式兴建，1978 年 6 月建成发电。2008 年 4 月水库开始除险加固工程，2010 年 1 月通过蓄水前阶段验收并开始蓄水，2012 年 11 月通过竣工验收。

东乌水电站库区如图 3–41 所示。

图 3–41 东乌水电站库区

2. 松阳县梧桐源水电站

图 3-42 梧桐源水电站

梧桐源水电站（图 3-42）位于松阳县赤寿乡，距松阳县城区 20km，所在河流为瓯江水系松阴溪支流梧桐源。水库总库容为 1671 万 m^3，灌溉面积达 4.12 万亩，电站装机容量为 1800kW，是一座以防洪、灌溉为主，结合发电等综合利用的中型工程。水库坝址以上集雨面积为 53.2km^2。水库正常蓄水位为 245m，相应正常库容为 1505 万 m^3，死水位为 223m，相应死库容为 279 万 m^3，设计洪水位（P=2%）为 246.7m，校核洪水位（P=0.1%）为 246.94m，总库容为 1671 万 m^3。

拦河坝为混凝土浆砌块石重力墙堆石坝，坝顶高程为 247.70m，防浪墙顶高程为 248.95m，坝高为 53.7m，坝顶长 194.96m、宽 5m。迎水面为混凝土浆砌块石重力墙，235.30m 高程以上坡度为 1∶0.1，235.30m 高程以下坡度为 1∶0.12。下游侧堆石坝坝坡均为 1∶1.3。上、下游坝面护坡采用干砌条石。

溢洪道位于大坝左侧 200m 处的天然山岙垭口，由两岸非溢流坝段和中间溢流坝段组成，溢流坝段包括溢流堰、泄槽、挑流鼻坎及启闭机室。溢流堰为 WES 实用堰，总净宽为 15m，共 3 孔；堰顶高程为 240.00m，堰高为 18m。放空洞布置在大坝右岸，总长度为 191.61m，由进水口、有压隧洞、闸门井控制段和闸门井后无压隧洞、导流洞利用段组成。

一级电站装机容量为 1×200kW，二级电站装机容量为 2×800kW，总装机容量为 1800kW，分别于 2008 年 7 月和 2007 年 4 月投产发电。

水库最早于 1965 年 9 月 1 日开工建设，1971 年 9 月基本完成，并于次年蓄水；1980 年 4 月大坝加高 0.3m，1980 年底完工，1981 年 9 月通过竣工验收。2005 年 3 月，水库进行除险加固工程，2008 年 8 月通过蓄水阶段验收并开始蓄水。

梧桐源水电站大坝如图 3-43 所示。

图 3-43 梧桐源水电站大坝

六、砌石圬工坝

1. 青田县金鸡水电站

金鸡水电站（图 3–44）位于青田县汤垟乡，大坝位于汤垟乡金鸡山林场附近两条支流交汇处，发电厂房位于距小佐村东上游约 300m 的驼坑的右岸。水库坝址上游流域面积为 12.8km^2，总库容为 68.73 万 m^3，是一座以发电为主的小（2）型水库。库区地形狭长，面积较小，流域范围植被茂密。金鸡水电站工程由大坝、输水隧洞、发电厂房等组成。

大坝为干砌石圬工重力坝，坝体为干砌块石外包 C15 混凝土，最大坝高为 23.86m。坝顶高程为 284.86m，防浪墙高程为 285.86m，坝顶长 93m（其中溢流段长 35m），坝顶宽度为 2.5m（其中防浪墙厚 0.5m）。大坝防洪标准为：设计洪水 20 年一遇，校核洪水 200 年一遇。

溢洪道为坝内开敞式溢洪道，溢流堰为 WES 堰面曲线。上游面圆弧半径为 1.2m，下接 WES 曲线堰，曲线与下反弧段以 1∶0.8 的直线连接，溢流面为钢筋混凝土，消能型式为挑流消能，下反弧半径为 6m，中心角为 51.34°，挑射角为 20°。

电站于 1997 年 10 月开工建设，1999 年 8 月启动验收，2019 年 8 月通过竣工验收。电站装机容量为 640kW（2×320kW），多年平均发电量为 196 万 kW·h。

金鸡水电站投入使用至今已有 20 余年，大坝整体防渗性良好，大坝基础及两岸岩石坚硬完整，质地均匀，透水性小，表面未见风化，没有发现滑动、位移等异常迹象。

图 3–44　金鸡水电站

2. 景宁县金坑洋水电站

金坑洋水电站位于英川镇，所在河流为黄水坑支流茅坑溪，拦河坝坝址位于黄水坑支流茅坑溪坑头村下游 1.5km 处，坝址以上集雨面积为 2.36km^2，正常蓄水位库容为 5.47 万 m^3，水库总库容为 6.3 万 m^3。水电站装机容量为 2×500kW，设计年发电量为 285.13 万 kW·h，工程主要建筑物由拦河坝、发电引水系统、发电厂房及升压站和引水工程等组成，工程任务以发电为主。

拦河坝为砌石圬工硬壳坝，坝顶长 51.54m、宽 3m，坝顶高程为 749.10m，最大坝高为 23.8m。上游坝坡为混凝土，坡比为 1∶0.7，下游坝坡为浆砌块石，坡比为 1∶0.8。溢洪道为坝顶开敞式宽顶堰，宽度为 18m，堰顶高程为 747.10m，消能型式为挑流消能。

发电引水系统沿河流左岸布置，由发电输水隧洞和压力钢管组成。发电输水隧洞长532.6m，为圆形有压洞。隧洞进口处仅布置固定式拦污栅，隧洞出口混凝土钢衬封堵后接压力钢管，出洞口设有手、电动事故检修闸阀。压力钢管采用明管敷设。

发电厂区布置在溪沟左岸，主要建筑物包括发电厂房、升压站和管理房等。发电厂房为砖混结构，包括主、副厂房，总长16.64m，宽7.24m，高4.95m。主厂房内部地坪高程为520.20m，布置两台斜击式水轮发电机组，水轮机型号为XJE-W-55B/1×8，发电机型号为SFW500-6/850；副厂房布置在主厂房上游侧，与主厂房同宽。机组发电尾水渠布置在主厂房内部地坪高程以下，发电尾水通过竖井进入新桥头水电站发电引水隧洞。

升压站布置在主厂房后侧，露天布置，内装一台S9-1250/10变压器，送出电压等级为10kV，接入电站下游新桥头电站35kV升压站，线路长度约为3km。

管理房位于厂区下游侧，为二层砖混结构，屋面和主厂房一样，均采用轻型钢结构，管理房尺寸为17.65m×6.2m，占地面积为110m^2。

工程于2002年11月立项，2004年3月初步设计获批准，2004年4月开工建设，2005年8月投产运行，2018年11月通过水电站竣工验收，为水电站安全生产标准化二级单位。

金坑洋水电站于2020年开展百山祖国家公园创建活动，实行生态保护红线管理，按核心保护区和一般控制区两区管控，严格禁止开发性、生产性建设活动。因坐落于百山祖国家公园核心区，金坑洋水电站于2020年7月4日正式停产，获得补偿费用共计1116.28万元，7月23日开始正式拆除，主要拆除水轮发电机组、变压器、配电屏、主阀、压力钢管等机电设备及金属结构。大坝拆除7m，保留部分水深，功能从发电转为环境用水和森林消防用水。

七、连拱坝

1. 莲都蒲岸水电站

蒲岸水电站位于莲都区岩泉街道蒲岸村上游100m处的好溪干流，距离丽水城区约16km，为河床式开发电站，坝址以上集水面积为1099km^2，正常库容为32.5万m^3，总库容为96.9万m^3，以发电为单一任务。电站装机容量为1000kW（2×500kW），多年平均发电量为409万kW·h。水电站主要建筑物有大坝、电站厂房和升压站等。

河床右岸非溢流段为埋石混凝土重力坝，坝顶高程为90.40m，坝顶宽4.5m，坝长25m，最大坝高为17.9m。中间溢流段为四跨连拱坝，每跨20m，溢流段弧长106.82m，坝顶自由溢流，坝顶高程为82.60m，最大坝高为10.1m。设计洪水标准为20年一遇，相应洪水位为88.49m；校核洪水标准为100年一遇，相应洪水位为90.12m。

左岸为挡水厂房段，厂房上游为发电输水进水口及压力引水道，进水口底板高程为77.09m。主厂房长20.9m，宽9m，地面高程为83.40m，厂内安装两套500kW轴流定桨式水轮机发电机组，水轮机型号为ZD760-LM-140，发电机型号为SF500-20/1730，电站设计最大水头为7.6m，平均水头为6.85m，最小水头为5m，设计发电流量为9.75m/s。副厂房位于主厂房后侧，长5.25m，宽3.5m，地面高程为83.40m。10kV升压站布置在厂房后侧，长4.5m，宽6m，地面高程为83.40m，内装1台S9-1250/10.5型主变压器。

图3-45　蒲岸水电站外貌

蒲岸水电站于1991年11月开工，1995年9月完工。

蒲岸水电站外貌如图3-45所示。

2. 缙云县城南水电站

城南水电站位于缙云县东渡镇境内的好溪干流上，距缙云县城12km。坝址位于东渡镇东溪村上游150m处，坝址以上集水面积为1025km^2。城南水电站投产于1982年，工程总投资为130万元，主要建筑物包括拦水坝、引水渠道、前池、升压站、发电厂房、输电工程等。

城南水电站拦水坝为连拱坝，结合东溪村交通需求，坝址上建一公路桥，结合桥墩为连拱坝支墩。连拱坝为圆弧拱，共6拱，每拱矢跨为19m，矢高为3.2m，拱厚为1.05m，总坝全长87m，高5.65m，坝顶高程为60.33m，坝底河床高程为54.68m。城南水电站为径流引水式电站，设计水头为10m，原装机容量为800kW（4×200kW）。

2016年，城南水电站列入"十三五"增效扩容改造项目。实施增效扩容改造（报废重建），主要建设内容为：更新机电设备4套、调速器4台；进行微机自动化系统改造，新建计算机监控系统；对引水渠道进行漏水及加固处理；对压力前池、机井、尾水坑进行改造；对原有厂房进行全面改造、翻修，并新设副厂房；改造升压站，更新2台主变压器。

城南水电站增效扩容改造（报废重建）工程于2019年12月通过启动验收，增效扩容改造（报废重建）后，总装机容量为1000kW（4×250kW），设计年均发电量为450万kW·h。

城南水电站外貌如图3-46所示。

图3-46　城南水电站外貌

3. 缙云县长坑水电站

缙云县长坑水电站位于好溪干流的东渡镇长坑村，距县城 8km，坝址以上集水面积为 1020km^2，为径流式电站。长坑水电站于 1985 年投产发电，总投资达 300 多万元。原装机容量为 3×125kW，2015 年 2 月报废重建，现装机容量为 3×160kW，主要建筑物由拦河坝、输水渠道、发电厂房、升压站等组成，多年平均发电量为 202.64 万 kW·h。

长坑水电站拦水坝为连拱坝，结合长坑村交通需求，坝址上建一公路桥，结合桥墩为连拱坝支墩。连拱坝为圆弧拱，共 6 拱，其中 5 拱每拱矢跨为 25m，1 拱矢跨为 10m，共 135m，高 4.7m，厚 1m，总坝全长 87m，高 5.65m，坝顶高程为 60.33m，坝底河床高程为 54.68m。长坑水电站厂房属河床式厂房，建在连拱坝下游。

图 3-47　长坑水电站外貌

1995 年，为充分利用水能资源，通过在原厂房下游扩建引水渠，建设长坑二级电站，并于 1996 年投产发电，总投资为 155 万元，装机容量为 2×125kW ＋ 1×160kW，平均年发电量为 110 万 kW·h。

长坑水电站外貌如图 3-47 所示。

八、定向爆破堆石坝

青田县石郭水电站水库大坝是定向爆破堆石坝的代表。

石郭水电站水库位于青田县瓯南街道石郭村，所在河流为石郭源系瓯江一级支流。拦河坝位于双垟坑汇合口下游处，水库坝址以上集雨面积为 14.1km^2，干流长度为 4.5km。石郭水库是我国第一座定向爆破黏土斜墙堆石坝，工程主要建筑物包括大坝、溢洪道、发电输水系统、放空洞等。大坝坝顶长 110m，坝顶高程为 251.60m，坝顶宽 5.7m，最大坝高为 51.5m。水库为小（1）型，设计洪水标准为 50 年一遇，校核洪水标准为 500 年一遇。水库正常蓄水位为 246.8m，相应库容为 240 万 m^3，死水位为 225.6m，相应库容为 52 万 m^3，设计洪水位为 248.88m，校核洪水位为 249.49m，总库容为 290 万 m^3。石郭水电站为引水式，由石郭一级电站和石郭二级电站组成。

1958 年，为满足瓯江水电站施工用电和解决部分青田县工农业生产生活照明用电需要，水电部瓯江工程局计划在青田附近建设小型水电站。经过对瓯江青田段多条小支流进行现场踏勘，最终选定开发青田县鹤城镇石郭村所在地的石郭源。石郭源在双垟坑汇合口至河流出口附近的 2200m 河段有 190m 落差，沿途多瀑布、跌水，其中河段最大比降达 38%。双垟坑汇合口上游河段地势开阔平缓，适宜建库。根据河段落差和当时机组设备情况，计划在石郭源双垟坑汇合口至下游设坝建水库，分三级建水电站，装机容量分别为一级 1200kW（后因当时 600kW 机组国内没有，改为 2 台 800kW 机组），二级 1600kW，三级 400kW，共计 3600kW。同年 11 月开始设计，选用当时国际上认为先进的新型筑坝技术，建造“定向爆破黏土斜墙堆石坝”。具体由科学院爆破研究所配合，水电部瓯江工程局技术处进行设计。1959 年 4 月，水利部、中国科学院等单位联合建立工程局试验研究中心组，在石郭第一次实施定向爆破筑堆石坝、黏土斜墙和坝体渗透、溢洪等项目试验。

1959 年 10 月，石郭水库开工兴建，11 月 24 日实施定向大爆破，在坝址范围内抛掷堆筑了 16.9 万 m^3 的石块，另需从爆破坑取石块 8 万 m^3 补填。根据原先设计，补填的石块拟采取高栈桥抛填和高压水枪冲实，但在实际施工中只是用手推车就地推拉运倒充填，很少使用水枪冲实。堆石体坝身堆成之后，又未按设计要求铺筑反滤料层，许多地方甚至连反滤料都见不着，却仍往堆石面堆土，且土层过厚。碾压设备仅有一台东方红拖拉机，还经常不带羊足碾，只是用小拖拉机跑几遍，大都未将黏土压实到 1.45t/m^3 干密度以上（事后普查，干密度大都在 1.36t/m^3 以下，有的仅为 1.2t/m^3）。经过 1960 年汛期几次蓄水，黏土斜墙即被击穿，有的部位形成大空洞，行人都可进入。

1960 年年底，瓯江电站工程暂停，由瓯电局党委常委、第一副局长和施工处处长等带队对石郭一级坝进行翻修。施工队伍虽是公路工程处原班人马（当时已改称“第二工程处”），但有修建瓯江水电工程的数十名技术骨干参加，他们严格交底、把关，按设计图纸、施工技术规范进行施工——先将原填筑的黏土全部挖除，将堆石坝面清理平整并填实，严格按反滤料级配分层施工，然后将黏土按规定的含水量和厚度铺平，采用拖式羊足碾碾压，使上下二层黏土紧密结合，干密度全部在 1.45t/m^3 以上（层层、多处寻找薄弱处做试验所测指标）。临近 1962 年一季度末，上级指令石郭工程下马，当时黏土斜墙填筑到 231.60m 高程，遂采取保护措施并遵令停工。

1964 年 7 月，石郭一级大坝复工，新安江工程局技术处派设代组长驻工地，另借派施工技术人员给青田县，由青田县政府组织施工队伍，成立青田县石郭工程指挥部，由县长挂帅，调集有关区社领导干部带队施工。按原翻修技术要求，从 231.60m 高程往上继续施工。

1965 年年中，石郭二级水电站恢复发电，当年年底一级坝黏土斜墙翻修至坝顶，并砌筑防浪墙，墙顶高程为 252.10m。同时扩挖旁侧溢洪道槽身，浇筑混凝土溢流堰，考虑到大坝沉降尚未稳定，堰顶高程暂定为 245.80m。经过数年运行后，认为坝体已基本稳定，于 1971 年冬将堰顶加高至 246.8m，最高库水位为 249.1m。至此，石郭水库建成并正常蓄水运行，坝高为 52m。

1964 年 4 月，水利电力部批准将水库移交给青田县后，对沉陷部分进行维修。1965 年 5 月，水库重新蓄水。水库总投资为 938.5 万元，其中国家投资 871 万元，青田县投资 67.5 万元。

定向爆破筑坝存在的最大问题是药室所在的山体基岩受震，导致坝肩基岩开裂而造成绕坝渗漏。过去曾使用将颜料或大量氯化钠抛投在水库中的方法，拟测出渗漏途径。可是这种方法未在石郭水电站取得实地资料。当库水位达 247.4m 时，绕坝渗量达 250L/s。这不仅是个水量损失的问题，还可能产生严重的管涌，破坏左坝头（肩）。

1966 年 4 月，石郭水电站向水电部（科技委）书面报告上述问题，水电部立即派员前往石郭，安排于 1967 年、1968 年分别在不同高程上用“同位素示踪原子测渗”的方法测量渗漏途径，在科学院、新安江水电工程局和青田有关方面同志的努力下，终于发现绕渗的主要途径与范围位于左岸，右岸坡经测定无绕渗途径。1969 年和 1970 年上半年，又在左岸坡浇筑钢筋混凝土防渗墙，使绕渗量从 250L/s 降到 80L/s（当水位在 247.4m 时）。

2000 年以后，历年水库安全检查均发现大坝下游坝脚和左坝肩存在漏水现象。2013 年，开始对大坝进行除险加固，包括将大坝上游黏土斜墙防渗改为钢筋混凝土面板防渗、对左岸进行绕坝灌浆渗漏处理，以及溢洪道加固、放空洞加固、增设大坝安全监测及水雨情测报系统等，2015 年完成。石郭水电站以防洪、发电为主，兼顾灌溉等综合利用。除险加固后，坝顶高程为 251.60m，顶宽 5.7m，坝高 51.5m，坝长 110m。水库总库容为 290 万 m^3，正常库容为 240 万 m^3，水库设计洪水标准为 50 年一遇，校核洪水标准为 500 年一遇。

石郭水库大坝和三级大坝经多次除险重修处理，这与初次建设技术和经验不足以及当时的社会环境等因素有关。但是，通过不断试验、摸索和完善，它为我国在类似大坝的建设和研究提供了不可多得的技术参数和可以借鉴的经验，是我国坝工建设的宝贵财富。

石郭大坝鸟瞰图如图 3-48 所示，石郭一级定向爆破堆石坝（加固前）剖面图如图 3-49 所示。

图 3-48 石郭大坝鸟瞰图

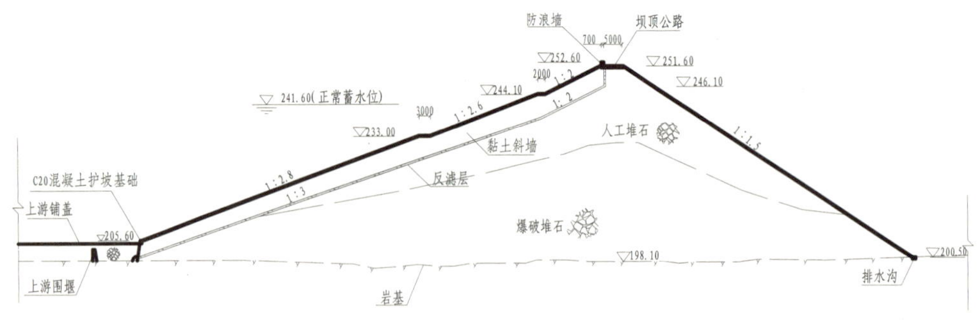

图 3-49 石郭一级定向爆破堆石坝（加固前）剖面图（单位：m）

九、闸坝

1. 丽水开潭水电站

开潭水电站位于瓯江中游，坐落在瓯江干流大溪上，位于丽水市区城东南约7km处，南明湖为其库区。电站以发电和改善市区环境为主，结合改善瓯江航道航运条件。

电站坝址以上集雨面积为8544km^2，为河床式开发，水库为日调节水库，闸坝正常蓄水位为47.5m，相应河道容积为2836万m^3，具备日调节能力。电站设计水头为8.8m，设3台发电机组，单台机组发电流量为200m^3/s，总装机容量为4.8万kW，多年平均发电量为1.35亿kW·h。

电站于2002年9月开工建设，2007年4月3台机组先后投产，2012年5月完成竣工验收，由泄洪建筑物、发电厂房、升压站、左右岸连接坝段及通航建筑物等组成。工程垂直于河道，布置左岸混凝土重力坝连接段、1孔300吨级船闸（参与泄洪）、17孔泄洪闸、发电厂房和右岸连接段。

大坝为混凝土重力式闸坝，坝顶高程为54.00m，最大坝高为18m，坝顶宽度为4.7m。泄洪建筑物为平板闸门，布置在河床中央。堰顶高程为36.00m，孔口尺寸为12m×12m，共18孔，含1孔船闸。

发电厂房位于闸坝右岸，为河床挡水式厂房。厂房分主厂房和装配厂，装配厂位于主厂房右侧，升压站位于装配厂下游。电站通过两回路110kV输电线路（长2km）并入华东电网。

电站于2016年5月通过安全生产标准化二级单位评审，2018年完成绿色水电创建工作。

电站建成后，形成水面面积为5.6km^{2}的人工湖——南明湖，极大地改善了丽水的市区环境，从根本上突出了丽水作为“秀山丽水”的鲜明特色，因此该工程同时又是丽水市生态立市、改善市区环境、提高城市品位的社会公益工程。库区以及影响区域内植被良好，林木茂盛，水土保持良好。

开潭水电站外景如图3-50所示。

图3-50　开潭水电站外景

2. 遂昌县蟠龙水电站

蟠龙水电站位于乌溪江干流遂昌县境内，为引水式电站，总装机容量为1.6万kW，

多年平均发电量为 3534 万 kW·h。电站于 2008 年 7 月开工兴建，2011 年 5 月并网发电，2018 年 10 月通过工程竣工验收。蟠龙水电站由拦河闸坝、发电引水建筑物、发电厂房、升压站等建筑物组成。

蟠龙水电站拦河坝址以上集水面积为 727km^2，水库总库容为 514 万 m^3，水库正常蓄水位为 254.8m，正常蓄水位以下库容为 412 万 m^3。拦河坝为重力式混凝土闸坝，坝长 135.5m，坝顶高程为 257.60m，最大坝高为 23.1m，泄洪闸段总长 72m，设 5 孔开敞式弧形钢闸门，每孔净宽 12m。坝轴线下游侧的闸墩上架设一座宽 5m 的交通桥，桥面高程为 257.63m。

发电引水建筑物布置在拦河坝右岸，由进水口、引水隧洞、调压井及压力管道组成。水平投影长度为 1187m，设计引用流量为 83.8m^3/s。进水口位于坝轴线上游约 50m 处，为岸塔式。进水口设拦污栅，拦污栅为 2 孔，孔口尺寸均为 5m×9.5m，栅后设事故闸门一道，孔口尺寸为 7m×7m。引水隧洞为圆形有压洞，衬后直径为 7.8m，引水隧洞后接调压井和压力管道。

厂房位于焦滩乡独山村，距遂昌县城约 57km。主厂房长 43.62m，宽 18.8m，厂内布置 2 台 8000kW 轴流定桨式水轮发电机组。

升压变电站长 35.5m，宽 14.1m，地坪高程为 241.45m，站内设 1 台主变压器及 110kV 户外配电装置。

2019 年 6 月，蟠龙水电站创建为农村水电站安全生产标准化二级单位，2019 年，完成水利部绿色小水电建设。电站在设计、施工之初就按照“环境友好型，资源节约型”的要求进行，充分考虑环境保护，环保工程和电站主建设工程同设计、同施工、同建造，对周边环境影响小。电站建成后提高了大坝下游河道的防洪标准，改善了水库库区农村人居环境，库区内生态环境明显改善。

图 3–51　蟠龙水电站大坝

蟠龙水电站大坝如图 3–51 所示。

十、翻板坝和橡胶坝

1. 庆元县桐山水电站

桐山水电站位于庆元县黄田镇，是瓯江源头梅溪流域梯级开发的第三个梯级电站，工程枢纽跨龙泉市与庆元县行政辖区。拦河坝坐落在龙泉市小梅镇金村村下游 200m 处，坝址以上集雨面积为 199km^2。发电厂房位于庆元县黄田镇桐山村对岸的河道右岸。工程于 2003 年 5 月建成投产，2016 年 7 月技改新增 2 台套 1600kW 水轮发电机组，并将原 3 台套单机容量为 1000kW 的水轮发电机组扩容为 1250kW，总装机容量为 6950kW。设计水头为42.5m，多年平均发电量为2054万kW·h，2018年通过安全生产标准化评审二级。主要建筑物有拦河坝、发电输水隧洞、压力管道、发电厂房、升压站及输电工程等。

水库总库容为3.6万m^3，正常蓄水位为366.5m。拦河坝为混凝土砌块石翻板坝，设6扇4m×8m（高×宽）水力自控翻板门，总溢流宽度为48m。

发电隧洞沿河道右岸布置，引水隧洞总长为2.07km。调压塔布置在隧洞出口处，塔内净空断面积为40m^2，阻抗孔直径为1.75m，井口高程为377.00m，井底高程为362.00m。洞后布置压力明钢管。

图3-52 桐山水电站翻板坝

发电厂房主厂房尺寸为58.62m×11.5m（长×宽），装配层地坪高程为325.80m，厂房水轮发电机层地坪高程为323.10m，5台卧式机组升压站布置在厂房左侧，以35kV电压等级出线，并入龙泉市查田变电站。

桐山水电站翻板坝如图3-52所示。

2. 景宁县岭头桥水电站

岭头桥水电站位于景宁县家地乡家地溪上，水库坝址在家地溪与水溪汇合口上游300m的家地溪，坝址以上集雨面积为98.58km^2，另从水溪引水，集雨面积为30.6km^2，总利用集雨面积为129.18km^2。厂址设在标溪岭头桥处河道左岸，距景宁县城约50km，厂坝之间距离约为6km。岭头桥水电站为引水式电站，总装机容量为0.64万kW（2台3200kW机组），设计水头为60m，多年平均发电量为1703.8万kW·h。

岭头桥水电站大坝（图3-53）为C15埋石混凝土重力翻板坝，水库总库容为44.6万m^3，正常蓄水位为370.95m，非溢流坝顶高程为376.50m，防浪墙顶高程为377.60m，坝底高程为350.00m，最大坝高为26.5m。坝顶宽度为2m，坝顶长度为83.1m。溢流剖面为宽顶堰，堰顶高程为368.00m，溢流坝段净宽36m，消能型式为挑流消能。溢流堰顶布置6扇水力自控翻板闸门，翻板门顶高程为370.90m，单扇自控翻板门尺寸为3m×6m（高×宽）。

图3-53 岭头桥水电站大坝

电站主厂房布置2台混流式水轮机，型号为HLJF3011-WJ-92，设计水头为60m，设计流量为6.28m^3/s。工程于2003年6月开工，2010年2月完工，2019年12月29日通过电站竣工验收。电站运行管理单位为景宁县江源水电开发有限公司。

3. 松阳县合溪水电站

合溪水电站位于松阳县境内松荫溪出口处，尾水距下游千年古堰——通济堰4.5km。拦水坝位于合溪村约100m处，坝址以上集雨面积为1957km^2，设计水头为5.77m。电站装机容量为4×1250kW，总装机容量为0.5万kW，多年平均发电量为1567万kW·h；为河床式电站，主要由拦水堰坝、发电厂房、升压站等建筑物组成。

拦水堰采用宽顶堰型，材料均为C10混凝土灌砌块石。电站正常蓄水位为74.8m，溢流坝全长136m，坝顶高程为69.80m，上设13扇液压控制的混凝土翻板闸门，每扇闸门宽10m，高5m，最大下泄流量为4483m^3/s，相应单宽流量为34.48m^3/s。

挡水发电厂房位于河床左岸，进水口布置于厂房的上游侧，进水口低高程为65.56m，引水道孔口尺寸为5.92m×3m。主厂房平面尺寸为47.52m×11.3m，厂房发动机层地面高程为73.40m，水轮机层地面高程为69.29m。厂房下部结构为钢筋混凝土结构，上部为砖混结构，机组间距为9m。水轮机型号为ZDK400–LH–225，发动机型号为SF–J1250–32/2840。厂房中央控制室及安装间的地面高程为79.00m。升压站紧靠主厂房下游侧，采用户外露天布置，平面尺寸为22m×9.52m，升压站布置6300kVA型主变压器1台及出线构架，通过一回35kV线路向大港头35kV变电所输送。

图3–54　合溪水电站外景

电站于2008年4月建成投产，2016年创建安全生产标准化评审二级，2017年被水利部评为首批绿色小水电站之一。

合溪水电站外景如图3–54所示。

4. 龙泉市临江水电站

临江水电站位于龙泉溪干流上，是龙泉溪干流上的第七级电站，于2004年11月投产。坝址位于龙泉市区下游的春畲村龙泉溪干流，坝址以上集水面积为1495.5km^2，多年平均流量为51m^3/s。

电站为河床式开发，拦河坝为橡胶坝，坝袋长200m，分3跨，坝高为4.5m，坝总长为215m，坝袋顶高程为192.10m，大坝上游河道正常水位为192m，河道水容积为180万m^3，无调节能力。电站机组单机容量为630kW，总装机容量为3×630kW，水轮机额定水头为4.75m，额定流量为17m^3/s，多年平均发电量为634万kW·h。

临江水电站以龙泉市区内河道景观、休闲、生态等公益功能为主，发电为辅。在龙泉城区下游修建橡胶坝抬高水位，已形成约65万m^{2}的人工湖泊，与上游留槎洲相连，成为留槎洲水上公园。留槎洲上楼、台、亭、阁、湖与古城浑然一体，人们既能领略到怀古幽情，又可享受到现代生活的逍遥。已开发建设的水上公园、亲水河道长廊等旅游设施，成为市民休闲旅游的好去处，多余水量用于发电，起到以电养库的作用，提升了城市品位，工程综合效益显著。

2016 年 3 月，龙泉市临江水电站通过农村水电站安全生产标准化达标评审，评审等级为二级。

临江水电站橡胶坝如图 3-55 所示。

图 3-55　临江水电站橡胶坝

第三节　水电科普园

丽水市有 800 多座水电站分布在平原和各高山峡谷之间，水头、流量差异大，开发形式多，基本囊括了所有水电开发形式和机组型号，是水电开发建设的科普实训基地。

一、开发形式多样

（一）引水式开发

1. 莲都雅溪二级水电站

雅溪二级水电站位于丽水市区西北 18km 处的太平乡小安村北，因利用雅溪一级水电站尾水发电而得名，即直接将雅溪一级水电站尾水接入雅溪二级水电站渠道，为引水式发电站。雅溪二级水电站渠道设计过水流量为 $12m^3/s$，最大工作水头为 51.6m，最小工作水头为 49.2m，装机容量为 2×1600kW ＋ 1×1250kW，计 4450kW，设计多年平均发电量为 1390 万 kW · h。

引水线路全长 11676m，其中引水渠道 9435m，隧洞 6 条共 2017m，渡槽 2 座共 224m。渠道边坡系数为 0.3，底宽为 4.2m，深 3.2m，渠岸宽 2.5m，渠道渠首段 0.5km 为 0.2‰的纵坡，其余纵坡为 0.4‰。隧洞为无压，洞全高 3.6m，底宽为 4.2m，1.5m 高度以下为直坡，以上为半径 2.1m 的半圆拱。渠线上布置渡槽 2 条，1 号渡槽在距离双溪村 1.5km

处通往莲房村公路桥附近，高 22m；2 号渡槽在雅庄村附近，高达 32m。采用砌石拱结构，拱轴线参照天台县里石门水库新楼渡槽形式，拱轴线为悬链线型。

厂房尺寸为 28.4m×15.9m，排架结构，分 2 层布置。上层为副厂房、装配场，高程为 100.50m，布置了中央控制室、开关室、蓄电池室、调度室。下层为水轮机层，高程为 97.00m，布置 3 台水轮发电机组、电缆、油桶间、油处理室及空压机室，上游侧设有水泵房和集水井等。

图 3-56　雅溪二级水电站外景

电站以 35kV 输电线路“T”接在雅溪一级至路湾变电所雅丽 301 线上，向路湾变电所送电。“T”接线路总长度为 1.2km，采用 LGJ-70 导线。

电站于 1977 年 3 月开工，1980 年元旦建成发电，2009 年 5 月报废重建后装机容量为 3×1600kW，2017 年被评为安全生产标准化二级单位。

雅溪二级水电站外景如图 3-56 所示。

2. 云和县石塘坑一级水电站

石坑塘一级电站位于云和县石塘镇石塘坑流域，即石塘坑峡谷内，流域内峡谷沟深坡陡，自然落差大，水力资源丰富。电站引水坝位于石塘镇张庄村，厂房位于石塘坑村，距县城 25km，距石塘镇政府 2km。它是 20 世纪 70 年代初期建成的一座国有电站，是当时引水渠道最长、水头最高、规模较大的农村水电站。

石塘坑一级水电站为渠道引水式电站，引水坝址以上集雨面积为 28km^2，渠道长 5.23km，沿右岸山体顺势布设，纵坡为 1‰，渠道宽 0.8m，深 1.1m，沿线建有 5 条渡槽、6 处溢水道，渠道外侧堤顶修成后作为进村人行道路。设计水头为 185m，压力前池为 700m^3。布设一条长 320m、直径为 0.45m 的压力钢管。电站于 1969 年 3 月动工，1971 年 8 月建成发电，安装两台冲击式水轮机发电机组，装机容量为 2×320kW，设计年发电量为 426 万 kW · h。工程由丽水县水电局设计并负责施工管理，双港人民公社发动民工投工投劳建设完成。电站总投资为 62.92 万元，投劳 9.8 万工日。厂房和升压站为地面式，厂区内建有发电厂房、升压站、职工宿舍、管理用房等，厂区宽阔，占地面积大。电站建成后并入丽水县电网，1984 年 9 月行政区域调整后并入云和县电网，并由云和县电力公司经营管理。

1986 年 1 月启动第一次电站扩建增容，1987 年 7 月完工。扩建工程由云和县水利水电勘测设计所设计，云和县电力公司负责建设管理。增加 1 台 500kW 冲击式水轮发电机组，并增设 1 条直径为 0.45m 的压力钢管，厂房扩建 64m^2。总装机容量为 3×320 +

1×500kW，设计发电量为 541 万 kW·h，总投资为 105.74 万元。

2018 年 8 月，石塘一级水电站被云和县农村集体经济发展有限公司收购，用于解决全县经济薄弱村的经济收入来源问题。浙江省投入财政专项资金，对电站进行第二次增效扩容改造。增容改造工程由云和县水务投资有限公司负责建设管理，主要包括：整修拦水堰，引水渠道断面从原来的 0.8m×1.45m 拓宽到 1m×1.45m，原钢管拆除并新建长 308m、壁厚 10 ～ 16mm、直径 0.9m 的钢管，采用一管三机方式供水；原厂房拆除并重建为砖混结构厂房，厂房内安装 3 套斜击式水轮发电机组，总装机容量为 3×630kW，设计发电量为 708 万 kW·h；控制屏采用福建力得自动化设备有限公司生产的智能控制柜，提高了电站自动化水平；升压站布设在厂房下游侧，安装 800kVA 和 1600kVA 升压变压器各 1 台。增容改造工程于 2019 年 5 月动工，2020 年 5 月完工，总投资为 1335 万元。

石塘坑一级水电站是一座建设时间较早、引水渠道较长、水头较高、规模较大的电站。它是在人民公社时期人工钻孔、人工开挖、人工搬运的艰苦条件下修建的一座农村水电站，一直以来都是国有经营，如今转换为村级集体经济体，并通过增容和技术改造，焕发出新的活力。

石塘坑一级水电站如图 3-57 所示。

图 3-57 石塘坑一级水电站

3. 景宁县鸬鹚水电站

鸬鹚水电站位于景宁畲族自治县瓯江小溪支流英川港，站址位于沙湾镇交见于村，坝址位于鸬鹚村，坝址以上集雨面积为 293km^2，1970 年 10 月 13 日破土动工兴建，1974 年 1 月 4 日工程竣工发电。

鸬鹚水电站为径流引水式电站，引水拦河坝位于鸬鹚村，坝长 61m，高 6.8m，设泄洪、进水闸门。引水渠道总长为 7476m，渠坡为 1000：1，途中有渡槽 3 处，原设计流量为 7.5m^3/s，落差为 48.6m，压力管直径为 1.65m，装机容量为 2×1250kW，设计年发电量为 1227 万 kW·h，设计年利用小时为 4900h，架设鸬景 35kV 输电线路 29.5km。1981 年兴建鸬鹚升压站，1982 年 7 月 11 日并入大网运行。1987 年筹建丰水季节性 3 号机增容工程，装机容量为 1600kW，同期电站配 6300kVA 三圈变压器 1 台，接入鸬鹚升压站，共 2 回出线，鸬英 3826 线，鸬桐 3840 线，并于 1990 年 4 月投入运行。1992 年开始，3 号机在丰水年可增发电量 300 万 kW·h。1998 年 5 月，3 号机增容工程引水渠平均加高 30cm，实际平均流量为 10.97m^3/s，年平均利用小时为 4852h。

至 2019 年 9 月底，鸬鹚水电站实现连续安全运行 4280d，电站运行状况良好，未发

图 3–58　鸬鹚水电站厂房

生生产安全责任事故，未发现重大隐患，已于 2017 年 6 月创建为农村水电站安全生产标准化二级单位。鸬鹚电站建成已久，近半个世纪来，经多次技改，设备安全平稳运行，是目前景宁县国营电力能源的主要骨干电站。

鸬鹚水电站厂房如图 3–58 所示。

（二）混合式开发

1. 龙泉岩樟溪一级水电站

岩樟溪一级水电站位于瓯江干流龙泉溪的支流岩樟溪上，大坝位于岩樟乡流坑村，厂房位于西街街道岭脚村，距龙泉市城区 13km。电站水库坝址以上集水面积为 53.61km^2，3 处跨流域引水面积共计 49.31km^2。水库为不完全年调节水库，设计正常水位为 455m，相应正常库容为 934.8 万 m^3，设计最高水位为 458.73m，总库容为 1143 万 m^3。电站设计水头为 158.4m，最大利用水头为 180m，发电流量为 7.14 m^3/s，装机容量为 2×10000kW，年利用小时为 2054h，多年平均发电量为 4107kW · h。电站于 2003 年 6 月开工建设，2005 年 12 月建成投产，2014 年完成竣工验收，工程总投资为 20380 万元。电站主要由拦河坝、溢洪道、发电输水隧洞、发电厂房、升压站和跨流域引水等建筑物组成。

拦河坝采用混合线型混凝土双曲拱坝。坝顶中心弧长为 151.2m，最大中心角为 88.55°，最小中心角为 42.67°，坝顶高程为 459.75m，设计防浪墙顶高程为 460.95m，坝底高程为 378.00m，最大坝高为 81.75m。拱冠梁处坝底厚 9.65m，坝顶厚 3.5m，厚高比为 0.12。在 415.00m 和 437.00m 高程，下游坝面分别布置坝后桥 1 道。

溢洪道为开敞式岸边正槽溢洪道，由引水渠、溢流堰、泄槽及挑流鼻坎组成。溢流堰为驼峰堰，堰顶高程为 455.00m，净宽 34m，3 孔。泄槽出口消能型式为挑流消能，挑流鼻坎顶高程为 427.10m。

发电输水建筑物由进水口、隧洞、调压井、上平洞、斜洞、下平洞等组成，引水系统全长 4245m。进水口为洞式，底高程为 413.50m。进水口首端设拦污栅。闸门井处孔口尺寸为 2.8m×3m，设工作闸门 1 扇。输水隧洞为圆形有压洞，长 3948.27m（至调压井）。调压井为双室式，上室顶高程为 486.74m，底高程为 459.74m。调压井后为长 14.23m 的上平洞，斜洞为圆形，长 192.59m，下平洞长 122.01m，钢管内衬，末端接“卜”字形分岔管，经两根直径 1.2m、长 11.17m 的支管引入蜗壳发电。

发电厂房布置在岩樟溪和肖庄溪交汇口上游 120m 处的河道左岸，顺肖庄溪呈“一”

字形布置。发电厂房为引水地面式厂房，主厂房长 30m、宽 13.6m，布置 2 台水轮发电机，装机高程为 269.60m；副厂房长 30m、宽 5m，布置在主厂房后面。中控室（包括开关室）长 14.75m，宽 10.5m。

升压站为户外露天式，位于厂房的下游侧，面积为 36.25m×14m，地坪高程为 276.65m，站内设有 S10-25000/110 型变压器 1 台。

水库于 2018 年 1 月通过浙江省水利工程标准化管理验收。电站于 2015 年 8 月被评为安全生产标准化二级单位，2018 年 8 月通过复评，同年通过水利部绿色小水电认证。电站通过科学管理，优化调度，发挥绿色能源的公益作用，不断推进绿色水电站创建，积极改善流域生态环境；通过大坝生态放水管，以锥阀放水的方式，下泄 0.3m³/s 流量，满足下游河道生态基流，确保下游河道及沿岸生产生活用水。电厂经营情况较好，保持盈利，并反哺公益项目，持续进行绿色小水电建设投入，综合效益显著。

岩樟溪一级水电站厂区如图 3-59 所示，岩樟溪一级水电站水库及大坝如图 3-60 所示。

图 3-59 岩樟溪一级水电站厂区

图 3-60 岩樟溪一级水电站水库及大坝

2. 青田塘坑水电站

塘坑水电站位于青田县吴坑乡，所在水系为瓯江水系菇溪干流。它以发电为单一目标，为混合式开发。水库坝址以上集雨面积为 46.25km²，另从虎岗坑跨流域引水 6.8km²。水库正常蓄水位为 209.5m，相应正常库容为 1011 万 m³，死水位为 182m，相应死库容为

165 万 m^3，设计洪水位（P=2%）为 212.54m，校核洪水位（P=0.2%）为 213.41m，总库容为 1202 万 m^3，电站装机容量为 0.8 万 kW。

拦河坝为 C15 混凝土混合线型双曲拱坝，坝顶高程为 213.40m，坝顶上游侧设 1.2m 防浪墙，最大坝高为 66.4m，拱冠梁底厚 8.26m，顶厚 2.94m，厚高比为 0.12。坝顶中心长 156.1m，弧高比为 2.35。

采用坝顶 3 孔溢流表孔泄洪，不设闸门控制，溢流堰采用 WES 堰型，堰顶高程为 209.50m，溢流前缘净宽 60m，消能型式为挑流消能。

放水孔布置于大坝中部 5 号坝块，直径为 0.8m，进口中心高程为 172.00m，出口处阀室里设有管径为 0.8m 的蝶阀和锥形阀。

发电引水隧洞布置位于水库右岸，隧洞进口距大坝上游约 90m，隧洞进口段由喇叭口段、直管段、闸门段、渐变段组成，后经 4603.3m 长的隧洞引水至调压井，再经 8.5m 长上平洞、153.1m 长斜洞与 97.4m 下平洞引水至石洞头下游的石洞源右岸发电。主厂房为引水地面式，厂房尺寸为 32.5m×15.9m。升压站布置在副厂房右端，平面尺寸为 19m×10m，地坪高程为 61.50m。

水库大坝于 2003 年 5 月动工兴建，2005 年 5 月下闸蓄水，同年 7 月投产发电，2008 年 4 月通过竣工验收。

塘坑水电站水库大坝如图 3-61 所示，塘坑水电站机组如图 3-62 所示。

图 3-61　塘坑水电站水库大坝

图 3-62　塘坑水电站机组

3. 景宁白鹤水电站

白鹤水电站位于景宁县东坑镇，处于飞云江流域支流北溪下游小沙湾河段。厂址设在景宁县东坑镇章坑村内，距景宁县城约 50km。电站坝址以上集水面积为 149.4km^2，流域多年平均降水量为 1907mm，多年平均径流总量为 1.86 亿 m^3。水库校核洪水位（P=0.2%）为 562.32m，水库总库容为 1603 万 m^3，设计洪水位（P=2%）为 560.7m，正常蓄水位为 560m，发电死水位为 532m，是一座不完全年调节中型水库。电站系单一发电的能源工程，由拦河大坝、发电引水系统、电站厂房、升压站等组成。

大坝为C20混凝土双曲拱坝，坝顶高程为562.50m，最大坝高为65m，坝顶中心弧长199.4m。坝顶设6孔8m×6.5m的弧形闸门表孔溢洪道，总净宽为48m，堰顶高程为554.00m，泄流设计最大挑距为61.3m。512.00m高程处设置灌浆排水廊道，大坝中部530.00m高程处设Φ0.8m放空锥形阀。

发电引水系统由进水口、隧洞、管桥、调压井及压力斜洞等组成，全长约2802m。进水口位于左岸距大坝约160m处，为竖井式，底高程为525.00m，设拦污栅1道、事故钢闸门1道，井顶设启闭机房。引水隧洞左岸段长909m，右岸段长1802m，洞径为3.2m。管桥段全长88m，其中埋管段长28m，跨溪段长60m，共4跨，每跨15m，直径为2.4m。调压井为圆筒式，分上室及竖井段，上室高8m，竖井深60m，竖井与隧洞连接段为升管，直径为3.2m，高4m。发电厂紧靠北溪右岸，为地面引水式厂房，平面上呈“一”字形布置。主厂房面积为32.52m×14.5m，内装两台HL165-LJ-110型水轮机，配两台SF-J12.5-8/2600型发电机，装机容量为2×12.5MW。机组安装高程为387.00m，水轮机层高程为388.80m，发电机层高程为395.00m。

升压站为户外布置，位于副厂房右侧，面积为648m^2，地面高程为395.00m。

电站于1998年5月23日开工建设，2000年6月建成投产，2015年通过竣工验收。

白鹤水电站厂区如图3-63所示。

图3-63　白鹤水电站厂区

4. 遂昌周公源梯级水电站

乌溪江是钱塘江干流衢江的支流，发源于福建省浦城县大福罗，河流长度为160km，流域面积为2577km^2。周公源是乌溪江的支流，发源于海拔1583m的狮子岩，自西南向东北流，干流全长78.5km，集水面积为423.5km^2，其中遂昌境内长52.5km，集水面积为340km^2，落差为295m，域内有九龙山（海拔1724m）国家级自然保护区，降水丰富，植被良好，河谷陡峭。

周公源梯级水电站包括一级电站、二级电站和三级电站。

九龙山一级电站即为周公源梯级水电站的第一级。电站水库坝址坐落于柘岱口乡源口村，距遂昌县城92km，为混合式开发电站。水库大坝为混凝土双曲拱坝，坝顶高程为474.00m，最大坝高为54m，坝顶宽5.5m、长208m，共设3孔闸门控制表孔溢流。坝址集雨面积为162km^2，多年平均降雨量为1852mm，水库正常蓄水高程为472.00m，水库总库容为2147万m^3，调节库容为1453万m^3，为不完全季调节水库。引水隧洞全长8779m，厂址位于黄沙腰镇，距遂昌县城约76km。安装2台1.25万kW立轴混流式发电机组，总装机容量为2.5万kW，设计水头为108.41m，多年平均发电量为5884kW·h，设计年发电量为 4612 万 kW·h。升压站配备 1 台主变压器、1 条 110kV 线路。

工程于 2006 年 2 月开工建设，2008 年 11 月完工，2008 年 11 月 17 日下闸蓄水，2009 年 3 月并网发电。

九龙山二级电站即为周公源梯级水电站的第二级。坝址坐落于黄沙腰镇上定村，距县城 75km，为混合式开发电站。大坝坝型为混凝土重力坝，坝顶高程为 342.00m，最大坝高为 15.2m，坝顶宽为 4.5m、长 153m，共设 5 孔闸门控制表孔溢流。坝址集雨面积为 $269km^2$，多年平均降雨量为 1840m，水库正常蓄水位为 340m，水库总库容为 85 万 m^3，调节库容为 45 万 m^3，为日调节水库。引水隧洞全长 4048m，厂址位于黄沙腰镇定淤潭村，距县城约 74km。发电输水隧洞长 3988m，电站安装 2 台 0.63 万 kW 立轴混流式发电机组，总装机容量为 1.26 万 kW，设计水头为 41.63m，设计年发电量为 2905 万 kW·h。升压站配备 1 台 20000kVA 主变压器、1 条 110kV 线路。

工程于 2005 年 9 月开工建设，2008 年 12 月完工，2009 年 3 月 8 日下闸蓄水，2009 年 3 月并网发电。

周公源三级水电站位于乌溪江支流周公源，坝址坐落于黄沙腰镇邵村，距县城 76km，为混合式开发电站。水库大坝坝型为混凝土重力坝，坝顶高程为 292.00m，最大坝高为 17.7m，坝顶宽 4.5m、长 168m，共设 5 孔闸门控制表孔溢流。坝址集雨面积为 $336.4km^2$，多年平均降雨量为 1813m，水库正常蓄水位为 290m，水库总库容为 30 万 m^3，调节库容为 16 万 m^3，为日调节水库。引水隧洞全长 7261m，厂址位于湖山乡左肩村，距县城约 93km。输水隧洞长 7261m，电站安装 2 台 8000 万 kW 立轴混流式发电机组，总装机容量为 1.6 万 kW，设计水头为 50.28m，设计年发电量为 4066 万 kW·h。升压站配置 1 台主变压器、2 条 110kV 线路。

图 3-64　周公源一级水电站水库大坝

工程于 2005 年 5 月开工建设，2009 年 4 月完工，2005 年 5 月 10 日下闸蓄水并投产发电。

周公源一级水电站水库大坝如图 3-64 所示。

5. 松阳县谢村源二级水电站

谢村源二级水电站水库位于松阳县新兴镇谢村村，是一座以灌溉为主、结合发电的中型水利水电工程，距松阳县城 33km。坝址以上集雨面积为 $47.16km^2$，大坝为三心变厚不对称混凝土双曲拱坝，坝高为 66m，属年调节水库，总库容为 1473 万 m^3。谢村源二级水电站位于新兴镇合湖村，为混合引水式开发，设计水头为 219.24m，发电流量为 $8.64m^3/s$，总装机容量为 2×8000kW，在丽水地区电网中起骨干调峰作用。

谢村源二级水电站于 1994 年 4 月建成投产，主要由拦河坝及其泄洪建筑物、发电引水系统、发电厂房、升压站和110kV输电线路等工程组成。压力管道为钢管明敷式，采用一管两机的供水方式。

谢村源二级水电站多年平均年发电量为3450万kW·h，年利用小时为2156h，2015年6月19日通过水利部农村水电站一级标准化企业评审。电站坝址上下游生态环境良好，无工业污染，2019年评为绿色小水电站。

谢村源二级水电站厂房如图3-65所示。

图3-65 谢村源二级水电站厂房

6. 庆元左溪梯级水电站

左溪梯级水电站位于浙江省庆元县毛垟港上游的支流左溪上，工程坝址、厂址均位于左溪镇境内，距离县城约63km，有左溪一级电站和左溪二级电站。

左溪一级电站坝址位于左溪干流与牛颈溪汇合处，坝址以上流域面积为90.2km^2，跨流域引水面积为53.51km^2，分别从石木下、青竹溪、黄秀坑引入。水库正常蓄水位为648m，总库容为1545万m^3，为不完全年调节水库。工程等级为Ⅲ等，水库为中型水库，电站属小（1）型电站，大坝为混凝土双曲拱坝，最大坝高为63m。装机容量为2×16000kW，设计水头为220m，设计发电流量为18.12m^3/s，设计年平均发电量为9753万kW·h。

左溪二级电站坝址位于石木下支流与左溪干流的汇合口下游，控制流域面积为229.3km^2，正常蓄水位为420m，相应正常库容为37万m^3，有效库容为17万m^3，装机容量为2×6300kW，设计水头为62m，设计发电流量为25.62m^3/s，设计年发电量为3614万kW·h。

左溪梯级水电站以发电为主，兼顾防洪、养殖、旅游等功能。工程于2003年12月18日正式开工，2007年6月全部机组投运生产，2015年8月通过水利部农村水电站安全生产标准化一级验收，2017年通过水库管理标准化创建验收，2018年12月通过浙江省水利厅竣工验收，2019年通过水利部绿色水电创建验收。

左溪梯级水电站坚持以“善待环境、善待员工、善待自己、营造和谐、创造财富”为宗旨，以“求真、务实、和谐、共赢”的企业精神和“以人为本，以安全为基础，以效益为中心”的经营理念，始终坚持安全与生产两手抓、两不误，科学规划，合理调度。左溪梯级水电站在追求安全、高效、规范生产的同时，始终将社会效益放在首位，勇于承担社会责任，积极支援当地公共事业建设，例如石塘村整村搬迁庆元县城新村落成后，投资建设左溪村、印浆村的自来水、灌溉设施以及硬化乡村公路等项目，促进村企和谐共建，提升村民生活品质，获得了较好的经济效益和社会效益。左溪梯级水电站的建成极大地促进了庆元县经济的发展，同时为浙江电网提供了一个可靠的绿色电源点，是浙南山区一颗璀璨的水电明珠。

左溪一级电站厂区如图 3-66 所示，二级电站厂房如图 3-67 所示。

图 3-66 左溪一级电站厂区

3-67 左溪二级电站厂房

7. 云和金坑口水电站

金坑口水电站位于流经云和县境内的梧桐坑溪流上，属于瓯江水系的小溪流域。大坝位于崇头镇沙浦村，厂房位于大湾村，距云和县城区 55km。电站水库坝址以上集水面积为 84km^2，水库为日调节水库，设计正常水位为 483m，相应正常库容为 108 万 m^3，设计最高水位为 484.85m，总库容为 121 万 m^3。电站设计水头为 160m，发电流量为 11.28m^3/s，装机容量为 1.6 万 kW，年利用小时为 2371h，多年平均发电量为 3794kW·h。电站主要建筑物有拦河坝及泄水建筑物、发电输水隧洞、发电厂房、升压站、输电工程等。

大坝为双曲拱坝，坝顶高程为 485.00m，最大坝高为 37m，坝顶宽度为 4.7m。在 465.00m 高程处设置直径为 0.8m 的放水管，出水设蝶阀和锥阀控制。设计洪水位（P=2%）为 483.94m，校核洪水位（P=0.5%）为 484.85m。

泄洪建筑物为溢流表孔，布置在坝内河床中央。溢流堰堰顶高程为 477.00m，孔口尺寸为 8m×7m，共 4 孔，设弧形钢闸门控制泄流。

发电输水系统由进水口、管桥、引水隧洞、调压井、斜洞、下平洞及跨流域引水工程组成。发电输水隧洞全长 4364m，为圆形有压隧洞。隧洞进水口为竖井式，位于大坝右坝头上游 40m 处，进水口底板高程为 462.90m。

发电厂房位于坝址下游的金坑溪和梧桐坑溪的汇合口，为引水地面式厂房。厂房分主厂房和副厂房，副厂房位于主厂房右侧，升压站位于副厂房右侧。

电站于 2002 年 9 月开工建设，2005 年 5 月建成投产，2014 完成竣工验收，工程概算总投资达 1.19 亿元。2015 年 8 月通过标准化二级，2019 年通过水利部绿色小水电评审。

电站建成后，影响区域内植被良好，林木茂盛，水土保持良好。金坑口水电站的建设，使当地村庄通了车，改变了过去村民出行靠翻山的状况；给附近7个村带来了收入，每年按比例分享电站投资收益。金坑口水电站一直坚守“安全生产，绿色发展”的理念，积极推进民生水电、平安水电、绿色水电、和谐水电的建设，在综合开发利用水能资源的同时，注重民生需求、生态环境保护，实现工程效应和社会效益应双赢。

金坑口水电站厂区如图3-68所示。

图3-68 金坑口水电站厂区

（三）坝后式开发

1. 滩坑水电站

滩坑水电站位于青田县境内的瓯江支流小溪中游河段，距青田县城西门约32km，距温州市约92km，距丽水市约107km。电站以发电为主，兼顾防洪及其他综合利用，是一座具有多年调节能力的大（1）型水电站，是浙江电网最大的统调水电站。滩坑水电站是浙江省委、省政府确定的“五大百亿”工程中“百亿帮扶致富建设”的一项重要工程，2005年被列为国家重点工程。水库正常蓄水位为160m，相应库容为35.2亿m^3；防洪高水位为161.5m，汛期限制水位为156.5m，防洪库容为3.5亿m^3；死水位为120m，调节库容为21.3亿m^3。装设4台水轮发电机组，总装机容量为60.4万kW，保证出力为84.1MW，年利用小时为1705h，多年平均发电量为10.23亿kW·h。3台20万kW水轮发电机组是浙江省单机容量最大的常规水电机组。滩坑水电站由拦河坝、溢洪道、泄洪洞、引水系统、发电厂房、地面开关站等建筑物组成。电站枢纽工程等级为Ⅰ等，主要建筑物拦河坝、溢洪道、泄洪洞、电站进水口为1级建筑物；厂房、引水系统、下游出口消能等均为2级建筑物。

拦河坝为钢筋混凝土面板堆石坝，坝顶高程为171.00m，最大坝高为162m，坝顶长507m，为华东第一高坝。

溢洪道位于左岸，利用垭口地形开挖而成，渠首底高程为142.00m，堰顶高程为148.00m，设有6孔净宽12m的溢流堰。

泄洪洞位于大坝与溢洪道之间的山体内，洞长815.58m，工作闸门孔口尺寸为7m×7m，进口底坎高程为65.00m，出口底坎高程为49.00m。

发电引水建筑物有进水口、引水隧洞、压力钢管等，电站右岸进水口采用单洞单机、塔式分层取水、岸坡竖井的形式，进口底坎高程为95.00m；山体内布置3条引水隧洞，洞径为 8m；各连 3 条地下埋管式压力钢管，管径为 7m，长度为 101m。

工程于 2004 年 10 月 31 日正式开工建设，2005 年 10 月截流，2008 年 4 月 29 日下闸蓄水；1 号机于 2008 年 8 月 16 日投产发电，2 号机于 2009 年 2 月 12 日投产发电，3 号机于 2009 年 7 月 10 日投产发电；4 号机是 1 号机、2 号机和 3 号机停机时为下游提供生态流量的 4000kW 生态机组，于 2011 年 8 月 3 日投产发电。滩坑水电站总投资为 65.86 亿元。

2002 年 11 月 25 日和 2004 年 11 月 24 日，时任浙江省委书记习近平两次深入滩坑水电站调研，指出“建造滩坑水电站，是浙南山区人民企盼几十年的大事，是扶贫帮困的德政工程，也是欠发达地区经济新的增长点。施工单位要确保质量，加快进度，把工程建设好。各级党委、政府要认真做好移民工作，大力支持施工单位建设，使电站早日建成，为山区经济社会发展作贡献”。正是在习近平的关心和推动下，滩坑水电站成为浙江历史上最宏伟的扶贫工程之一，带动周边的百姓成功脱贫。

截至 2019 年 7 月 31 日，滩坑水电站安全生产日累计达到 4000 天，自投产以来累计发电 121.82 亿 kW·h，扎实起到了浙江电网统调电厂的顶峰骨干作用，成为浙西南重要的绿色能源供应基地和强健稳定的经济增长点。滩坑水电站是“八八战略”带动浙西南欠发达地区脱贫致富的生动实践，涉及库区青田县、景宁畲族自治县两县 10 个乡镇 81 个行政村，移民近 5 万人得到妥善安置。滩坑水电站的兴建，使上游水库形成了一个新的旅游景点——千峡湖。

图 3-69　滩坑水电站外貌

滩坑水电站外貌如图 3-69 所示。

2. 紧水滩水电站

紧水滩水电站位于云和县，距云和县城 18km，距丽水市区 62km，是国家“七五”重点工程，是浙江电网重要的调峰电厂。电站以发电为主，兼有防洪、灌溉、水运等综合效益，担负系统调峰和事故备用、黑启动任务。电站安装 6 台单机容量为 5 万 kW 的水轮发电机组，总装机容量为 30 万 kW，多年平均发电量为 4.9 亿 kW·h。电站设计方案于 1978 年编制完成，电站历史与国家改革开放同行。电站主体工程于 1982 年开工，1985 年紧水滩电厂正式挂牌成立，1986 年下闸蓄水并安装完成首台机组，1987 年首台机组投产发电，1988 年 11 月最后一台机组投产。紧水滩水电站工程总投资达 5.59 亿元，工程完成混凝土浇筑 86.9 万 m^3，土石方开挖 330.32 万 m^3，永久金属结构制作安装 5756.45t。

拦河大坝为混凝土三心变厚双曲拱坝，坝高 102m，是当时国内第二高拱坝。这种变曲率、变厚度、扁平拱的新坝型，在国内高拱坝中也属首座。大坝系 I 级水工建筑物，按千年一遇洪水设计、万年一遇洪水校核，左右轴线弧长 350.6m，坝顶宽 5m，最大底宽为 25.74m。左右岸各有一个中孔和浅孔泄洪道，最大泄洪能力为 6177m³/s。主厂房长 108.4m、宽 18m、高 35.8m，单机最大引用流量为 84.7m³/s。过坝船道长 845m，船道上游为钢筋混凝土基础轨道梁，下游为钢筋混凝土墩梁结构，有高低轮斜面升船设施，竹木筏缆车道长 644m，设计年过坝能力为船舶货运 18.4 万 t，竹木筏运量 29.74 万 m³。

紧水滩水库为不完全年调节水库，控制流域面积为 2761km²，多年平均降水量为 1833.8mm，年径流量为 31.5 亿 m³，设计洪水位高程为 190.29m，正常蓄水位高程为 184.00m，死水位高程为 164.00m，总库容为 13.93 亿 m³。正常蓄水位时，水库水面面积为 34.3km²，库容为 10.4 亿 m³。水库淹没、占用耕地 16862 亩，淹没公路 79.3km，迁移人口 21767 人。

紧水滩水电站以 220kV 电压等级接入华东电网及浙江电网，共有 3 回 220kV 输电线路，其中 2 回线路经丽水并入华东电网，为华东电网提供 23.5 万 kW 的调峰容量和 6.8 万 kW 的负荷备用及事故备用容量；1 回线路接至龙泉市，增强了电厂和地方的发电输送能力。

紧水滩水电站曾获首批全国电力系统双文明单位、国家电力公司一流水电发电厂、华东电力集团一流水力发电厂、浙江省省级平安单位、首届浙江省 119 消防先进集体、浙江省电力安全生产先进单位等荣誉，从 2009 年起连续保持“全国文明单位”荣誉称号。

紧水滩水电站坝后厂房如图 3-70 所示。

图 3-70　紧水滩水电站坝后厂房

3. 龙泉市大白岸水电站

大白岸水电站水库坝址位于龙泉市道太乡，距龙泉市区 25km，所在水系为瓯江水系龙泉溪支流道太溪，是一座以发电为主、兼顾灌溉和养殖的中型水利枢纽工程，工程等别为Ⅲ等。它为白雁溪干流第五级电站，于 1967 年 3 月投产，后因下游紧水滩水电站水库回水影响，1984 年老厂房报废重建，大坝加固加高。坝址位于金坑门沟口上游，距白雁溪河口 7km，坝后便是紧水滩水库，坝址以上集水面积为 152km²，干流长度为 35.5km，多年平均流量为 5.16m³/s。水库正常蓄水位为 214m，相应正常库容为 1864.5 万 m³，死水位为 200m，相应死库容为 635 万 m³，设计洪水位（P=2%）为 217.88m，校核洪水位（P=0.2%）为 218.78m，总库容为 2473 万 m³，具有年调节能力。电站总装机容量 2×1600kW，多年平均年发电量为 820.6 万 kW·h。电站枢纽按坝后式布置，主要建筑物有拦河坝、输水系统、发电厂房及升压站等。

拦河坝为浆砌石重力坝，由溢流坝段和非溢流坝段组成，非溢流坝段坝顶高程为 219.00m，坝顶宽度为 4m，坝顶长 88.3m，防浪墙顶高程为 220.00m，非溢流坝段最大坝高为 38.9m。迎水面为铅直面，下游面左岸 212.88m 高程以上为直立面，直线段坡度为 1∶0.8，右岸 213.44m 高程以上为直立面，直线段坡度为 1∶0.9。

溢流坝段坝顶高程为 214.00m，溢流段长 65m，坝底建基面高程为 171.20m，溢流坝最大坝高为 42.8m。溢流堰顶采用 WES 曲线，直线段坡度为 1∶0.8，反弧段与挑流鼻坎相连，反弧半径为 16.5m，挑流鼻坎挑射角度为 25°。

输水系统位于左岸，由进水口、引水隧洞、调压井、压力管道等组成。有压隧洞长 79.6m，出口段钢衬；洞出口接长 5m、内径为 1.5m 的埋管，分岔后进入厂房。

厂房布置于坝后约 130m 处，主厂房内安装 2 台立轴混流式水轮发电机组，水轮机的安装高程为 186.00m，尾水入紧水滩水库，设计尾水位为 182m。

机组单机容量为 1600kW，水轮机额定水头为 28m，额定流量为 5.8m^3/s。电站采用 35kV 出线，将电流输送至 35kV 道太变电所。

工程于 1965 年开始筹建，是浙江省“国防小三线建设”电站，1966 年 11 月开始蓄水，1967 年 3 月建成发电；1984 年 10 月进行改建，1986 年 1 月完工，1988 年 12 月完成竣工验收。大白岸水电站装机规模合理，经过 2013 年的增效扩容改造后，设施及设备较新，自动化水平高；电站运行管理相对规范，被评为农村水电站安全生产标准化三级单位。2018 年 9 月 18 日，大白岸站通过农村水电站安全生产标准化复评，评审等级为二级。

大白岸水电站如图 3-71 所示。

图 3-71　大白岸水电站

4. 松阳县雅溪坑一级水电站

雅溪坑一级水电站位于松阳县象溪镇境内，坝址位于松阴溪支流雅溪流域东田村上游 1.3km 处，厂址位于大坝下游约 300m 处，跨流域引水堰坝位于松阴溪支流活源上。坝址以上集水面积为 14.9km^2，总库容为 84 万 m^3，引水堰坝以上集水面积为 10.5km^2，厂址以上集水面积为 15.1km^2。雅溪坑一级水电站为坝后式开发，主要建筑物包括拦河坝、发电输水系统（包含进水口、输水隧洞及压力管道）、电站厂房、升压站及引水系统；主要任务为水力发电，兼顾灌溉。电站现装机容量为 640kW（2×320kW），多年平均发电量为 147.1 万 kW·h。

拦河坝为砌石双曲拱坝，坝顶高程为195.50m，坝顶长67.5m，坝顶宽1.8m，坝底高程为157.50m，最大坝高为38m。坝顶上游侧设有防浪墙，防浪墙顶高程为196.50m，宽0.24m。

泄洪建筑物为坝顶溢流堰，WES实用堰自由溢流，堰顶高程为192.50m，溢流净宽32.2m，消能型式为挑流消能，挑流鼻坎顶高程为191.80m。反弧半径为1.5m，挑射角为17°。大坝底部设有冲砂管，中心高程为163.00m，内径为0.4m。

发电输水进水口位于大坝左岸，设有Φ1.2m平板闸门，采用手动螺杆启闭机启闭。闸门前设有1扇直立式固定拦污栅。输水隧洞为圆形有压洞，全长128m，洞径为1.8m。压力钢管为埋管，管径为1m，长3m。

厂房位于松阳县象溪镇东田村大坝下游约300m处，为地面式厂房，砖混结构。厂内安装2套320kW混流式水轮发电机组，水轮机型号为HL220-WJ-42，发电机型号为SFWE320-6/850，厂房地面高程为152.20m，尺寸为22m×7.5m（长×宽）。10kV升压站布置在厂房右侧，尺寸为8m×3.5m（长×宽），内设1台S9-400/10主变压器，升压站地坪高程为154.20m。

电站于1998年3月立项，1998年11月开工建设，2000年6月完工并网发电。

雅溪坑一级水电站大坝如图3-72所示。

图3-72　雅溪坑一级水电站大坝

5. 龙泉市竹垟水电站

竹垟水电站是横溪干流的第五级电站，1979年3月投产。坝址位于竹垟乡金田村上游350m处，坝址以上集水面积为75km^2，多年平均流量为2.94m^3/s。水库正常蓄水位为345m，相应正常库容为225万m^3，有周调节能力；校核洪水位为349.5m，相应总库容为315m^3。水库以灌溉为主，兼有供水、发电、防洪等综合效益。电站原总装机容量为3×250kW，2015年经过增效扩容，总装机容量为3×320kW，多年平均发电量为289.3万kW·h。电站枢纽按坝后式布置，主要建筑物有拦河坝、输水发电系统、发电厂房及升压站等。

拦河坝为混凝土埋石单曲拱坝，坝顶弧长124m，坝顶高程为351.30m，最大坝高为29.4m；开敞式溢流堰弧长50m，堰顶高程为345.00m。

输水隧洞布置在左岸，长230m，衬砌后内径为2m。压力管道为埋藏式，采用一管三机的供水方式，主管长40m，内径为1.8m。

发电厂房位于坝后左岸200m处，主厂房地面高程为322.00m，厂内安装3台卧轴混流式水轮发电机组，水轮机型号为HLJ-240-50，发电机型号为SFW320-8/85。正常尾水位为319.6m，尾水渠长50m，将发电尾水导向上游的高浦水电站水库。电站以10kV出线，接入35kV八都变电所。

竹垟水电站自动化水平高，运行管理规范。水库具有综合利用效益，发电效益、周边生态系统良好。

竹垟水电站厂房机组如图3-73所示。

图3-73　竹垟水电站厂房机组

（四）河床式开发

1. 青田县五里亭水电站

五里亭水电站（图3-74）在瓯江干流大溪上，位于祯埠镇五里亭和岭下村，距青田县城区40km，为河床式开发电站，具有防洪、发电和航运等综合功能。站址以上集水面积为8872km^2。闸坝正常水位为36.5m，相应河道容积为2424万m^3。电站设计水头为7.1m，最大利用水头为10.5m，发电流量为675m^3/s，装机容量为4.2万kW，年利用小时为2889h，多年平均发电量为12135万kW·h。电站枢纽主要由泄洪闸、船闸、河床式主厂房、升压站、输电工程等组成。

拦河坝为混凝土重力式闸坝，坝顶高程为45.50m，最大坝高为24.4m。建筑物全长502.5m，设平板钢闸门控制泄流，其中18孔泄洪闸全长276m——14孔为浅滩区，闸底板高程为28.00m；4孔为深槽区，闸底板高程为26.00m。发电厂挡水坝段总长84.45m。右岸接头坝长56.5m，发电厂挡水坝左岸布置60.55m长的高喷混凝土防渗墙。设计洪水位（P=2%）为38.85m，校核洪水位（P=0.5%）为41.01m。1孔船闸布置在左岸，总宽为25m，船闸通航能力为500t级。

图3-74　五里亭水电站

输电线路全长24.5km，电站通过单回110kV输电线路LGJ-185接入枫树弯变电所，并入丽水电网。

电站于2003年11月开工建设，2006年12月建成投产，2009年12月完成竣工验收，工程总投资为4.3亿元。建设电闸拦河闸坝交通桥，便利了祯埠镇、祯旺乡人民群众与外部的沟通，使祯埠山清水秀、区位优势更加明显，使九湾仙峡、陈篆滨水乡野乐园等休闲观光农业、生态精品农业、民宿农家乐得以进一步推进，如今已经形成一道绿水青山的美丽风景线。

五里亭水电站严格遵循“策划、执行、反馈、调整”的流程，通过部署、实施、检查、完善等环节，经过准备阶段、宣传培训阶段、全面实施阶段、自评与整改阶段、评审阶段及持续再提高阶段这 6 个阶段的推进，全面实施标准化创建工作。2015 年，五里亭水电站被评为农村水电站安全生产标准化二级单位，2018 年 8 月通过标化复评，2018 年获水利部绿色小水电认证。五里亭水电站将秉承绿色小水电的要求，不断完善，做好今后的运行与管理工作。

2. 松阳县裕溪水电站

裕溪水电站位于松阳县裕溪村金村圩，河道较宽，为河床式开发电站，以发电为主，水面开发为辅。站址以上集雨面积为 1904km^2，设计水头为 7.4m，装机容量为 4×1600kW，多年平均发电量为 1997 万 kW·h，年利用小时为 3121h。工程主要由拦水堰坝、发电厂房、升压站等组成。

拦水堰位于河床右岸，采用水力自控和液压控制的混凝土翻板闸门，全长 133m。堰坝上共有 13 扇翻板闸门，每扇闸门宽 10m、高 7m，可根据水位变化启闭翻板门，从而增加电站的发电量。在洪水期时，可开启翻板门进行泄洪。挡水发电厂房位于河床左岸，进水口布置于厂房上游侧，进水口低高程为 72.99m，引水道孔口尺寸为 5.53m×3m。主厂房平面尺寸为 47.52m×11.3m，厂房发动机层地面高程为 80.92m，水轮机层地面高程为 76.81m。厂房内设 25t 桥式吊车，厂房下部为钢筋混凝土结构，上部为砖混结构，安装 4 台轴流式水轮发电机组，机组间距为 9m。水轮机型号为 ZDK400–LH–225，发动机型号为 SF–J1600–28/2840。厂房中央控制室及安装间的地面高程为 85.70m。升压站紧靠主厂房下游侧，户外露天布置，平面尺寸为 22m×9.52m。升压站布置 8000kVA 主变压器 1 台及出线构架，通过 1 回 35kV 线路向大港头 35kV 变电所输电。

电站于 2009 年 9 月建成投产，2016 创建安全生产标准化评审二级，2017 年被水利部评为首批绿色小水电站之一。

裕溪水电站外景如图 3–75 所示。

图 3–75　裕溪水电站外景

（五）高水头开发

1. 龙泉市谷坑水电站

图 3-76　谷坑水电站

谷坑水电站（图 3-76）从住溪左支流叶岭坑上游引水，厂房建在住溪干流右岸。坝址位于住龙镇叶岭头村下游约 500m 处，坝址以上集水面积为 2.43km^2，引水面积为 0.25km^2，多年平均流量为 0.12m^3/s。水库正常蓄水位为 1075m，校核洪水位为 1076.78m，总库容为 8.4 万 m^3，具有季调节能力。电站装机容量为 2×630kW，多年平均发电量为 273.4 万 kW·h。工程按混合式布置，主要建筑物包括拦河坝、发电输水系统、发电厂房及升压站。

拦河坝为混凝土拱坝，坝顶高程为 1076.60m，最大高度为 18.5m，坝顶弧线长为 52.1m；溢流堰净宽约 10m，堰顶高程为 1075.00m。大坝安装有生态泄流阀。

输水系统布置在左岸，由进水口、隧洞及压力钢管组成。进水口位于坝前，有压隧洞长 1627m；压力管道总长为 965m，内径为 0.4m。

发电厂房位于双河口上游 2.2km 处的大溪右岸，厂内安装 2 台水斗式水轮发电机组，水轮机型号为 CJ22-W-90/1×4.5，配套型号为 SFW630-6/990 的发电机组，水轮机安装高程为 514.43m。机组单机容量为 630kW，最大水头为 560.57m，平均水头为 541.46m，额定流量为 0.15m^3/s。电站以 1 回 10kV 出线接入 35kV 百步岭变电所。

工程于 2003 年 5 月开工建设，2005 年 9 月建成发电，2017 年被评为浙江省安全生产标准化二级单位。

2. 龙泉市黄皮水电站

黄皮水电站（图 3-77）坐落在大溪下游左支流黄皮坑上，拦河坝位于住龙镇黄陂村下游约 500m 处，坝址以上集水面积为 2.03km^2，多年平均流量为 0.1m^3/s。水库正常蓄水位为 965m，校核洪水位为 966.58m，总库容为 0.81 万 m^3，有日调节能力。电站装机容量为 1×800kW，年均发电量为 165.8 万 kW·h。电站按引水式布置，主要建筑物包括拦河坝、发电输水系统、发电厂房及升压站等。

拦河坝为埋石混凝土重力坝，最大坝高为 12m，坝长 38m，坝顶溢流（没有溢流堰或溢洪道），坝顶高程为 965.00m。拦河坝无生态流量泄放设施。

输水系统布置在左岸，进水口在左坝段，于坝内埋管，坝后设阀门，通过钢管与隧洞连接；有压隧洞全长 1305m，隧洞出口接长 852m 压力钢管至发电厂房，压力钢管内径为 0.35m。

发电厂房位于黄皮坑河口上游 700m 处的大溪左岸，厂房内安装 1 台冲击式水轮发电机组，水轮机型号为 CJA237–W–90/1×5.5，配套机型为 SFW–J800–6/1180 的发电机组，水轮机安装高程为 465.74m。机组单机容量为 800kW，水轮机额定水头为 460.23m，额定流量为 0.17m^3/s。电站以 1 回 10kV 出线接入 35kV 百步岭变电所。

电站于 2003 年 6 月开工建设，2004 年 7 月投产发电。

图 3–77 黄皮水电站

3. 缙云县龙宫洞水电站

龙宫洞水电站原址位于方溪上游，是盘溪—方溪流域联合开发的骨干电站，总投资为 5350 万元，1994 年 6 月投产发电，1997 年 7 月通过竣工竣收。龙宫洞水电站为引水式电站，发电用水主要引自大洋水库，其次引自下坑水库，大洋水库与下坑水库间由隧洞连接，成为并联水库。电站为跨流域引水发电，电站尾水入方溪。大洋水库采用斜心黏土土石坝挡水，坝址以上集水面积为 20.1km^2，正常蓄水位为 820m，相应正常库容为 1410 万 m^3，设计最高水位为 821.15m，总库容为 1508 万 m^3，主要功能为灌溉、防洪，兼顾发电。下坑水库采用双曲拱坝挡水，坝址以上集水面积为 6.43km^2。下坑水库距离厂房河道 2.1km，设计水头为 507m，为高水头发电，当年全国排名第七，设计年发电量为 2034 万 kW · h，装机容量为 1×10000kW。

由于缙云抽水蓄能电站建设需要，龙宫洞水电站原址位于抽水蓄能电站下水库淹没区，成为低于水位 5m 的水下“龙宫”。为配合缙云抽水蓄能电站建设，2018 年起对龙宫洞水电站进行改建，改建工程位于方溪乡境内，发电厂房位于缙云抽水蓄能电站下库大坝下游约 800m 处，装机容量为 2×5000kW，额定水头为 559.6m，最大水头为 590.83m，项目概算总投资为 7212.6 万元。

改建工程中，新压力钢管与原压力钢管在老厂房后衔接，新建钢管长 2356m。主要建设内容涉及隧洞开挖衬砌、新建压力管桥、新建办公用房、厂区生活用房、发电厂房、球阀室、升压站工程、厂区室外附属工程、河道疏浚等。2020 年 10 月主体工程完工，2020 年年底投产发电。

龙宫洞水电站于 2015 年创建为安全生产标准化二级电站，2018 年通过标准化复评。

龙宫洞水电站外景如图 3–78 所示，厂房内景如图 3–79 所示。

图 3-78 龙宫洞水电站外景

图 3-79 龙宫洞水电站厂房内景

4. 景宁县鱼仓坑水电站

鱼仓坑水电站位于瓯江小溪毛洋港支流上，水库大坝位于大地乡驮垟村，坝址以上可控制的本流域集雨面积为 3.4km^2，水库正常蓄水位为 873m，相应库容为 33.3 万 m^3；发电死水位为 854.26m，发电死库容为 3.06 万 m^3，校核洪水位为 874.47m，总库容为 37.9 万 m^3，调节库容为 30.24 万 m^3。电站水库为小（2）型水库，厂房位于沙湾镇新庄村上游 1.5km 处的毛洋港右岸。电站总装机容量为 0.48 万 kW（2×2400kW），多年平均发电量为 1408 万 kW·h，工作水头为 593m，是丽水市排名第一的高水头水电站，工程总投资达 4175.86 万元。

拦河坝为混合线型混凝土拱坝，总库容为 37.9 万 m^3，坝顶高程为 874.50m，最大坝高为 34.5m，水库正常蓄水位为 873m，相应库容为 33.3 万 m^3。发电输水隧洞为有压隧洞，采用圆形断面，全长 1429m；压力钢管采用单管明敷、一管两机的布置方式，主管内径为 0.6m，主管总长为 1062m。厂房为引水地面式，主厂房平面尺寸为 26m×11.9m，装 2 台冲击式水轮发电机组，水轮机型号为 CJA475-W-125/1×8.6，发电机型号为 SFW2400-8/1730，工作水头为 593.3m，额定流量为 2×0.5m^3/s。

电站工程于 2014 年 8 月 1 日开工，2017 年 3 月 10 日开始试运行，2019 年 3 月 18 日通过机组启动验收，2019 被年评为农村水电站安全生产标准化二级水电站，运行管理单位为景宁畲族自治县鱼仓坑银河水电开发有限公司。

鱼仓坑水电站如图 3-80 所示。

图 3-80 鱼仓坑水电站

（六）低水头开发

1. 莲都三合溪水电站

图 3-81 三合溪水电站

三合溪水电站（图 3-81）位于丽水好溪黄渡水文站上游 380m、距离丽水市 12km 的好溪干流上，坝址以上集雨面积为 1260km^2。三合溪水电站为河床式开发电站，工程以水力发电为单一任务，装机容量为 800kW（5×160kW），多年平均发电量为 320 万 kW·h，主要建筑物有拦河堰坝、发电厂房及升压站等。

拦河堰坝位于河床左侧，为埋石混凝土重力堰坝，拦河堰坝总长 95m，上游面采用 C20 混凝土防渗面板，坝体内部采用 C10 埋石混凝土。左侧为非溢流坝段，长 12m，顶宽 2.5m，底宽 7m，最大堰高为 11.75m，坝顶高程为 69.60m，基础高程为 57.50m，上游面坡比为 1∶0.1，下游面坡比为 1∶0.3。中部为溢流坝段，堰长 83m，坝顶宽 2m，底宽 7m，堰高为 8.25m，堰顶高程为 65.75m，上游面坡比为 1∶0.1，下游面坡比为 1∶0.3。

发电厂房迎水面与拦河堰坝轴线平行，位于拦河堰坝右侧，为挡水式厂房。厂房迎水面与拦河堰坝连接成挡水建筑物，厂房左侧砌筑防洪挡水坝，顶高程为 75.00m。主厂房尺寸为 26.6m×6.12m（长 × 宽），厂房地面高程为 70.70m，厂内安装 5 套 160kW 轴流式水轮发电机组，水轮机型号为 ZDT03-LMY-120，发电机型号为 SF160-20/990。水轮机地板高程为 62.25m，发电机层地面高程为 66.83m，电站设计水头为 3.22m，发电流量为 26.25m^3/s。副厂房位于主厂房左侧，尺寸为 13.5m×4.2m（长 × 宽），地面高程为 70.70m。中控室布置在厂房左侧，尺寸为 8.52m×3m（长 × 宽）。

升压站布置在主厂房下游侧，紧靠中控室。升压站地面高程为 70.70m，尺寸为 12m×4m（长 × 宽），内装 2 台 S9-400/10 和 1 台 S9-200/10 主变压器。

厂房上游设进水口及进水室。进口型式为单孔单机，每孔净宽 4.1m，中隔墙厚 1.1m，长 11m，坡降为 9.55%，进口底板高程为 63.30m，出口底板高程为 62.25m。

工程于 1999 年 10 月开工建设，2000 年 11 月建成发电。

2. 莲都枫树圩水电站

枫树圩水电站离丽水市区 11km，是雅溪流域梯级开发的第七级电站，接太平电站尾水，在枫树圩上游约 200m 河道中建拦水坝。电站坝址上游集雨面积为 505.7km^2，利用河道左岸原水轮泵站的引水渠道扩大过水断面。引水渠全长572m，进入压力前池，最大净水头为4.3m，最小净水头为3.8m，电站设计水头为4m，设计流量为12m^3/s，装机容量为4×75kW，多年平均发电量为169.5万kW·h。

电站建于1984年，2010年11月开始报废重建。工程由溢流坝、引水渠、压力前池、厂房、尾水渠、升压站等组成。

溢流坝坝型为硬壳坝，坝顶高程为71.60m，坝高5.9m，底宽12.1m，堰长106m，单宽流量为20.7m^3/s。

引水渠设计流量为12m^3/s，坡降为0.05%，边坡比为1:0.5，渠内水深2m，安全超高0.5m，渠底宽4.4m，渠内流速为1.1m/s。

前池长50m，底宽为7～15m，正常水位为71.19m，前池底高程为69.00m，池内设置溢流堰1处，堰长15m，堰顶高程为71.20m。进水室底高程为69.49m，宽2m，设拦污栅、闸门各1道，其上安装手电两用10t螺杆启闭机4台。

电站厂房为混合结构，建筑面积为16.64m×7.94m，内装4台名槽轴流式水轮发电机组，水轮机型号为ZD760/T03-LM-80，发电机型号为SF75-14。发电机组中心线距厂房上游侧2m，机组间距为3.8m，控制屏安装在厂房下游侧，距边墙0.8m，型号为WBKSF-3。

升压站在厂房右侧，面积为6m×8m，地面高程为71.80m，内装S9-500/10主变压器1台。

枫树圩水电站厂房及尾水如图3-82所示，轴流式机组如图3-83所示。

图3-82　枫树圩水电站厂房及尾水

图3-83　枫树圩水电站轴流式机组

3. 松阳县水文化公园科普景观电站

水文化公园科普景观电站（图3-84）位于松阳县城西屏街道规划城区下首松阴溪白沙河段，为松阳县水文化公园的子项目。电站坝址以上集水面积为1161km^2，设计水头为4m，属低水头河床式电站。

河道左岸布置翻板坝，右岸布置发电厂房及升压站。发电厂房由主厂房、副厂房、中控室、10kV升压站、进水池、尾水渠等组成。电站总装机容量为1260kW（2×630kW），多年平均发电量为 400 万 kW·h，年利用小时为 2900h。

厂房下部结构为钢筋混凝土结构，上部主要为砖混结构。布置 2 台 630kW 轴流式水轮发电机组，水轮机型号为 ZZJ6-LH-225，发电机型号为 SF630-40/2860，安装高程为 111.17m，机组间距为 8.5m。主厂房平面尺寸为 27.82m×13m，副厂房平面尺寸为 13m×5.5m。机组发电机层、安装间及中控室地面高程为 118.10m，水轮机层地面高程为 113.66m。主变压器有 2 台，型号为 S11-800/10，厂用变压器为 63kVA，型号为 S11-63/10。

工程任务以松阳县城河道景观生态修复、发电为主，兼顾旅游和水利科普教育等。主厂房内设观光通道，通道宽 1.8m。另外，考虑游客观光安全，在发电机层两台发电机组外围设置不锈钢栏杆，栏杆总长 45m，高度为 1.2m。

松阳县水文化公园科普景观电站工程总投资为 1675.52 万元，2019 年 3 月开工建设，2021 年 4 月并网发电。

松阳县水文化公园科普景观电站不仅能更好地科普新型水力发电机组知识，而且可以联合各高校及水轮发电机厂家共同打造一座小水电科研基地，为小水电发展贡献力量。同时以多形式的陈列展览和多样化的教育活动为载体，从水利史、水文化、水科学、水资源等方面开展水情宣传教育，让观众了解水能利用的历史，认识水的哲理，体会水的重要性，重视水环境保护，增强水法制观念。

图 3-84　水文化公园科普景观电站

建设国家级水情教育基地，将进一步提升松阳县人民对松阴溪水情的认识，增强全民水患意识、节水意识、水资源保护意识，凝聚公众爱水、惜水、亲水、护水的共识，形成全社会关心、重视、支持、参与水利的良好氛围。

4. 莲都平沙好溪水电站

平沙好溪水电站（图 3-85）地处好溪干流，位于秋塘隔溪桥上游 260m 处，距丽水市区 9.5km，为河床式开发。坝址上游集雨面积为 1275km^2，坝址处多年平均径流量为 33.59m^3/s，电站最大工作水头为 4.67m，最小工作水头为 3.92m，加权平均工作水头为 4.41m，装机容量为 1390kW（3×250kW + 2×320kW），平均年发电量为 360.23 万 kW·h，年利用小时为 2592h。工程由溢流坝和挡水式厂房及升压站组成。

溢流坝为 C10 细骨料混凝土浆砌石自由溢流重力坝，堰顶高程为 60.80m，上游边坡比为 1∶0.2，下游边坡比为 1∶1，溢流坝长 90m，非溢流坝长 14.7m。设计洪水位（P=10%）为 67.02m，校核洪水位（P=2%）为 68.73m。

主厂房平面尺寸为 35m×10.3m（长 × 宽），尾水室底面高程为 53.21m，水轮机室

图 3-85　平沙好溪水电站

地面高程为 59.38m，发电机层地面高程为 65.04m，副厂房地面高程为 65.04m。内装 5 台 ZDT03-LH-140 水轮机、3 台 SF250-24 发电机和 2 台 SF320-24 发电机。

升压站布置在尾水平台中间，升压站地面高程为 65.95m，尺寸为 12.4m×5.65m（长×宽），内装 S9-800 和 S9-1000 主变压器各 1 台。

工程于 2003 年 7 月开工建设，2007 年 12 月建成发电。

二、机组种类齐全

（一）水斗式水轮发电机组

水斗式水轮发电机组可分为冲击式机组和斜击式机组两类，前者如庆元县黄水水电站、景宁县龙川水电站、龙泉市大赛水电站、遂昌县交塘水电站，后者如龙泉市大赛一级水电站、龙泉市水塔水电站、缙云县南溪水电站。

1. 庆元县黄水水电站

黄水水电站位于庆元县百山祖镇，水库位于庆元县黄水村下游 1.5km 处的黄水坑，厂房位于黄水村下游 4.5km、黄水坑与木耳坑的汇合处。电站为一项以发电为主要开发目标的水电工程，距县城 66km，属瓯江流域小溪支流，集雨面积为 85km^2。水库大坝为 C15 混凝土混合线型拱坝，坝高为 44m，水库总库容为 205 万 m^3，为不完全年调节水库。电站属混合式开发，设计水头为 350m，发电流量为 3.4m^3/s，装机容量为 2×5000kW，多年平均年发电量为 2884 万 kW·h。

拦河坝为混合线型拱坝。坝顶高程为 884.00m，坝底高程为 840.00m，最大坝高为 44m，拱冠梁处坝底厚 8.8m，坝顶厚 2.37m，厚高比为 0.21，坝顶弧长为 144m。在高程 858.00m 处设 Φ0.8m 锥形放水阀 1 套，在河床段坝顶设 3 扇尺寸为 7m×4.5m 的弧形闸门控制泄洪，溢流面剖面为 WES 曲线。

发电引水建筑物由进水口、隧洞、埋藏式压力钢管道等组成。进水口为竖井式，底高程为 859.00m，进水口首端设拦污栅。闸门井处闸门孔尺寸为 1.6m×1.8m，设平板事故钢闸门 1 扇，进水口和左坝头有公路相连。引水隧洞为圆形有压洞，长 1276.3m，隧洞尾管接 Φ1m 埋藏式压力钢管，总长 608m，钢管尾部分岔渐变成 Φ0.65m 并与厂房蝶阀联接。

电站厂房为引水式地面厂房，主、副厂房和升压站呈“一”字形布置。主厂房尺寸为 11.9m×28.02m。电站采用两台冲击式双喷嘴立轴水轮发电机组，水轮机型号为 CJA475-L-125/2×12，额定功率为 5236kW，设计水头为 350m。发电机型号为 SFW5000-10/2150，额定功率为 5000kW，装机高程为 515.35m，水轮机层高程为 516.68m。副厂房尺寸为 3.5m×28.02m，中控室尺寸为 14m×9m，地面高程为 522.00m。厂区范围内设有生活及管理设施，厂区地坪高程为 522.00m。

图 3-86 黄水水电站机组

黄水水电站于 2004 年 7 月完成水库蓄水验收，2005 年 1 月建成投产，2005 年 8 月完成机组启动验收，2017 年 3 月完成工程竣工验收，工程总投资为 7368 万元；2016 年被评为安全生产标准化评审二级单位，2019 年通过安全生产标准化复评。

黄水水电站机组如图 3-86 所示。

2. 景宁县龙川水电站

龙川水电站位于景宁县英川镇与龙泉市龙南乡境内，坐落在瓯江水系英川溪上游岱根坑支流上。河流全长 19.8km，发源于龙泉市境内的黄凤洋山南部，电站坝址位于桌案际村双龙桥下游 0.5km 处，距景宁县城 105km。发电厂房位于岱根村下游 2.5km 处（河道右岸），距景宁县城 75km。电站坝址以上集雨面积为 28.15km^2，主河道长 8.03km，水库总库容为 185 万 m^3，正常蓄水位为 900m，正常库容为 154.2 万 m^3，调节库容为 132.8 万 m^3，为混合式开发，装机容量为 2×5000kW，设计多年平均发电量为 2526.86 万 kW·h，工程总投资为 6371.11 万元。工程主要由拦河坝、引水隧洞、压力钢管、发电厂房、升压站等组成。

拦河坝为 C15 混凝土混合线型优化混凝土拱坝，坝顶高程为 903.60m，最大坝高为 56.6m，拱冠梁处底厚 7.73m，顶厚 2.18m，坝顶弧长为 167.6m。泄洪方式为坝顶表孔自由泄洪，消能型式为挑流消能。发电隧洞进水口布置在右岸，为竖井式。进口底板高程为 864.00m，设事故检修闸门和拦污栅各 1 扇。输水隧洞总长 5687.8m，为圆形有压洞，开挖洞径为 2.6m，采用素混凝土、钢筋混凝土及钢管内衬的方法进行衬砌，衬后洞径为 2m。隧洞后接压力明钢管道，压力钢管总长 569.2m，压力明管 8 号镇墩后接压力斜洞，压力斜洞为下平洞，在下平洞出口处设置 Y 形岔管，将管径为 1.2m 的主管一分为二，支管管径为 0.65m，分叉支管转弯垂直于厂房后墙进入厂房。

发电厂房为引水地面式厂房。厂区地坪高程为 570.95m。升压站位于厂房下游侧。主厂房长 32.52m，宽 14.3m，由水轮机层和装配场组成。水轮机层高程为 565.97m。副厂房长 22m，宽 10m。主厂房布置 2 台冲击式双喷嘴卧轴水轮发电机组。水轮机型号为 CJA237-W-115/2×13.5，发电机型号为 SFW-J5000-10/2150，机组间距为 11m，机组安装高程为568.70m。

升压站为户外式，布置于副厂房下游侧，平面尺寸为24m×12m（长×宽），地坪高程为571.45m。站内设1台S9-12500/11/0.4型三圈变压器。

工程于2002年3月开工建设，2004年6月4日投产运行，2015年1月通过省级安全生产标准化建设二级单位评选，2017年1月通过整体工程竣工验收，2017年8月通过水利工程标化建设。

龙川水电站机组如图3-87所示。

图3-87　龙川水电站机组

3. 龙泉市大赛水电站

大赛水电站是豫章溪大赛溪支流自上游大赛一级电站、官埔垟水电站之后的第三级电站，1981年6月投产发电，后经多次改造扩容。坝址位于官埔垟村下游200m处，接官埔垟电站尾水，坝址以上集水面积为31km²，多年平均流量为1.25m³/s。水库正常蓄水位为565m，水库总库容为11.5万m³，有日调节能力。电站投运时原装机容量为2000kW（4×500kW），1995年和2000年分期对电站进行了增容改造，改造后装机容量为3350kW（2×800kW＋500kW＋1250kW）；2012年初进行增容扩效改造，部分明渠改成隧洞，增加了1台3200kW机组。目前电站总装机容量为6550kW，多年平均发电量为1665.4万kW·h。电站按引水式布置，主要建筑物有拦河坝、输水系统、发电厂房及升压站等。

拦河坝为浆砌石重力坝，坝顶高程为569.50m，最大坝高为6.5m，坝顶长56m；溢流堰净宽为35m，堰顶高程为565.00m。坝后渠道上设置有生态泄流闸。

输水系统布置在左岸，由输水渠道、隧洞、压力前池及压力钢管组成。渠线沿等高线布置，长5200m，其中城门洞形无压隧洞长180m。压力前池位于距垟栏头村西北300m的山坡上，设计正常水位为559.6m。共有2根压力管道，1根供3200kW机组所用，长806m，内径为0.8m；另一根采用一管四机的供水方式，长806m，内径为0.8m。

发电厂房位于大赛村上游200m处，厂内安装5台冲击式水轮发电机组，尾水流入大赛溪。水轮机额定水头为268m，单机容量500kW的机组额定流量为0.25m³/s，水轮机型号为CJ-W-70/1×7，配套型号为TSWN99/37-6的发电机组；单机容量800kW的机组额定流量为 0.39m^3/s，水轮机型号为 CJ-W-70/1×7，配套型号为 SFW800-6/990 的发电机组；单机容量 1250kW 的机组额定流量为 0.58m^3/s，水轮机型号为 CJA237-W-90/1×11，配套型号为 SFW-1250-8/1480 的发电机组；单机容量 3200kW 的机组额定流量为 1.44m^3/s，水轮机型号为 CJA237-W-115/2×12，配套型号为 SFW3200-10 的发电机组。大赛水电站属于冲击式水轮发电机组的典型代表。电站通过 35kV 线路接入 220kV 宏山变电所。

大赛水电站自动化水平较高，运行管理相对规范，为安全生产标准化二级单位。

大赛水电站机组如图 3-88 所示。

图 3-88　大赛水电站机组

4. 遂昌县交塘水电站

交塘水电站水库位于遂昌县金竹镇交塘村，厂房位于金竹镇叶村，是一座以发电为主、结合灌溉的小（1）型水利工程，距县城 55km。坝址以上集雨面积为 5.9km^2，跨流域引水取水堰坝位于应村乡周村源村脚，堰址以上集雨面积为 10.8km^2，径流通过总长为 4012m 的无压城门型隧洞跨流域引水至交塘水库。水库设计洪水标准为 30 年一遇，校核洪水标准为 200 年一遇，多年平均降雨量为 2141.8mm，为季调节水库。水库总库容为 140 万 m^3，正常库容为 125m^3，兴利库容为 111m^3，死库容为 14m^3。交塘水电站为混合式开发电站，设计水头为 347m，静水头为 369.25m，发电流量为 1.5m^3/s，装机容量为 2×2000kW，设计发电量为 1161.4 万 kW · h，年平均利用小时为 1903.5h。电站主要建筑物有拦河坝、发电输水隧洞、压力管道、发电厂房、升压站及输电工程等。

坝体为细骨料混凝土砌块石一抛物线双曲拱坝，最大坝高为 41.5m，坝顶宽 3m，最大坝底宽 14m，在坝底设直径为 0.6m 放空排砂管和直径为 0.2m 灌溉与生活用水放水管各 1 支。坝顶高程为 685.50m，坝顶弦长为 178.5m，敞开自由跌落式溢洪道长 40m。

发电进水口位于水库右岸，发电输水隧洞长 2587m，隧洞出口接压力钢管，管道为钢管明敷式，全长 842.28m，采用一管二机的供水方式。

厂房为地面式框架结构，主厂房尺寸为 24.4m×11.4m，内装两套冲击式单喷嘴卧式水轮发电机组，水轮机型号为 CJA237-W115/1×11.5，配套发电机型号为 SFW-2000-10/1730，水轮机额定水头为 347m，额定流量为 0.75m^3/s，单机容量为 2000kW。

交塘水电站于 1992 年 12 月 21 日完成初步设计，1993 年 8 月 3 日完成主体施工工程招标，1997 年 3 月 20 日通过蓄水启动验收并投入运行，1998 年 1 月跨流域引水工程完工，1998 年 10 月大坝工程全面完成。工程总投资为 3850 万元。

2015 年 5 月，交塘水电站通过安全生产标准化评审，被评为二级单位，2019 年 9 月和 2020 年 1 月被评为水利部绿色小水电示范电站。

交塘水电站机组如图 3-89 所示。

图 3-89　交塘水电站机组

5. 龙泉市大赛一级水电站

大赛一级水电站是豫章溪大赛溪支流的第一级电站，于 2002 年 12 月投产发电。坝址坐落在龙南乡炉岙村东北 800m 处，位于凤阳山旅游景区内，坝址以上集水面积为 8.55km^2，多年平均流量为 0.35m^3/s（规划另从代根源和黄念源引水 5.6km^2，多年平均流量为 0.23m^3/s，水库总集水面积达 14.15km^2，因政策原因未实施）。水库正常蓄水位为 849m，总库容为 48 万 m^3，具季调节能力。电站装机容量为 2×1000kW，多年平均发电量为 788.8 万 kW·h。电站按混合式布置，主要建筑物有拦河坝、输水系统（包括外流域引水）、发电厂房及升压站等。

拦河坝于 2016 年进行过除险加固，为混凝土双曲拱坝，坝高为 37m，坝顶弧长为 121m，坝顶高程为 852.50m。坝顶开敞式溢流堰净宽为 21m，堰顶高程为 849.00m。拦河坝底部设有生态泄流闸。

输水系统位于左岸，由进水口、有压隧洞及压力钢管组成。隧洞全长 1720.3m，开挖洞径为 2.2m，衬砌后为 1.7m；隧洞出口接长 668.6m 的压力钢管，钢管内径为 0.8m。

电站引水工程有两处，引自大赛溪左支流沙田坑源头的支流代根源和黄念源，分别在黄念源和代根源设引水堰，通过长 380m 的无压隧洞将黄念源来水引到代根源，再通过长 1200m 的隧洞将水直接引入发电有压隧洞。

发电厂房位于兰巨乡夏边村上游村边，厂内安装两台斜击式水轮发电机组，水轮机型号为 XJ-W-Z60C/1×11，发电机型号为 SFW-1000-6/1180。尾水入大赛溪，设计尾水位为 615m，下游 100m 处为官埔垟水电站拦河坝。机组单机容量为 1000kW，水轮机额定水头为 226.5m，额定流量为 0.58m^3/s。电站通过 35kV 输电线路接入 220kV 宏山变电所。

图 3-90　大赛一级水电站机组

大赛一级电站设施设备完好，电站运行管理规范，被评为安全生产标准化二级单位。

大赛一级水电站机组如图 3-90 所示。

6. 龙泉市水塔水电站

水塔水电站是住溪干流的第二级水电站，2001 年 7 月投产发电。坝址位于住龙镇猪章口，坝址以上集水面积为 15.13km^2，隧洞沿途引水 3.2km^2，电站总利用集水面积为 18.33km^2，多年平均流量为 0.76m^3/s。水库正常蓄水位为 777.5m，相应正常库容为 49.8 万 m^3，校核洪水位为 779.81m，总库容为 62.5 万 m^3，有旬调节能力。电站原装机容量为 3×800kW，2008 年 7 月完成扩容改造，增设 1 台 800kW 机组，改造后总装机容量为 4×800kW，多年均发电量为 825.8 万 kW · h。电站按引水式布置，主要建筑物有拦河坝、输水系统、发电厂房及升压站等。

拦河坝为细骨料混凝土砌石双曲拱坝，最大坝高为 30m，坝顶弧线长 153.5m；溢流堰顶高程为 777.50m。大坝设置有生态泄流阀。

输水系统布置在住溪左岸，由进水口、有压输水隧洞和压力钢管组成。进水口位于坝前 50m 处；隧洞长 4240m，开挖洞径为 2m；隧洞出口接压力管道，钢管长 510m，内径为 1m。

发电厂房位于水塔村对岸、叶岭坑河口右岸，厂内装 4 台 800kW 斜击式水轮发电机组，水轮机安装高程为 558.50m，尾水入住溪干流。机组单机容量为 800kW，水轮机额定水头为 196m，额定流量为 0.56m^3/s，水轮机型号为 XJE-WZ60B/1×11，配套型号为 SFW-J800-6/1180 的发电机组。电站以 10kV 电压出线经农网线接入 35kV 百步岭变电所。

水塔水电站设施设备完好，电站运行管理相对规范，被评为安全生产标准化二级单位。

水塔水电站机组如图 3-91 所示。

图 3-91　水塔水电站机组

7. 缙云县南溪水电站

南溪水电站水库位于南溪村下游 500m 处，坝址以上集雨面积为 20.2km^2，总库容为 70 万 m^3，设计洪水标准为 30 年一遇，校核洪水标准为 200 年一遇，是一座以发电为主，兼有养殖、防洪、发电、灌溉等综合功能的小（2）型水库。水库大坝为干砌块石硬壳坝，坝顶宽 3m，最大坝高为 33.67m，非溢流段坝顶高程为 698.37m，防浪墙顶高程为 699.07m，坝顶长度为 97m，其中左岸非溢流段长度为 23m，右岸非溢流段长度为 32m，溢流段长度为 42m。上游坝壳采用 C20 混凝土浇筑，作为防渗面板起防渗作用，下游坝坡采用浆砌块石结构。大坝泄洪方式为坝顶开敞式溢流，溢流堰顶高程为 695.00m，溢流段进口宽 42m。

南溪水电站位于缙云县大洋镇南溪村，属楠溪江上游，电站距县城 50km，为混合式开发电站，设计水头为205m，装机容量为4×630kW。机组为斜击式，水轮机型号为XJE-W-55B/1×9.5，发电机型号为SFW630-6/990，多年平均发电量为806万kW·h。

南溪水电站始建于2002年1月，2003年12月投产发电，总投资为1037万元。工程主要由拦水坝、输水隧洞、压力钢管、发电厂房、升压站、输电线路、办公生活用房等配套设施组成。2017年，南溪水电站通过安全生产标准化评审二级，大坝通过安全鉴定并被评为一类坝；2019年6月，以备案制形式通过竣工验收，同年创建为水利部绿色小水电示范电站。

南溪水电站机组如图3-92所示。

图3-92　南溪水电站机组

（二）混流式水轮发电机组

混流式水轮发电机组分为混流立式机组和混流卧式机组两类，前者如云和县沙铺砻水电站、龙泉市均溪二级水电站、松阳县安民二级水电站、遂昌县碧龙源水电站、景宁县上标二级水电站、庆元县贵南洋水电站，后者如莲都徐坑水电站、缙云县沙坑水电站。

1. 云和县沙铺砻水电站

沙铺砻水电站（图3-93）在云和县境内瓯江上游小溪支流梧桐坑流域上，属瓯江水系小溪流域，大坝位于云和县崇头镇王荫山村，厂房位于云和县崇头镇林山村，距云和县城区54km。水库坝址以上集水面积为58.2km^2，为不完全年调节水库，设计正常水位为803.5m，正常库容为695万m^3，设计最高水位为804.75m，总库容为845万m^3。电站设计水头为280.59m，最大利用水头为320.9m，发电流量为10.54m^3/s，装机容量为2×12500kW，年利用小时为1627h，多年平均发电量为4069万kW·h。主要建筑物有拦河坝、发电输水隧洞、压力管道、发电厂房、升压站、输电工程等。

拦河坝为钢筋混凝土面板堆石坝，最大坝高为64.7m，坝顶长180m，坝顶高程为807.20m。溢洪道布置在右岸山体，为正槽闸门控制溢洪道，溢流堰顶高程为799.00m，溢流堰净宽18m，消能型式为挑流消能，堰上布置3扇6m×5m弧形闸门，最大单宽泄流

图3-93　沙铺砻水电站

量为 47.5m³/s。

发电输水隧洞布置在河道左岸，进水口为塔式，底板高程为 766.00m，设拦污栅和事故检修闸门各 1 道。输水隧洞为有压圆形隧洞，洞径为 2.9m，洞长为 5892.12m，在洞尾设圆筒式调压井，调压井后接 585.95m 长压力钢管 1 条，管径为 1.5 ～ 1.75m。

发电厂房为地面框架结构，主厂房尺寸为 28.5m×13.5m（长 × 宽），地面高程为 488.73m，内装两台立轴混流式水轮发电机组，水轮机型号为 HL（C）-LJ-140，发电机型号为 SF-J12.5-8/2840，水轮机安装高程为 481.10m。

工程于 1997 年 11 月 1 日正式开工，2001 年 7 月投产运行，2012 年 12 月通过竣工验收，2015 年被评为标准化二级单位，2020 年 1 月成功创建为水利部绿色小水电示范电站。

沙铺砻水电站机组如图 3-94 所示。

图 3-94　沙铺砻水电站机组

2. 龙泉市均溪二级水电站

均溪二级水电站是均溪干流的第二级电站，2002 年 9 月投产发电。坝址在显溪村南 250m 处，坝址以上集雨面积为 52.01km²，另从支流梧树垟溪引水，集雨面积为 13.14km²，总利用集雨面积为 65.15km²，多年平均流量为 2.57m³/s。水库正常蓄水位为 495m，相应正常库容为 573 万 m³，调节库容为 488 万 m³，校核洪水位为 495.75m，相应总库容为 589 万 m³，具有年调节能力。电站装机容量为 2×5000kW，多年平均发电量为 2418 万 kW · h。电站按混合式布置，工程由拦河坝、输水系统（包括梧树垟溪引水）、发电厂房及升压站等组成。

大坝为混凝土双曲拱坝，坝顶高程为 497.00m，最大坝高为 69m，坝顶轴线长 172.7m。坝顶溢洪道布置 3 孔 10m×5m 弧形闸门，堰顶高程为 491.50m，消能型式为挑流消能。坝底设有生态泄流阀。

输水系统布置在右岸，由进水口、隧洞、调压井和压力钢管组成。隧洞长 2754.5m，衬砌后内径为 3m。隧洞末端设双室式调压井，井顶高程为 507.50m，上室高 10.5m，直径为 7m，下室高 50.55m，直径为 5m。压力管道为埋藏式，内衬钢管长 225.15m，内径为 1.8m。

梧树垟溪引水系统由梧树垟引水堰和引水隧洞组成。引水堰建在左支流梧树垟溪上，拦蓄梧树垟电站尾水，坝型为底拦栅坝，坝顶高程为 505.00m，最大坝高为 11m；底拦栅堰净宽 18m，堰顶高程为 501.50m；设有冲沙闸，可兼作生态泄流闸。通过无压引水隧洞将梧树垟溪水引入均溪二级水电站水库，隧洞全长 592.8m，引水最大流量为 3.6m³/s。

厂房位于百步村上游 200m 处，主厂房发电层地面高程为 339.00m，厂内装 2 台立轴混流式水轮发电机组，水轮机型号为 HLA5750-LJ-82，发电机型号为 SF-J5000-6/2400，水轮机安装高程为 338.80m。尾水排入均溪三级水库库尾，设计尾水位为 335.1m。机组单机容

图 3-95　均溪二级水电站机组

量为 5000kW，水轮机额定水头为 142m，额定流量为 4.05m^3/s。电站通过 1 回 35kV 输电线路接入 220kV 宏山变电所。

均溪二级水电站为安全生产标准化二级单位，发电效益、周边生态环境良好，2019 年被评为水利部绿色小水电示范电站。

均溪二级水电站机组如图 3-95 所示。

3. 松阳县安民二级水电站

安民二级水电站位于松阳县境内的小港流域支流安民溪上，是安民溪流域梯级开发的第二级水电站，拦水堰位于安民水电站厂址下游 250m 处，发电厂房位于拦水堰坝下游约 5km 处，分别距松阳县城 40km 和 35km。拦水堰坝址以上集雨面积为 92.7km^2，跨流域引水堰坝堰址以上集雨面积为 227.86km^2，总计集雨面积为 320.76km^2。电站为径流式，装机容量为 2×2000kW，发电流量为 7.05m^3/s，设计年发电量为 1578 万 kW·h。安民二级水电站电能经 35kV 黄安 3318 线送至 110kV 黄南变电所，是丽水电网骨干调峰电站之一。工程由拦水堰坝、发电引水系统、发电厂房、升压开关站和跨流域引水系统等组成。

拦水堰坝为无坎宽顶堰，上设水力自控翻板闸门，拦水堰长为 58.8m，分闸门段和非闸门段。闸门段总长为 32m，上设 4 扇翻板闸门，每扇宽 8m，高 4m。堰顶高程为 230.04m，正常蓄水位为 233.5m。非闸门段坝顶高程为 236.90m。坝体为埋石混凝土。

发电输水系统位于拦水堰右岸，由进水口、发电输水隧洞、调压井和压力管道组成，全长 3369.9m。进水口位于拦水堰右岸，紧邻拦水堰布置，属塔式，由拦沙坝、进口引渠及挡墙、公路桥、进口段、启闭平台、交通桥和渐变段组成。输水隧洞为有压圆形隧洞，全长 3209m。调压井设置在桩号 3 + 248m 处，为简单圆筒式，衬砌后直径为 6.5m，调压井高度为 61.2m。压力管道紧接调压井，由钢筋混凝土衬砌段、钢衬段、岔管及支管组成，全长 116.9m。

发电厂房位于拦水堰下游约 5km 处、小港溪河道右岸的港玉公路边。主厂房长 24.5m，宽 12.5m，总高度为 21.9m，厂内安装 2 台容量为 2000kW 的立轴混流水轮发电机组（水轮机型号为 LA551-LJ-100，发电机型号为 SF2000-12/2150）。副厂房位于主厂房右侧，长 20m，高 14.5m。升压站紧靠副厂房布置，面积为 145m^2，内设主变压器 1 台（型号为 S9-5000/35）。管理区布置在主厂房左侧。

引水系统总长 2740m，由进水口、箱涵和引水隧洞组成，为无压隧洞，最大引水流量为 9m^3/s。

电站于2003年2月开工，2004年9月并网发电，2011年10月通过竣工验收；2017年进行自动化改造，2018年12月26日通过初步验收，改造后电站实行梯级监控的运行模式，运行情况良好；2014年着手安全生产标准化创建工作，2015通过水利部验收，被评为水利部农村水电站安全生产标准化一级企业；2018年通过水利部绿色小水电创建。

安民二级水电站机组如图3–96所示。

图3–96　安民二级水电站机组

4. 遂昌县碧龙源水电站

碧龙源水电站（图3–97）水库位于遂昌县龙洋乡西滩村，发源于钱塘江水系乌溪江支流碧龙源，厂房位于龙洋乡内龙口村，距遂昌县城72km。水库集雨面积为122.43km^2，流域多年平均降水量为1887mm，总库容为735万m^3，为不完全年调节水库。电站主要任务为水力发电，主要建筑物有拦河坝、发电输水隧洞、压力管道、发电厂房、升压站及输电工程等。

大坝为混凝土双曲拱坝，坝高为47.3m，大坝403.00m高程处设有生态放水阀，下泄流量为0.2m^3/s。

电站装机容量为2×6300kW，厂房安装两台立轴混流式水轮发电机组，水轮机型号为HLA678–LJ–97，发电机型号为SF–J6300–8/2600，发电流量为12.6m^3/s，最大水头为119.57m，最小水头为99.81m，设计发电量为3302万kW·h。

碧龙源水电站于2002年10月开工建设，2005年5月建成投产，工程总投资达11655.97万元。2016年6月通过农村水电安全生产标准化验收并被评定为二级单位，2018年10月通过竣工验收，2019年9月通过水利部验收并被评定为绿色小水电示范电站。碧龙源水电站整体性能先进，自动化程度高，自发电投产以来，运行稳定可靠，工况良好。

碧龙源水电站机组如图3–98所示。

图3–97　碧龙源水电站

图3–98　碧龙源水电站机组

5. 景宁县上标二级水电站

上标二级水电站位于景宁畲族自治县雁溪乡，离县城 65km，是瓯江流域小溪上游支流标溪梯级开发的第二级电站。大坝位于雁溪乡半溪村，厂房位于雁溪乡柘湾村。坝址以上集雨面积为 72.6km^2，水库为日调节水库，设计正常水位为 460m，相应正常库容为 218 万 m^3，设计最高水位为 463.69m，总库容为 316 万 m^3。电站设计水头为 141.07m，最大利用水头为 154m，发电流量单机为 4.29m^3/s，装机容量为 2×5000kW，年利用小时为 2600h，多年平均发电量为 2600 万 kW · h。电站建筑物由拦河坝、输水系统、发电厂房及升压站等组成。

大坝选用 250 号混凝土变圆心变半径双曲拱坝，左右不对称，坝顶高程为 465.00m，坝底高程为 422.00m，最大坝高为 43m。

发电取水口位于大坝上游 150m 处，输水隧洞衬后洞径为 2.2m，长度为 4km。压力管道由上平洞、斜洞、下平洞及岔管、支管组成。上平洞长 15m，斜洞长 195.5m，下平洞长 87m。

电站厂房由主厂房、副厂房、35kV 户内开关室组成。主厂房长 26m，宽 12.5m，建筑面积为 325m^2，厂内安装 2 台 5000kW 主轴混流式水轮发电机组，发电机型号为 HL110-LJ-100，水轮机型号为 SF-5000-8/2600。副厂房建筑面积为 221m^2，布置中控室、6kV 开关室等。电站通过升压站升压后，以一回 110kV 线路“T”接入 110kV 国网。

图 3-99　上标二级水电站机组

上标二级水电站于 1994 年 12 月开工建设，1997 年 7 月建成并投产发电，2015 年 8 月通过农村水电站安全生产标准化二级单位验收，2018 年 8 月通过复评审核。电站建成后取得了良好的社会效益和经济效益，投产后连续 3 年（1998 年、1999 年、2000 年）被评为景宁县十大纳税大户。

上标二级水电站机组如图 3-99 所示。

6. 庆元县贵南洋水电站

贵南洋水电站水库位于庆元贵南洋村下游约 200m 处，厂房位于庆元县与福建省寿宁县交界处的庆元县境内，是一座以发电为单一开发目标的水电工程；位于距县城 66km 的西溪流域，坝址以上集雨面积为 179.7km^2；水库总库容为 665 万 m^3，为不完全年调节水库；属混合式开发，设计水头为 37.4m，发电流量为 9.94m^3/s，装机容量为 2×3200kW，多年平均年发电量为 1810 万 kW · h，年利用小时为 2689h。电站建筑物由拦河坝、输水系统、发电厂房及升压站等组成。

拦河坝为抛物线型混凝土拱坝，最大坝高为 26m。发电引水建筑物由进水口、隧洞、调压井和埋藏式压力钢管道等组成。进水口为塔式，进水口端设拦污栅。闸门孔尺寸为 3.5m×4m，设平板事故钢闸门 1 扇。引水隧洞为圆形有压洞，长约 925m，隧洞尾部设有调压井，衬后直径为 3.6m，后接埋藏式压力钢管，埋管直径为 2.5m，尾部分岔渐变成 Φ1.6m 管径后与厂房蝶阀联接。

电站厂房为引水式地面厂房，主、副厂房和升压站呈“一”字形布置。主厂房尺寸为 25.9m×11.8m，采用两台立轴混流式机组，水轮机型号为 HL（F13）–LJ–113，额定功率为 3370kW，额定水头为 37.4m，额定流量 10.05m^3/s。发电机型号为 SF3200–14/2600，额定容量为 4000kVA，额定电压为 6.3kV。副厂房尺寸为 11.8m×13m，地面高程为 534.70m，厂区范围内设有生活及管理设施，厂区地坪高程为 535.70m。

贵南洋水电站于 2005 年 1 月建成，2006 年 8 月通过水库蓄水阶段验收和机组启动验收，2007 年 11 月通过工程竣工验收，2015 年通过安全生产标准化评审并被评定为三级，2018 年完成安全生产标准化复评。

贵南洋水电站机组如图 3–100 所示。

图 3–100 贵南洋水电站机组

7. 莲都徐坑水电站

徐坑水电站位于丽水市莲都区峰源乡徐坑村，处于瓯江小溪支流大顺溪游。电站建于 1978 年，装机容量为 2×75kW，1994 改造增容后装机容量为 1×200kW ＋ 2×125kW，设计年平均发电量为 170 万 kW・h，2015 年 6 月增效扩容改造后装机容量为 2×500kW，设计水头为 89.1m，引用流量为 1.44m^3/s，设计年发电量为 258.9 万 kW・h。

徐坑水电站增效扩容改造工程主要由拦水坝、输水隧洞、压力管道、发电厂房、升压站及生活区等工程组成。

拦水坝址位于双桥电站下游 55m 处的大顺溪主河道上，为浆砌石重力堰坝，坝高 6m，堰顶高程为 529.50m，正常库容为 1.7 万 m^3，控制集雨面积为 34km^2。

输水隧洞布置于左岸山体，全长 1551m，开挖断面为城门形，洞宽 2m，洞高 2.2m，压力管置于斜洞内，暗管敷设，总长 420m，采用玻璃钢复合管，管径为 1m。

发电厂房位于徐坑村，厂房平面尺寸为 14m×8.4m，厂房地面高程为 438.60m，安装 2 台卧轴混流式机组，水轮机型号为 HLA520–WJ–60A，配 SFW500–6/850 发电机，机组安装高程为 439.50m。机组轴线与厂房纵线平行，机组间距为 6.4m，两机组间净空为 2m。

升压站紧靠厂房右后方，平面尺寸为 9m×5m，地面高程为 440.60m。

徐坑水电站机组如图 3–101 所示。

图 3-101 徐坑水电站机组

8. 缙云县沙坑水电站

沙坑水电站水库位于大源镇沙坑村，属椒江流域永安溪水系，所在河道为永安溪支流金坑，水库集雨面积为 59.23km^2，总库容为 293.79 万 m^3；设计洪水标准为 30 年一遇，校核洪水标准为 200 年一遇。电站建筑物由拦河坝、输水系统、发电厂房及升压站等组成。

水库大坝为混合线型双曲拱坝，泄洪采用坝顶溢流，为实用堰标准剖面，坝顶宽 2.5m，坝顶弧长为 102m（坝轴线），其中溢流段坝长 30m。大坝非溢流段坝顶高程为 365.00m，溢流段顶高程为 360.25m，最大坝高为 26m。

厂房位于缙云县大源镇大源村上游约 265m 处，距县城约 42km。电站为混合式开发，厂房内安装两套卧轴混流式水轮机发电机组，发电尾水直接汇入永安溪。水轮机型号为 HLA696-WJ-71，发电机型号为 SFW-J2500-6/1480，设计水头为 87.58m，发电流量为 6.26m^3/s，装机总容量为 0.5 万 kW，多年平均发电量为 1176.5 万 kW · h。

沙坑水电站于 2004 年 9 月开工建设，2007 年 5 月并网发电，2017 年安全生产标准化评审结果为二级，2019 年 6 月以备案制形式通过竣工验收。

沙坑水电站厂房如图 3-102 所示，混流卧式机组如图 3-103 所示。

图 3-102 沙坑水电站厂房

图 3-103 沙坑水电站混流卧式机组

（三）轴流式水轮发电机组

1. 莲都下圩口水电站

下圩口水电站位于瓯江水系大溪一级支流宣平溪中游，坝址以上集水面积为 671km^2，正常蓄水位为 86.5m，校核洪水位为 88.11m，相应水库总库容为 121 万 m^3。工程以水力发电为单一任务，装机容量为 2×1800kW，多年平均发电量为 923.71 万 kW·h。电站建筑物主要有拦水坝（翻板坝）、发电输水系统、电站厂房和升压站等。

拦河坝为翻板坝，属四级建筑物。设计洪水标准为 30 年一遇，相应洪水位为 87.26m；校核洪水标准为 200 年一遇，相应洪水位为 88.11m。两岸非溢流坝顶高程为 88.65m，河床最低开挖高程为 75.00m，最大坝高为 13.65m。中部为溢流翻板坝，堰顶高程为 82.50m，溢流段净宽 90m。堰顶为 10 扇 9m×4.5m 钢筋混凝土水力自控翻板门，门顶高程为 86.50m。

发电输水系统由进水口、输水隧洞及调压井组成。输水隧洞为圆形有压洞，开挖洞径为 5.5m，衬后洞径为 4.7m，总长 1472.99m，纵坡为 1‰。

发电厂房位于莲都区联城镇下圩村对岸，为地面式厂房，尺寸为 24.5m×10.5m，厂内安装 2 套 1800kW 轴流式水轮机发电机组，水轮机型号为 ZDJP502-LH-200 ＋ 5°，发电机型号为 SF1800-28/2820，主厂房地面高程为 81.00m。副厂房位于主厂房后侧，尺寸为 12.3m×10.5m，地面高程为 81.00m。

35kV 升压站布置在副厂房下游侧，尺寸为 16.15m×8.5m，地坪高程为 80.90m，内装 S9-5000/35 主变压器 1 台。

工程于 2003 年 2 月开工，2005 年 9 月完工，2006 年 11 月通过机组启动验收并网发电。

下圩口水电站机组如图 3-104 所示。

图 3-104 下圩口水电站机组

2. 龙泉市小梅水电站

小梅水电站位于梅溪干流，为龙泉溪干流上的第三级电站，2001 年 11 月 28 日开工，2003 年 6 月 6 日投产并通过机组启动验收。坝址位于桐山村——原桐山水电站下游处，坝址以上集水面积为 223km^2，多年平均流量为 9.4m^3/s。渠首正常蓄水位为 341m，无调节能力，但受上游瑞垟二级水库电站调节。电站总装机容量为 2×630kW，多年平均发电量为 351.9 万 kW·h。电站按引水式布置，主要建筑物有拦河坝、引水明渠、引水隧洞、压力前池、发电厂房、尾水渠及升压站等。

原拦河坝由溢流堰和翻板闸组成，翻板门高 1m、长 30m，翻板门失效后改为实体堰，溢流堰净宽约为 50m，堰顶高程为 341.00m，最大坝高约为 4m。输水系统位于右岸，由进水口、引水明渠、引水隧洞和压力前池等组成，进水前渠和引水明渠长 296m，引水隧洞长约 220m，隧洞出口接压力前池和厂房。

厂房布置在小梅镇上游 700m 处，主厂房内装 2 台立轴轴流式水轮发电机组，水轮机型号为 ZDT03–LH–180 水轮机，发电机型号为 SF630–24/2150，发电机层地面高程约为 340.00m。尾水排入梅溪，尾水渠长 125m，设计尾水位为 333.7m。水轮机额定水头为 6.6m，机组单机容量为 630kW，额定流量为 12m^3/s。

升压站设在厂房右侧，占地面积为 25m^2，站内安装 S9–1600/11–0.4 型变压器 1 台和 10KV 出线构架等，经长约 1km 输电线路接入小梅镇 35kV 变电站。

2016 年 12 月 1 日，小梅水电站通过农村水电站安全生产标准化达标评审，评审等级为二级。

小梅水电站机组如图 3–105 所示。

图 3–105　小梅水电站机组

3. 遂昌县梭溪桥水电站

梭溪桥水电站拦水堰位于遂昌县大拓镇华洋村西山坪自然村，厂房位于大柘镇梭溪桥村头对岸山坡；系以发电为单一任务的电站，距县城区约 30km；发源于钱塘江流域一级支流乌溪江支流湖山源，拦水堰址以上集雨面积为 187.27km^2。梭溪桥电站无调节功能，为径流引水式电站。电站建筑物主要有拦河堰坝、引水系统、压力前池、发电厂房及升压站等。

拦水堰坝为浆砌块石重力拦水堰坝，坝高 5m、长 70m，堰顶宽 1.4m、高 4.5m。

引水隧洞长 640m，压力前池使用内径为 1.5m 的明敷式压力钢管，采用一管一机的供水方式。

工程始建于 1997 年，原装机容量为 2×320kW，设计水头为 12m，发电流量为 6.24m^3/s。2017 年电站列入“十三五”增效扩容改造计划进行改造，改造后装机容量为 2×500kW，设计水头为 13m，设计流量为 9.44m^3/s，年设计发电量为 315 万 kW · h，年利用小时为 3170h。水轮机型号为 ZDK160–LH–100，发电机型号为 SF500–12/1430。2019 年 2 月，梭溪桥水电站增效扩容工程完工并投产，通过安全生产标准化二级评审。

图 3–106　梭溪桥水电站机组

梭溪桥水电站机组如图 3–106 所示。

4. 松阳县水瑞水电站

水瑞水电站（原名象溪水电站）位于松阳县象溪镇附近，是一座以发电为主的径流式水电站。拦河坝位于象溪镇上游600m处，控制流域面积为1845km^2，多年平均降雨量为1650mm，多年平均径流深930mm。水库无调节库容。发电厂房位于象溪镇下坑源口，尾水出口位于象溪镇下游500m处。电站现有装机容量为4×630kW（2520kW）。电站于2003年12月完工，2004年1月12日充水试运行，2005年5月25日通过机组启动验收。设计多年平均发电量为1124万kW·h，近10年平均发电量为884.06kW·h。

由于原先投产的4台水轮发电机组设备较陈旧老化，主轴摆动严重，导水机构启闭不灵活，水轮发电机出率低（实际最大功率仅为2100kW），达不到设计要求，且故障频发，影响电站正常运行和生产效益，因此2018年10月，水瑞水电站经批准后报废重建，同年11月开工，2019年4月完成重建并投入运行。

电站建筑物包括拦河坝（自力翻板门）、无压输水隧洞、压力前池、发电厂房、升压站及尾水隧洞等。

拦水堰总长152m，由自流实用堰和水力自控翻板门组成，最大堰高为63m，其中宽顶堰段长83m，堰体采用C15混凝土灌砌块石，堰上设10扇3.5m×8m水力自控翻板闸门，中间设一个隔墩，宽1m；自流实用堰段长69m，堰体采用M7.5浆砌块石。正常蓄水位为93.5m，校核洪水位为97.9m。

发电引水系统由进水口、发电引水隧洞、压力前池等组成。进水口布置在拦水堰上游左岸，侧堰进水，侧堰长25m，进水口采用潜孔式布置，进水闸分2孔，每孔尺寸为3m×5.2m，闸底板高程为88.80m，混凝土闸门，设25t电动螺杆式启闭机2台，进口前设拦门栅1道。发电引水隧洞为无压圆拱直墙式隧洞，全长900m。压力前池由前室和进水室组成，全长21m，其中扩散段长11m，前室长10m。前室底板高程为86.23m，进水室底板高程为87.23m，压力墙顶高程为94.85m，前进池正常蓄水位为93.4m，最高水位为94.45m。前池左侧布置溢流堰，溢流堰长15m，溢水经溢流堰和溢洪道排入尾水渠。压力水管布置在压力墙内，共4条，钢筋混凝土长方形结构，单管单独供水，横断面净空为4.8m×2.51m。

发电厂房为地面式砖混结构，主厂房平面尺寸为33.4m×12.1m，内装4台套轴流式水轮发电机组，水轮机型号为ZDK400-LH-160，发电机型号为SF630-24/2600。机组转轮中心高程为85.20m，发电机层高程为91.70m。副厂房（中控室）位于主厂房左侧，平面尺寸为8m×12.1m，设计净高为4.9m，内设控制屏。水电站年利用小时为4230h，设计水头为7m，最大工作水头为8.5m，最小工作水头为5m，发电单台设计流量为11.25m^3/s。

升压站位于副厂房后侧，占地面积为150m^2，内设主变压器2台，型号为S11-2000/10.5。

水瑞水电站于2017年开始创建安全生产标准化评审二级单位，2020年通过复评，达到安全生产标准化评审二级单位标准，2019年成功创建为绿色小水电站。

水瑞水电站机组如图 3-107 所示。

图 3-107 水瑞水电站机组

（四）贯流式水轮发电机组

贯流式水轮发电机组分为轴伸贯流式和灯泡贯流式两类，前者如松阳县石马圃水电站、庆元县蔡段水电站，后者如青田县外雄水电站。

1. 松阳县石马圃水电站

石马圃水电站处于松阴溪中下游，位于象溪镇林业站下游约 200m 处、松阳县城下游约 12km 处。拦水坝址以上集水面积为 1739km^2，多年平均径流量为 16.6 亿 m^3，属河床式开发。电站设计最大利用水头为 4.5m，额定水头为 4.2m，装机容量为 3×1000kW，保证出力为 319kW，多年平均年发电量为 873 万 kW·h。电站主要建筑物由拦水坝、厂房、升压站等组成。

拦水坝位于河床右岸，为细骨料混凝土砌块石重力堰坝，电站正常蓄水位为 100.3m，溢流坝段长 100m，为宽顶堰，堰顶高程为 95.80m，堰顶共设 9 扇宽 10m、高 4.5m 的水力自控翻板闸门和 1 扇宽 10m、高 5m 的液压控制的翻板闸门，最大下泄流量为 4278m^3/s，相应单宽流量为 47.78m^3/s。挡水发电厂房位于河床左岸，进水口布置于厂房的上游侧，紧靠厂房，进水口底高程为 93.22m。引水道孔口尺寸为 3.88m×4m（高×宽）。主厂房平面垂直于水流方向，长 28.4m、宽 18m，内装 3 台轴伸贯流式水轮发电机组，水轮机型号为 GDJ810-WZ-230，发电机型号为 SFW1000-36/2300，机组间距为 8m，机组安装高程为 95.06m，水轮发电机层地面高程为 94.26m。厂房中央控制室及安装间的地面高程为 105.00m。升压站紧靠主厂房下游侧，户外露天布置，地面高程为 105.00m，平面尺寸为 22m×10m。升压站布置 4000kVA 主变压器 1 台及出线构架，通过 1 回 35kV 线路向象溪变电所输电。

石马圃水电站于2005年11月批准立项，2006年11月开工，2012年3月工程完工，2012年7月下闸蓄水并通过松阳县水利局组织的机组启动验收，2020年8月通过竣工验收，2016年开始创建安全生产标准化评审二级单位，2019年通过复评并被评为安全生产标准化评审二级单位。石马圃水电站对河道无脱水影响，电站生态环境较好。

石马圃水电站机组如图3-108所示。

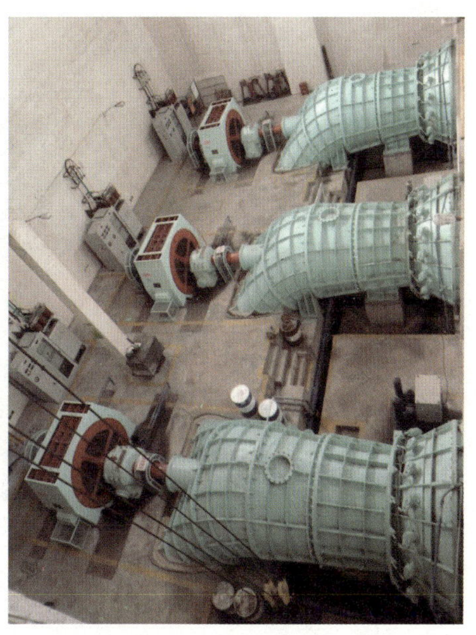

图3-108　石马圃水电站机组

2. 庆元县蔡段水电站

蔡段水电站水库位于庆元县淤上乡黄泥弄村，厂房位于淤上乡蔡段村，以发电为单一任务，属距县城9.8km的安溪流域，集雨面积为300km^2，系引水式开发，设计水头为13m，发电流量为12.8m^3/s，装机容量为3×400kW，多年平均年发电量为339万kW·h，年利用小时为3639h。电站主要建筑物有拦河坝、发电输水隧洞、压力管道、发电厂房、升压站及输电工程等。

拦河坝为橡胶坝，坝基属混凝土重力坝，坝顶高程为326.65m，最大坝高为7.77m，坝顶宽3m，分为橡胶坝坝基段和左、右坝段。坝体全长95.5m，其中左坝段长26.5m，右坝段长9m；橡胶坝坝基采用C15混凝土，内填筑石碴，坝基顶宽为8.6m，坝基顶高程为323.65m，坝基下游面均垂直。橡皮坝袋充水最大高度为2.5m，相应坝顶高程为326.15m，坝袋长度为60m。溢流方式为橡胶坝袋放水伏倒泄洪，溢洪段长60m；右坝段左侧设置2m×2m冲沙闸1扇，冲沙闸底板高程为320.30m。

发电输水系统由进水口、输水隧洞、压力钢管和调压池等组成。进水口位于坝轴线上游约1m处，进水口底高程为323.80m，进水口设有拦污栅和平板闸门。发电输水隧洞沿山体左岸布置，隧洞长180m，为有压城门洞形，高3m，宽2.9m，底部纵坡为3.55‰。压力钢管长60m，内径为3.1m，采用现浇钢筋混凝土结构。调压池也为现浇钢筋混凝土结构，池内径为11m，池高为18m，池内安装3扇进水闸门，池顶安装3台启闭机。

电站厂房为引水式地面厂房，尺寸为17.4m×10.1m，地面高程为312.85m，内装3台GD809-WZ-80型水轮机，配SFW400-1/990型发电机。副厂房尺寸为4m×10.1m，地面高程为317.80m。升压站内安装S9-1600/10主变压器1台，以一回10kV上网线路“T”接入10kV菊水132线，向蓬桥变电所输电。

工程于2004年11月建成投产并通过机组启动验收，2013年通过工程竣工验收，2017年被评为安全生产标准化评审三级单位。

蔡段水电站机组如图3-109所示。

图 3-109　蔡段水电站机组

3. 青田县外雄水电站

外雄水电站建在瓯江干流中段与雄溪交汇处上游附近的大溪上，大坝及厂房位于青田县高市乡雄溪村，距丽水市区约 39km，距青田县城 33km，为瓯江干流第 6 级梯级电站。电站坝址以上集水面积为 9265km^2，水库为日调节水库，设计正常水位为 28m，库容为 1717 万 m^3。电站设计水头为 8.2m，发电流量为 332m^3/s，电站装设 2 台灯泡贯流式机组，装机总容量为 4.8 万 kW，年利用小时为 2948h，多年平均发电量为 14150 万 kW・h。电站建筑物主要由大坝、船闸、泄洪闸、电站厂房以及升压站组成。

左岸混凝土接头坝位于枢纽左坝头，是船闸与岸坡连接的挡水坝段，长 36.5m，坝顶高程为 34.50 ～ 35.50m，坝顶宽 6.5m，最大坝高为 25.5m。

船闸布置在河床左岸距岸坡边约 25m 处，由上游引航道、上闸首、闸室、下闸首和下游引航道等组成。上闸首闸段长度为 25m，孔口净宽为 12m，顺水流向长度为 22.5m；闸室净宽为 12m，总长为 160m；下闸首净宽为 12m，闸段长 25m，顺水流方向长度为 20m；上、下游引航道导航架各长 120m。

泄洪闸布置在河床中央，共 15 孔，单孔净宽为 12m。闸段总长为 232.7m，闸室顺水流方向长度为 22.5m，闸室下游依次为消力池（长度为 42.5m）、护坦（长度为 20m）、海漫（长度为 55m）、防冲槽，闸室上游为铺盖（长度为 8m）。

发电厂房布置于泄洪闸右侧的滩地上，挡水段总长 69.88m，主要由主机段和装配场段组成。主机段长 41m，宽 74.5m；装配场段长 28.88m，宽 57.24m。装配场布置在主厂房右端，副厂房布置在主厂房的下游以及装配场的下层，中控室位于装配场的下游侧副厂房内，升压站布置在发电厂房的右侧滩地上，发电厂房右侧布置 26.5m 长的混凝土防渗墙与右岸岸坡相接。

外雄水电站于 2005 年 2 月开工建设，2009 年 5 月建成投产，工程总投资为 6.85 亿元，2017 年 6 月被评为农村水电站安全生产标准化二级企业，2018 年 7 月通过国家能源集团标准化验评。外雄水电站实行运维一体化管理模式，建立人才培养机制，狠抓经济运行，一方面通过定期培训，不断提高员工的技能水平；一方面加强设施设备治理，提高设备的可靠性，提高水量利用率。

外雄水电站大坝及厂房全貌（下游视角）如图 3–110 所示，发电机层如图 3–111 所示，机组灯泡头如图 3–112 所示，机组导水机构如图 3–113 所示，水轮机转轮如图 3–114 所示，水轮机主轴如图 3–115 所示。

图 3–110　外雄水电站发电机层外雄水电站大坝及厂房全貌（下游视角）

图 3–111　外雄水电站发电机层

图 3-112　外雄水电站机组灯泡头

图 3-113　外雄水电站机组导水机构

图 3-114　外雄水电站水轮机转轮

图 3-115　外雄水电站水轮机主轴

第四章

水电之光

第一节　新发展理念促转型

近年来，丽水市始终遵循习近平总书记“绿水青山就是金山银山”的重要嘱托，以“八八战略”为引领，围绕浙江省委“大花园建设”战略部署，按照《浙江（丽水）生态产品价值实现机制试点方案》要求，立足优异的生态资源，以水为媒，点绿成金，加快推动水电绿色可持续发展。

“秀山丽水、天生丽质”“绿水青山就是金山银山，对丽水来说尤为如此”是习近平总书记对丽水的由衷赞叹和殷切嘱托。作为习近平总书记“两山”理念的重要萌发地和先行实践地，丽水开辟新时代“两水”发展、推动“两山”实践新境界，在地方能源建设上，推动丽水形成“以电为中心”的绿色能源发展新格局，争当浙江清洁能源示范省建设“双控三升三降”行动排头兵，同时聚焦能源领域生态产品价值实现机制，深入挖潜“两水”的巨大价值潜能，推动实现 GEP（生态系统生产总值）与 GDP（国内生产总值）高效转化，全力助推现代化生态经济体系建设。水电作为丽水能源发展核心，也积极顺应绿色发展的要求，坚持生态引领，努力打造全国绿色能源生态发展样板，推动丽水成为华东绿色能源安全保障的最强护卫者、全国绿色能源生态产品价值实现的最佳引领者，同时较好地实现人与自然和谐共生。绿色可持续发展是新时期丽水水电的主旋律，丽水水电发展成果是“绿水青山就是金山银山”的最好实践。

一、坚持生态引领，守护碧水蓝天

在水电发展上，丽水顺应绿色发展的要求，坚持生态引领，较好地实现了人与自然和谐共生。

（1）以绿色理念统领行业发展。在丽水市委“生态立市、绿色兴市”发展理念的指导下，丽水上下同欲，坚守生态底线，科学规划水电产业。从 2003 年开始，所有新建电站都按规定进行严格的环境影响评估，强制设置生态流量泄放设施，并定期开展检查，确保不因电站引水造成下游水生态破坏。在全国率先出台《丽水市农村水电站生态流量分类核定与监测指导意见》，进一步加强水电生态流量管理，较好地保护了“绿水青山”，同时使各地获得了“金山银山”。

2019 年 3 月 29 日，新华社等媒体记者慕名而来，在遂昌垵口调研采访小水电生态建设（图 4–1）。

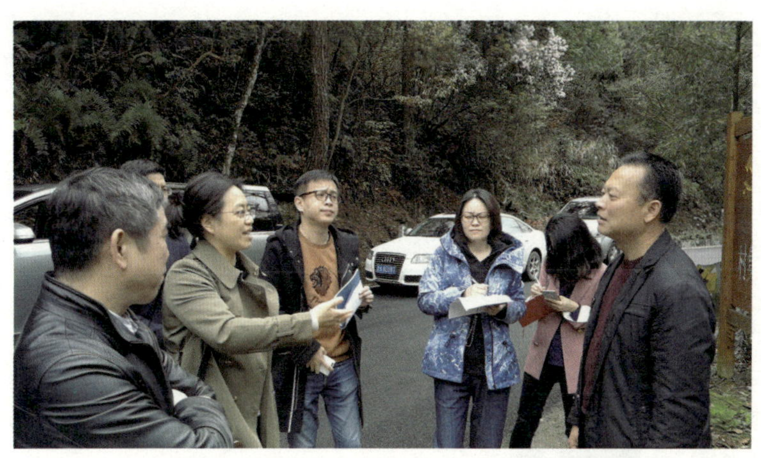

图 4-1　新华社等媒体记者在遂昌垵口调研采访小水电生态建设

（2）以绿色水电守护碧水蓝天。丽水共有水电站 803 座，总装机容量达 282.76 万 kW。水电在全市能源结构中占比大。按年均发电量 70 亿 kW·h 计算，相比火电发电，每年可节约标准煤 280 万 t，减少二氧化碳排放 728 万 t，减少二氧化硫排放 8.4 万 t，减少烟尘排放 5.6 万 t，等同于减少 389 万辆 2.0L 汽车尾气排放，或增加种植阔叶林面积 29.5 万亩。同时，通过以电代柴，有效保护了森林资源，在 2007 年完成农村电气化改造后，丽水市结束了农村砍柴烧火做饭的历史，每年可保护森林面积约 200 万亩，水电产业成为真正的碧水蓝天守护者。

（3）以绿色资源收获“金山银山”。水电产业是丽水特色产业，对当地经济贡献巨大，全市多年平均电费收益为 40 亿元，对全市 GDP 贡献达 3% 左右。已投产水电站中，90% 属集体股份制投资，水电产业带动了全市 15 万人投资入股，并提供了 1.5 万个就业岗位。同时，部分山区村集体或群众以集体土地、山林资源等形式参股投资，参与电站分红，既壮大了集体经济，又带动了群众致富。如云和县安溪乡茶山水电站，实现了对 6 个行政村约 2700 人的扶贫任务；遂昌县垵口乡群力水电站实现了 8 个村集体经济“消薄”，4500 人脱贫；焦滩乡发展水电实现 5 个村集体经济“消薄”，涉及脱贫人口 3030 人。

二、坚持改革创新，激发发展活力

改革要做到“蹄疾而步稳”，善于从焦点、难点中寻找改革切入点，使人民群众有更多获得感。丽水市立足实际，迎难而上，在全国率先推进水电产业各项改革。

（1）以产权改革激发活力。按照“归属清晰、权责明确、保护严格、公开透明”的目标，丽水市在全国率先开展水电产权（股权）改革，对水电站进行确权、登记和颁证等工作，逐步实现权证到企（人），赋予水电企业产权（股权）金融属性，盘活水电资产。同步开展水电产权（股权）交易平台建设，实现水电企业公开、公正、透明交易。目前，通过丽水水电交易平台完成产权交易 5 宗，交易金额超过 2.6 亿元。2018 年，丽水市水利局与市发展和改革委员会联合出台了农村水电站工程竣工验收相关规定，对水电站进行安全监测与评价，采用备案制方式验收，为历史遗留的水电站竣工验收问题提供了现实的解决路径。

（2）以生态建设铸造定力。根据绿色水电及水电生态示范区走在浙江全省前列的要求，丽水市持续推进省级生态水电示范区创建、绿色水电认证工作。截至目前，全市已创建省级生态水电示范区 14 个，生态修复电站 10 座，修复河流 9 条，修复减脱水河段 50km。至 2020 年，通过国家认证绿色水电 114 座，约占全省的 58%，占全国的 19%，丽水水电生态化水平显著提升。2019 年 12 月，丽水市发布了全国首部地方标准《小水电生态建设技术规范》（DB3311/T 117—2019），规定了水电建设、改造的生态要求。

遂昌县源口生态水电示范区如图 4-2 所示。

（3）以“智慧水电”强化实力。以实现行业管理全覆盖、精准定位安全生产和生态流量下泄监管为主要目的，丽水市开展了“智慧水电”系统建设，目前已完成生态流量监测系统的建设并投入运行。“智慧水电”系统集水电基本信息、行业行政管理、安全生产监管、生态流量监管等模块于一体，实现全流程、全要素管理。针对生态流量监管，系统、实时显示各电站生态流量下泄情况，并开展达标评估、自动预警，解决了水电生态流量下泄监管难、取证难的问题，为有效推动生态流量按标泄放提供了强有力的技术支撑。

图 4-2　遂昌县源口生态水电示范区

三、坚持融合发展，实现多方共赢

丽水市经济发展相对滞后，区位条件相对有限，但自然资源禀赋优越。深厚的水生态资源、悠久的水文化及水电产业稳定的收益，有助于丽水获得国际机构、金融企业及广大群众的认可。丽水水电对接“一带一路”作用渐显，银企互动明显，惠民效应凸显。

（1）推进国际合作。通过与国际小水电中心等机构合作，丽水市开展了丰富的培训交流活动。2017 年 5 月 25—27 日，丽水市政府与国际小水电中心联合在丽水成功举办“2017 年发展中国家小水电与农村社区可持续发展官员研修班”，来自亚非 20 多个发展中国家的近 60 名官员和专家参加了培训（图 4-3 和图 4-4），时任丽水市水利局总工程师、教授级高工徐荣华为培训会做了“水电与绿色发展”的学术报告，向培训学员推荐了水电建设的丽水经验和模式；2018 年 5 月，世界银行专家考察团访问丽水，调研丽水水电建设发展及“一带一路”项目情况（图 4-5）；2018 年 6 月 28—29 日，由奥地利、意大利、瑞典等国家组成的绿色水电专家团一行 11 人来丽水考察盘溪梯级水电站增效扩容改造及绿色水电改造项目，开展中—奥绿色水电案例研究，奥方考察团一行先后实地考察了缙云大洋水库和盘溪一级、二级、三级及四级水电站，详细了解了盘溪流域相关水文、地貌、河道水生物等情况，并就电站增效扩容改造及绿色水电改造等技术措施进行了深入的交流探讨；2019 年 5 月 7 日，小水电绿色生态修复与优化改造国际研讨会在丽水市举行，近百名国际小水电官员和专家参会（图 4–6），增进了丽水市在全国乃至全球的影响力，提高了丽水的知名度。

图 4–3　“2017 年发展中国家小水电与农村社区可持续发展官员研修班”部分人员合影

图 4–4　“2017 年发展中国家小水电与农村社区可持续发展官员研修班”考察玉溪水电站合影

图 4–5　2018 年 5 月 8 日，世界银行和巴基斯坦水电官员、专家考察丽水水电

图 4-6　小水电绿色生态修复与优化改造国际研讨会合影

（2）推进银企互动。丽水市通过水电产权（股权）改革，明晰企业产权和股权，用于开展资产抵押融资，盘活水电现有资产，鼓励、支持水电骨干企业通过主板上市融资，组建丽水市水电（水务）建设投资集团，提高丽水水电综合实力和规模化效应，拓宽水电建设投融资渠道。经不完全统计，2017—2019 年，由水利部门作为抵押登记管理机关，丽水水电资产抵押贷款总额超过 18 亿元，有效盘活了水电资产。

（3）推进水旅融合。结合“大花园建设”，根据瓯江河川公园的建设要求，利用水电站所在区域的风景资源和水电工程自身资源，开展水利风景区创建，对丽水全市各级水利风景区内已建水电站开展景观化改造，培养绿色水电旅游专业人才。截至目前，依托电站水库等水工建筑物，丽水市共创建完成 5 个国家级、29 个市级水利风景区，大力推动了全域旅游发展。2018 年，水旅游融合项目实现旅游收入超过 50 亿元。

第二节　新产业定位谋发展

水电是丽水的特色产业。丽水市多年平均发电量约为 70 亿 kW · h，年均电费收益约为 40 亿元，对全市 GDP 贡献达 3% 左右。作为“全国农村水电之乡”的景宁县，近 5 年发电税收占到全县税收的 8% 以上，是景宁县重要支柱产业。经统计，2003—2007 年，丽水市水电建设和发电总值超过丽水市 GDP 的 8%，影响力巨大。2017 年，气候原因造成水电减产 22 亿 kW · h 电量，使全市工业经济增加值增速减缓 1.6 个百分点。可见，水电对丽水经济贡献巨大，是丽水的重要产业。

水电是丽水的惠民产业。丽水市水电形成了由非公有经济为主导、多种经济成分参与的水电投资结构。全市大部分电站采用股份制方式开发，大量民间资本参与其中。全市水电参加投资人数有15万之多，增加就业岗位1.5万个。同时，部分山区村集体或所在地群众利用资源等不同形式参股投资，享受电站分红，在壮大集体经济和带动群众致富上发挥了重要作用，在当前乡村振兴战略大背景下，更赋予了水电实现精准消除集体经济薄弱村和精准脱贫的内涵与使命。经统计，丽水全市共有486座电站参与扶贫惠农，占全市电站总数的60%，总装机容量达到94万kW，累计支付惠民资金超过7.7亿元，解决农村就业人口3854人。如云和县安溪乡茶山水电站，实现了对6个行政村约2700人的扶贫任务；遂昌县垵口乡群力水电站实现了8个村集体经济“消薄”，4500人脱贫；焦滩乡发展水电实现了5个村集体经济“消薄”，涉及脱贫人口3030人。同时，丽水市通过水电开发共建成乡村公路1000多千米，使100多个乡镇1500多个村受益。通过开发水电，建设水库，蓄水成湖，有效改善了内河航道，推进了绿色运输的发展，例如瓯江干流通过水电梯级开发，内河航运从6级提升为4级。可见，水电是实实在在的惠民产业。

水电是丽水的文化产业。早在20世纪80年代，缙云盘溪水电梯级就已成为国际小水电梯级开发示范推广项目，不少国外官员和专家学者到访（图4–7）；2004年，景宁县被水利部授予“中国农村水电之乡”；2006年，水利部授予丽水市为“中国水电第一市”；2020年，丽水市建成“国际小水电中心绿色水电示范区”；2017年，丽水市与联合国国际小水电中心联合在丽水成功举办“2017年发展中国家小水电与农村社区可持续发展官员研修班”等，增进了丽水市在全国乃至全球的影响力。同时，依托电站同步建成大坝、水库等水工建筑物，形成特有风景资源，并积极创建水利风景区，全市共创建完成5个国家级、29个市级水利风景区，大力推动全域旅游发展。

图4–7　1986年4月6日，参加于杭州召开的国际小水电会议的来自北美、欧洲、非洲、亚洲、大洋洲的16个国家和地区的代表参观考察缙云县大洋水库

在此全新产业定位的基础上，从2019年起，丽水水电建设管理工作实现蜕变，在不断提升自我管理水平、形成机制的同时，总结形成了水电管理“丽水经验”！丽水市水利局于2019年3月30日在福建泉州市永春县参加由水利部主办的“全国小水电清理整

改工作会议”上，就推进小水电清理整改总结了丽水方法，首次提出了“突出生态引领、着眼国际视野、坚持改革创新”的建设主旨。

2019 年 5 月，丽水市水利局在水利部农村电气化研究所、丽水市人民政府共同举办的“长江经济带小水电绿色生态修复与优化改造国际研讨会”，以及由国际小水电联合会举办的“国际小水电联合会国内会员大会”上进一步总结出“政策先行、标准引领、综合改造、常态监管”的丽水市水电绿色发展建设实践模式。在之后的“浙江省小水电清理整改工作会议”上，丽水市水利局针对丽水市小水电清理整改工作的经验作了汇报，并与在座的诸多专家学者展开进一步的交流和探讨。

2019 年 9 月 12 日，丽水市水电行业协会在国际小水电联合会主办的“水电开发与生态文明建设南南合作国际研讨会”上特别提到了丽水市绿色小水电的发展之路，并对“丽水市创建国际绿色水电示范区探索”作了总结发言。

2019 年 9 月 24—26 日，水利部在杭州举办“全国农村水电绿色改造培训班”，丽水市水利局提出了创建绿色水电生态示范区的总道路，并就“丽水绿色水电生态示范区建设”提出具体思路和措施。

图 4-8　全国绿色水电现场会议

2020 年 11 月 18—20 日，水利部主办的全国绿色水电现场会议在丽水顺利召开（图 4-8）。期间，来自全国各地百余名水利系统的领导、专家实地调研考察了丽水玉溪、开潭等水电站（图 4-9）。大会期间，丽水市水利局就丽水绿色水电创建工作进行了典型发言，再次展示了丽水水电管理经验。

图 4-9　开潭水电站蓄水而成的国家级水利风景区——南明湖景区

大踏步推进数字化转型。为推动水电行业管理数字化转型，自 2018 年起，丽水市就积极谋划、筹备建设丽水市“智慧水电”系统。“智慧水电”系统是浙江省第一个集水电行业及安全管理、生态流量在线监管的信息化平台，也是丽水市加快推进水电行业管理数字化转型、推动“互联网＋监管”在水电管理工作中全面落地的重要抓手。

“智慧水电”系统以实现水电行业数字化监管全覆盖为目的，并精准定位安全生产和生态流量下泄监管，完善市、县、电站三级监管模式。系统由管理平台、监控监测终端、传输网络、移动终端等模块构成。平台从一站一源管理、GIS 地图服务、安全生产监管、生态流量监管、绿色水电创建管理等需求切入，运用大数据、人工智能、云计算、移动互联网等先进技术，建立全市统一的信息监管综合平台，实现水电行业管理信息一站式服务。

针对安全生产监管，通过移动终端实现痕迹化监管，智能分析上报数据，第一时间将安全隐患问题预警信息报告给监管负责人，再由监管负责人点对点地及时指导处置。针对生态流量泄放监管，通过感知设备，结合 AI 视频智能分析，自动识别流量数据、监控视频、图片状态，预警信息自动推送给站长并反馈处置结果，实现“下发—处置—反馈—归档”的闭环流程。通过上述模式，可以彻底摆脱传统现场监管模式对人的依赖，并能对采集的信息进行及时高效处置，有效解决了水电生态流量下泄监管难、取证难的问题，实现了生态流量泄放的数字化监管。

第三节　新国际平台促提升

为共同推进全球能源转型，为小水电的可持续发展提供可复制、可推广的国际样板，同时促进丽水水电行业健康持续发展，加快推进丽水水电产业转型升级，促进丽水水电融入“一带一路”发展大战略，丽水市于 2017 年启动创建“国际小水电中心绿色水电丽水示范区”。

2019 年年初，丽水市委召开“两山”发展大会，市委书记提出要写好“水经注”，深化国际绿色水电合作，努力打通生态产品价值转换通道。同时，根据长江经济带小水电清理整改工作要求，在“绿色水电、民生水电、平安水电、和谐水电、开放水电”新理念之下，充分利用丽水的政治优势、资源优势、华侨优势、生态优势、区位优势，并挖掘丽水水电产业优势。因此，积极创建“国际小水电中心绿色水电丽水示范区”，为全国及全球小水电绿色发展做出示范和引领，是丽水水电发展的必然选择。示范区创建总体目标为：积极响应国际小水电中心关于创建绿色水电示范区的相关要求，推广我国小水电开发成功经验，扩大我国小水电国际影响力，利用 3 年时间，充分发挥绿色水电站的示范带动作用，创新小水电在建设管理中的政策制定、标准导向，以提高水电站绿色化、标准化、规范化、制度化、信息化水平为抓手，全面推进全市小水电清理整改，提升电站的生态保障能力、惠及民生能力和可持续发展能力，推进体制机制创新和人才队伍建设，将丽水打造成引领前沿的国际绿色水电示范区，使丽水水电成为生态产品价值转换的示范案例，主动为国内外小水电行业提供高标准建设、高水平管理、环境保护优良、社会和谐稳定的水电建设管理示范。

为创建高质量的“国际小水电中心绿色水电丽水示范区”，丽水稳步推进水电清理整改、政策标准制定、绿色水电认证、省级示范区建设、水电流转平台建设、“智慧水电”系统建设、绿色水电国际交流以及绿色水电银企融合等多项工作。

对全市农村水电站全面开展清理整改，系统梳理小水电合法合规性及生态流量管理相关问题，并编制“一站一策”方案进行彻底整改完善，全面提升水电管理基础条件；政策标准制定主要结合丽水实际，因地制宜开展，包括丽水市水电生态改造标准、生态流量核定标准、生态泄流监测标准、部门联合监管机制、工程验收遗留问题处理标准等；对主要流域中的梯级电站、骨干电站全面开展国家绿色水电认证，至 2020 年年底，全市已完成 114 座水电站绿色认证，超额完成原定计划，显著提高了绿色水电数量，提升了水电站绿色水平；在浙江省水利厅相关要求的基础上，丽水全市已创建省级生态水电示范区 14 处，位居全省前列；通过建设水电产权（股权）流转平台和出台相应扶持、托管、交易政策，改变水电企业原有相对封闭的产权（股权）交易环境，实现水电企业公开、公正、透明交易，将丽水市小水电产权（股权）流转平台打造成全国水电产权（股权）流转示范平台；建设丽水市“智慧水电”系统，实现行业数字化管理全覆盖，并精准定位安全生产和生态流量下泄监管，实现水电行业管理信息一站式服务，并彻底解决水电生态流量下泄监管难、取证难的问题；通过举办水电专业培训班和水电专业研讨会及论坛，提高丽水国际知名度，树立良好国际形象，在全球范围获得更多的交流、合作和融资等机会；通过明晰企业产权、股权，鼓励开展资产抵押融资，盘活水电现有资产，鼓励、支持水电企业通过上市等渠道融资，积极筹划组建丽水市水电集团，提高水电综合实力和规模化效应，拓宽水电建设投融资渠道。

2017 年 10 月，丽水市政府向国际小水电中心致函，请求启动创建国际绿色水电示范区；2018 年 4 月，国际小水电中心复函丽水市政府，同意丽水市创建国际绿色水电示范区，并提出了相关创建要求；2020 年 7 月，丽水市水利局致函国际小水电中心正式申报创建“国际小水电中心绿色水电丽水示范区”；2020 年 8 月，丽水市人民政府致函国际小水电中心，对创建国际绿色水电丽水示范区表示支持；2020 年 9 月，浙江省水利厅致函国际小水电中心，支持丽水市创建国际绿色水电示范区。2020 年 11 月 20 日，丽水市已全面完成国际绿色水电丽水示范区的创建工作，并由水利部为丽水授牌（图 4–10）。依托国际小水电中心这一全新的水电交流合作平台，丽水水电必能实现质的提升。

图 4–10　国际绿色水电丽水示范区授牌仪式

为深入贯彻习近平总书记在深入推动长江经济带发展座谈会上的重要讲话精神，坚持生态优先、绿色发展，丽水市积极推动生态产品价值实现机制相关工作。2019 年 1 月，国家发展和改革委员会正式批复丽水市为全国唯一生态产品价值实现机制试点市，丽水全面开启了探索生态产品价值实现之路。根据试点方案，丽水市在生态标准制定、生态产品价值评估及核算、生态信用体系建设、生态产品价值实现路径探索、生态产品市场化交易等方面开展各项工作。

生态产品总值（GEP）是指一定区域的生态系统为人类提供的最终产品与服务的经济价值总和，主要包括生态系统调节服务总值、文化服务产品总值、物质产品总值三类。经核算，丽水市 2018 年 GEP 为 5024.47 亿元，其中明确涉及水电水库开发的核算项目包括渔业产品（占 0.07%）、生态能源（占 0.49%）、水源涵养（占 23.84%）、土壤保持（占 5.65%）、洪水调蓄（占 4.21%）、水质净化（占 0.01%）、气候调节水面降温（占 2.14%），总比例为 36.41%，GEP 总值达到 1829.4 亿元。另外，全市文化服务 GEP 占比为 23.93%，达 1202.18 亿元，其中大部分旅游项目均涉水库电站建设的各级水利风景区。因此，初步核算全市水电 GEP 总值应在 2000 亿元以上，约占全市 GEP 总值的 40%。丽水水电在生态产品价值实现过程中的作用举足轻重。

水电是传统清洁可再生能源，通过加强监管、全面夯实安全生产基础，积极推进生态化改造和现代化提升，系统落实生态流量泄放、实现绿色可持续发展，并拓宽水电综合效益，推动生态产品价值实现，水电产业必将迎来新的春天。

附 录

附录 1　丽水水电大事记

1935 年（民国 24 年），国民政府资源委员会派队到浙南勘查水力资源，在瓯江小溪勘查了大均、滩头、南举村的水力资源，可开发资源共 4.8 万马力（1 马力 =735.5W），均曾计划开发而未果。

1938 年（民国 27 年），胡周封、王炳荣在五云镇观音阁下利用水碓木轮带动发电机发电，使 20 多盏 15W 灯泡发光。

1940 年（民国 29 年），丽水太平汛水电站破土动工，翌年 3 月建成，是浙江省最早建成的水电站。电站引小安溪水，砌拦河堰，堰高 1.5m，引水渠长 500m，设计水头为 2.89m，装机容量为 14kW。1942 年（民国 31 年）日军侵扰时被毁。

1940 年（民国 29 年），丽水港和乡坛水寮水电站动工兴建，装机 2 台，容量共 20kW。

1942—1945 年（民国 31—34 年），龙泉安仁水力发电厂启动建设，装机容量为 12kW，后因机件设备短缺未发电。

1943 年（民国 32 年），云和县瓦窑水电厂建成投产，装机容量为 40kW，这是抗日战争期间云和县内唯一的水电站，供云和城镇及附近村庄照明。1945 年（民国 34 年）10 月，抗日战争胜利后，浙江省政府及省级各机关迁回杭州，瓦窑水电厂由浙东电力厂云和分厂移交给地方经营，现已报废。

1944 年（民国 33 年），遂昌县第一座水电站龙潭水电站开工建设，1946 年（民国 35 年）5 月建成，装机容量为 32kW。1951 年 3 月 1 日，遂昌县人民政府接管龙潭水电厂，更名为地方国营遂昌水力发电厂，后扩容至 250kW。2000 年 10 月 8 日，因县城市防洪工程建设需要拆除报废。

1945 年（民国 34 年）1 月，龙泉电力厂开工建设，1949 年建成，装机容量为 55kW。

1953 年春，龙泉县凤鸣乡村头村利用原有水碓轴安装一个直径近 2m 的木转轮，建成一座装机容量为 1.2kW 的微型水电站，供 60 户照明。

1956 年 2 月，庆元县竹口乡动工兴建水电站，庆元县农林科副科长陈经松自行设计，雇请木工制造了一台木质旋桨式水轮机，并从上海买来一台 10kW 旧发电机，至 5 月上旬，全部工程完成并开始发电。该电站是庆元县第一座农村水力发电站。

1956 年，水利电力部上海水电设计院开始对瓯江流域进行规划，1958 年 6 月拟定规划报告，建议采用青田高坝方案建设瓯江水电站。

1957 年 7 月，景宁县鹤溪镇红星高级农业生产合作社利用木制水轮机建成全县第一座径流式水电站，装机容量为 12kW，安装电灯 300 盏。

1957 年 7 月，青田县第一座水电站（水头 4.5m）在青田县山口乡（现山口镇）山口村动工新建，总装机容量为 18kW，次年建成发电。该电站由青田县电力厂与山口华侨杨王典合资共建，1980 年停产。

1958 年 5 月，景宁县张村建成全县第一座微型水电站，以水碓轴加皮带轮带动 1.2kW 发电机发电，供村民用户照明。

1958 年 5 月，水利电力部上海水电设计院开始对紧水滩水电站建设工程进行勘测规划，并于 1960 年提出《紧水滩水电站初步设计》，后因国民经济调整而暂停。

1958 年 6 月，水利电力部和中共浙江省委批准瓯江水电站开发方案，方案设计安装水轮发电机组 6 套，总装机容量为 126 万 kW，年发电量为 38.7 亿 kW · h，电站总造价为 4.1 亿元人民币。1960 年 7 月 16 日，参加瓯江水电站援建工作的苏联专家全部撤走回国。由于国家处于经济困难时期，为贯彻中央关于国民经济“调整、充实、巩固、提高”的方针，开始精简城镇职工，缩减水利工程等基本建设。1962 年 3 月，水利电力部决定停建瓯江水电站。

1958 年 9 月，松阳县赤寿乡赤岸村北隅建成螺桨式水轮机小水电站，引松阴溪水发电，这是松阳县境内第一座水力发电站。

1958 年 11 月，为保障瓯江水电站施工用电，开始在石郭坑底兴建石郭水电站。1959 年 11 月，实施国内第一座定向爆破堆石坝——石郭水电站水库大坝。电站设计水头为 80m，装机容量为 800kW，最大引用流量为 0.95 m^3/s。电站于 1960 年 8 月建成发电，后因厂房渗水严重，机组在运转中受潮烧毁，经改建后于 1974 年 7 月 12 日投产，目前已停运。1961 年 5 月，石郭二级电站建成发电，装机容量为 0.16 万 kW，这是 20 世纪 60 年代初浙江农村最大的小型水电站。

1958 年 12 月，龙泉梧桐口水电站枢纽工程上马，装机容量为 0.6 万 kW。该工程是当时浙江省在建的十大水库工程之一，1960 年 12 月下马停工。

1958 年 12 月，景宁县第一座社办水电站——大漈雪花漈水电站开工兴建，1967 年 5 月建成，装机容量为 50kW。1999 年增容后总装机容量为 200kW，并改为股份制水电站。

1959 年 12 月，丽水市内第一座蓄水千万立方米以上的中型水库——云和雾溪水库动工兴建，正常库容为 1018 万 m^3，灌田 7800 亩，于 1964 年建成。同年 8 月，云和雾溪二级水电站竣工投产，为云和县最早投产的水电站。

1965 年 2 月，景宁第一座国营电站——大赤坑一级水电站动工兴建，1966 年 10 月建成投产，装机容量为 400kW。

1965 年 12 月 12 日，缙云县革命老区章源、新化两个公社的蔡通、李玉环等 12 名老党员联名写信给中央领导同志，请求帮助解决普化水电站缺发电机组的问题。1966 年 1 月 10 日，李富春副总理批示给第一机械工业部，安排在重庆水轮机厂生产。1966 年 3 月，发电机组运抵工地，7 月 1 日建成发电，装机容量为 250kW，这是当时丽水域内第一座高水头电站，水位落差达 226m。

1965 年，根据党中央战略部署，浙江省委确定龙泉县（含庆元）为浙江“小三线”建设的重点县，为了解决当时建在龙泉的一批军工企业的用电问题，决定拨款建设庆元、宫头、剑湖、大白岸、篷桥、马蹄岙、木岱口、大白岸二级、溪口、庙下等骨干小水电站。

1966 年 7 月，庆元县马蹄岙水电站正式批准列入国家基建计划，并成立“浙江省马蹄岙水电站工程指挥部”负责项目建设。电站于 1972 年 4 月建成投产，装机容量为 0.5 万 kW，地下厂房面积为 700m^2。

1967 年 3 月，龙泉县大白岸水电站建成发电，大白岸水库总库容为 2473 万 m^3。

1970 年 8 月，缙云盘溪流域梯级电站主体工程大洋水库动工兴建。1974 年 4 月，大洋水库建成蓄水，装机容量为 400kW 的一级电站和装机容量为 2400kW 的二级电站于 8 月建成发电。1975 年，浙江省电影制片厂将盘溪梯级电站建设情况拍摄成电影纪录片《青山明珠》。至 1986 年，6 级电站全部建成发电，总装机容量为 8930kW。

1970 年 9 月，丽水县雅溪一级电站水库动工建设，1977 年建成发电，装机总容量为 0.64 万 kW。

1970 年 10 月 4 日，丽水地区革命委员会生产指挥组设立水电办公室，管理水利电力工作。

1970 年 10 月 15 日，松阳县东坞电站水库开工兴建，1978 年 6 月竣工，总库容为 1460 万 m^3，灌溉农田 2.2 万亩，装机容量为 1145kW，投资为 478 万元。

1970 年 10 月，景宁县国营鸬鹚水电站开工兴建，1974 年 10 月竣工，装机容量为 0.25 万 kW，电站引水明渠长 7280m，为景宁境内最长的发电引水渠道，1986 年增容后总装机容量为 0.41 万 kW。

1971 年 1 月，松阳县第一座坝后式水力发电站——四都源水电站建成并网发电，装机容量为 132kW，年发电量为 30 万 kW · h。

1973 年 6 月，水电部第十二工程局完成瓯江水力开发的再次规划编制工作，因青田高坝淹没范围过大、移民过多等情况，决定放弃青田高坝方案，确定低坝梯级开发方案。

1974 年 4 月，松阴溪支流小港源第一座水力发电站——松阳港口水电站建成并网发电，装机容量为 320kW，年发电量为 90 万 kW · h。

1975 年 10 月，龙泉竹垟水电站开工，这是龙泉县集灌溉、发电为一体的最大水利枢纽工程。1979 年 3 月，竹垟水电站建成发电，装机容量为 750kW，水库总库容为 315 万 m^3，灌溉农田 10000 亩。电站大坝为龙泉第一座浆砌石单曲拱坝，最大坝高为 35.7m。

1976 年 6 月，水电十二局勘察设计院向水电部报送《浙江省瓯江流域规划报告》，推荐紧水滩水电站为第一期工程。

1976 年 10 月 26 日，庆元县兰溪桥水电站正式破土动工。1984 年 7 月，兰溪桥水电站建成，总投资为 1544.27 万元，水库大坝高 53.5m、长 174.4m，库容为 1230 万 m^3。兰溪桥水电站是以防洪、发电为主，结合灌溉、水产养殖等功能的枢纽工程。电站建成后，并入县电网运行，年平均发电量为 1700 万 kW · h。

1977 年 11 月 2 日，中共浙江省委书记铁瑛视察遂昌县松阴溪治理工程、东坞水库和缙云县盘溪三级电站。

1977年11月，景宁县黄湖公社茶园水电站开工，1981年建成，装机容量为250kW，1986年由个人集资合股修复发电，增容后总装机容量为325kW，这是景宁境内第一座集体企业改为股份制的水电站。

1977年12月15日，青田县金坑水电站开工建设，1984年10月27日建成发电。电站总装机容量为0.96万kW，总投资达2170万元。金坑水电站是一座集防洪、灌溉、饮用水源等多重功能于一体的水电工程，水库大坝系骨料混凝土砌条石双曲拱坝，坝高80.6m，是当时浙江省最大、华东地区最高的大坝。

1978年8月10—12日，浙江省委书记李丰平视察松阴溪治理工程、东坞水库工程。

1978年，遂昌成屏水电站开工建设，1980年缓建。

1978年12月，景宁县隆川公社黄垟口水电站动工，1983年10月建成，装机容量为500kW，为当时丽水境内装机容量最大的社办电站。

1979年第二季度，罗马尼亚小水电考察团一行5人到盘溪梯级电站考察。

1979年7月，盘溪二级水电站被浙江省人民政府授予“劳动模范集体”称号。

1979年9月10日，盘溪梯级电站照片在尼泊尔加德满都召开的第一次国际小水电会议上展出。

1979年10月，全国计划工作会议同意将紧水滩水电站列入1979年国家建设计划（草案），安排资金1000万元。同年11月，水电部下达《关于加快紧水滩水电站建设的通知》，确定由十二工程局承担紧水滩水电站的建设任务。1980年3月，浙江省人民政府会同水电部主持审查《瓯江水电开发规划》，要求抓紧做好紧水滩电站的施工准备。1980年8月，云和紧水滩水电站库区移民开始动迁，移民4721户、22500人。

1980年3月，浙江省人民政府会同水电部主持审查了《瓯江水电开发规划》，1981年年底，批准建设石塘水电站。

1980年5月，缙云县盘溪梯级电站被评为全国小水电先进管理单位。

1980年10月24日，第二次国际小水电会议在杭州召开，期间，水电部李伯宁副部长、24个国家及联合国官员和各国代表、国内专家等共60多人，到缙云参观考察盘溪梯级电站工程。

1981年6月26日，瓯江上游紧水滩水电站动工兴建，1988年12月竣工并网发电。电站水库总库容为13.52亿m^3，装机总容量为30万kW，是瓯江干流水电梯级开发的第一级电站，也是丽水地区境内建成的第一座大型电站。

1981年9月，遂昌县三仁公社九里源村农民建成装机容量为0.8kW的微型水电站，这是丽水地区第一座家庭水电站。

1983年3月31日，应水电部邀请，新华社、中央电视台、《光明日报》《中国建设》及《北京周报》等7家新闻单位的记者，前往缙云县盘溪梯级电站考察和采访。

1983年10月，缙云县水电局被评为全国小水电先进单位。

1983年12月，缙云县当时水头最高的古方水电站建成投产，水头为420m，装机容量为320kW。

1983年年底，经《国务院批转水利电力部关于积极发展小水电建设中国式农村电气化试点县的报告的通知》（国发〔1983〕190号）批准，庆元、缙云、云和、龙泉被列入全国一百个农村电气化试点县。1988—1989年，有关部门成立验收委员会，经复验、现场抽检与充分审议，这4县先后通过验收。

1984年8月6日，水电部部长钱正英、浙江省水利厅厅长钟世杰一行11人到缙云县检查小水电开发管理工作，并作出“继续坚持自力更生，调动各方面积极因素办小水电”的指示；8月7—8日，又到紧水滩水电站施工现场考察、指导工作。中共浙江省委书记铁瑛、副书记陈作霖、水电部规划设计院总工程师潘家铮也先后到工地考察，调研了石塘水电站和黄浦水电站坝址，并考察了青田县。

1984年11月16日，孟加拉国小水电考察组到盘溪梯级电站考察。

1984年12月，龙泉瑞垟水电站开工建设，装机容量为1.2万kW，1988年10月28日建成发电，历时3年9个月。瑞垟水电站水库大坝系全国第一座优化设计混凝土双曲薄拱坝，坝高54.5m，工程总投资为2600万元。瑞垟水电站是龙泉县农村水电初级电气化的骨干电源工程。

1985年6月，遂昌成屏一级水电站复工，1988年6月30日建成发电，设计水头为58m，装机容量为4×2000kW，是丽水地区第一座省、县合资建设的水电站。

1985年7月1日，云和石塘水电站动工兴建，1992年6月竣工。电站水库总库容为8300万m^3，装机总容量为7.8万kW，是丽水境内最早建成的河床式中型水电站，也是瓯江干流梯级开发的第二级水电站。

1985年11月4日，智利、古巴、多米尼加、圭亚那等7国水电专家到缙云县参观考察盘溪梯级电站。

1986年4月6日，在杭州参加国际小水电会议的来自美国、法国、联邦德国、瑞士、匈牙利、芬兰、挪威、印度尼西亚、马来西亚、新几内亚、伊朗、墨西哥、新西兰、芬兰、印度等16国代表，参观考察缙云县盘溪梯级电站。

1986年9月，浙江省第一座中央与地方合资水电站——上标水电站动工兴建，1990年7月24日建成投产，装机容量为1.6万kW，是景宁县境内装机容量最大的电站，电站水库也是景宁县首座中型水库。2012年8月，电站增容后总装机容量为1.9万kW。

1987年3月，第六届全国人大代表徐洽时、何佩德、应良登等6人参观考察缙云县盘溪梯级电站。

1987年7月15日，丽水水电工程处承建斐济布库亚小水电站和里瓦河电网扩建工程施工合同在杭州签订，同年11月，工程队到达斐济。1988年2月，布库亚小水电工程动工兴建，1992年3月竣工。

1987年10月，缙云县盘溪二级水电站遥测、遥信、遥控、遥调，以及三级和四级水电站遥测、遥信装置投入运行，这是我国第一座实行自动化、远动化控制管理的小型水电站。该项目是联合国亚太区域国际合作科研项目，也是原水电部重点科研项目。

1987年12月18日，埃塞俄比亚代表团8人参观考察缙云县盘溪梯级电站。

1987年12月，盘溪梯级电站模型在北京举办的中国农村能源展览会上展出。

1989年3月，云和农村初级电气化建设通过验收。

1989年7月18日，龙泉县农村初级电气化建设通过验收。

1989年10月11日，浙江省委书记李泽民考察紧水滩水电站。

1990年11月24日，水利部农村水电司顾问白林到龙泉考察小水电发展情况。

1991年1月，浙江省重点工程、松阳县农业水利化和农村电气化关键工程——谢村源水库工程大坝奠基，标志着谢村源流域水电梯级开发正式实施。

1991年3月，丽水市、遂昌县、松阳县被列入全国第二批农村水电初级电气化县。

1991年10月，遂昌县库容最大的水库（5230万m^3）——成屏一级水库通过竣工验收。

1991年，丽水市（现莲都区）郑地乡周坑村村民梁守泰与水电局合作投资收购乡企业周坑水电站进行扩容改造，建成后装机容量为75kW，成为莲都区第一座民间资本建设的电站。

1991年11月28日，丽水地区行政公署办公室发文成立指挥部，开始筹备玉溪水利枢纽工程（玉溪水电站）建设。1994年2月20日主体工程动工，1997年12月两套机组正式并网发电。电站水库正常库容为1297万m^3，总装机容量为2×2万kW，为瓯江干流梯级开发第三级电站。电站引进奥地利发电设备，利用外资17689万先令（1奥地利先令约可兑换0.52元人民币），为浙江省第一家利用外资引进国外机组、实行股份制和工程监理制的中型水电工程。

1992年2月，华东勘测设计院组织力量对瓯江水力发电进行了全面系统的复核查勘，编制了查勘报告，认为瓯江可开发水力资源装机容量可达200万～250万kW。

1993年3月，玉溪水利枢纽工程指挥部进场开展“三通一平”工作，次年2月主体工程开工，1997年5月第一台机组发电，12月第二台机组并网发电，1998年2月二期围堰截流，2000年6月全部完工。电站总库容为1453万m^3，总装机容量为2×2万kW。

1993年9月，景宁第一座股份制电站——滩岭水电站建成投运，装机容量为200kW，投资100万元。

1994年5月6日，丽水地区行政公署印发《关于加快股份合作办电意见》，鼓励各部门、各单位和个人集资，实行股份合作，兴建农村中小电站。

1995年3月，青田县焕恩水电站开工建设，1997年1月28日竣工并网发电，装机容量为1500kW。焕恩水电站是丽水市通过招商引资兴建的电站，是当时丽水地区第一家外商独资电站，由奥地利华人杨焕恩投资，浙江省委副书记、省政协主席刘枫题写站名。

1995年8月，松阳县水电初级电气化建设通过省级验收，成功创建全国第二批农村水电初级电气化县。

1995年12月，遂昌县参加全国第二批电气化县成就展览，首次在北京展出遂昌老区人民电气化建设成就。遂昌县选送的反映矿业的照片被水利部展览办公室选用展出，并荣获水利部办公厅颁发的“优秀设计奖”。

1996年3月14日，龙泉市水利局水电总站被评为1995年度全国水利系统电力安全工作先进单位。

1996年4月，松阳县谢村源二级水电站启动发电，并入市级110千伏电网。电站装机容量为1.6万kW，年发电量为4300万kW·h，是松阳县最大的水电站。

1996年9月，浙江省委书记李泽民，省委常委、秘书长吕祖善等视察谢村源水库电站工程。

1996 年 9 月 30 日，丽水地区最后一个未通电的行政村——青田县祯旺乡应章村并入大电网，至此丽水地区行政村实现了村村通电。

1997 年 4 月，松阳县第一座股份制水电站——大坑源水电站建成发电，一级站装机容量为 500kW，二级站装机容量为 640kW，总投资为 485 万元。

1998 年 5 月 28 日，景宁白鹤水电站动工兴建，装机容量为 2.5 万 kW，坝高 65m，为景宁第一座最高双曲混凝土拱坝，总投资达 1.89 亿元，2000 年 6 月 16 日建成投运。

1998 年 7 月，龙泉市下田垄水电站投产发电，装机容量为 960kW，2016 年 2 月增效扩容 620kW，现有装机容量为 1580kW，为龙泉市第一座股份制电站。

1999 年 12 月，景宁第一座引资兴建的电站——英川水电站动工，2002 年 5 月 27 日竣工投产，装机容量为 4 万 kW，隧洞长 6819.5m，总投资达 3.2 亿元。

2000 年 3 月 6 日，遂昌县应村水利枢纽工程动工兴建，2004 年 8 月建成发电。电站水库总库容为 2349 万 m^3，装机容量为 3.2 万 kW。

2000 年 9 月，庆元县大岩坑水电站开工建设，装机容量为 3.6 万 kW，投资概算为 2.26 亿元，为庆元县有史以来投资规模最大的项目，也是丽水市骨干调峰电站。电站于 2002 年 5 月并网发电。

2001 年，开潭、瑞垟二级、五里亭、三溪口、外雄、左溪等水电开发项目招商成功。

2002 年 2 月 20 日，遂昌县被浙江省水利厅列入全省水电资源开发权有偿出让试点县。4 月 10 日，遂昌县水利局首次对柘岱口乡陈坑和垵口乡淤连山两座水电站水电资源开发权有偿出让进行竞价招标，敲响了浙江省乃至全国公开拍卖小水电资源开发权的第一槌。

2002 年 4 月，谢村源一级水电站建成发电，装机容量为 2500kW。谢村源一级水电站的建成，标志着历时 10 多年的谢村源流域水电梯级开发全面完成。

2002 年 7 月 8 日，浙江省省长柴松岳考察调研滩坑水电站建设。

2002 年 11 月 25 日，浙江省委书记、代省长习近平实地考察调研滩坑水电工程规划工作。

2002—2004 年，丽水市人民政府先后颁布了《丽水市水利工程建设管理办法》（丽政令〔2002〕19 号）和《丽水市水利工程运行管理办法》（丽政令〔2003〕36 号），并下发了《关于规范水电资源开发管理促进水电产业持续健康发展的通知》（丽政发〔2004〕75 号），进一步严格流域水电规划管理，切实加强河流生态保护，全面推行水电资源有偿出让制度，切实加强政策处理工作，严格执行基本建设程序，加强水电安全生产和项目的验收工作。

2003 年 2 月，庆元县大岩坑水电站被水利部授予“2002 年度水利系统文明建设工地”，此为丽水市首次获得这一荣誉。

2003 年 3 月 14 日，龙泉市水利局水电总站被评为 2002 年全国水利系统电力安全工作先进单位。

2003 年 4 月，松阳县在丽水市率先实施小水电开发生态流量制度，规定引水式电站必须设置常开放水设施，保证下游河道生态流量，生态流量标准为不少于 10 年一遇最枯月平均流量。

2003 年 5 月 15 日，国务院批准青田滩坑水电站建设项目立项，该项目属于浙江省“五大百亿”帮扶致富建设重点项目。2004 年 7 月 1 日，滩坑水电站导流洞开工建设，拉开了滩坑水电站工程建设的序幕。10 月 28 日，主体工程开工前夕，浙江省委书记习近平专门发来贺电。10 月 31 日，滩坑水电站主体工程顺利开工建设。2005 年 10 月 13 日，实现大江截流。2008 年 4 月 29 日，下闸蓄水，同年 8 月 16 日，第一台机组投入发电。2009 年 7 月底，全部建成投产。电站装机总容量为 60 万 kW，年发电为 10.35 亿 kW · h，静态投资达 42.7 亿元。滩坑水电站建成运行后，可执行浙江省电网的调峰、调频和事故备用任务。

2004 年 3 月 14 日，水利部农电局授予龙泉市水电总站为 2003 年全国水利系统电力安全工作先进单位。

2004 年 4 月，奥地利华侨陈武昌投资 2300 万元开发的欧华武昌电站（原名西畈乡举淤口水电站，装机容量为 3200kW）开工。

2004 年 4 月，景宁启动“小水电之乡”申报工作。9 月 3 日，水利部批准命名景宁畲族自治县为“中国农村水电之乡”。10 月 18 日，水利部水电局局长程回洲等专程莅临景宁，在“景宁设县二十周年暨第二届风情节”庆祝大会上，宣读了水利部命名文件并授牌。

2004 年 4 月，谢村源梯级电站自动化改造工程完成，一级、二级、三级电站实现无人值班（少人值守）和梯级调度中心集中控制运行方式，取得良好的社会效益和经济效益。

2004 年 5 月，梧桐源水电站更新改造工程和合溪水电站工程被列入世行贷款项目。其中梧桐源水电站更新改造后装机容量为 1260kW，年平均发电量为 324 万 kW · h，项目总投资为 863 万元，申请世界银行贷款 73 万美元；合溪水电站总装机容量为 4000kW，年发电量为 1170 万 kW · h，项目总投资为 3355 万元，申请世界银行贷款 254 万美元。

2004 年 7 月，遂昌县装机容量最大的周公源梯级水电站（总装机容量为 5.36 万 kW，电站分一级、二级、三级开发）开工。

2004 年 10 月 9 日，浙江省省长吕祖善考察滩坑水电站工程。

2004 年 10 月 15 日，青田五里亭水电站开工建设，工期为 40 个月。五里亭水电站是丽水境内第一座开发建设的欧江干流梯级电站，坝址位于祯埠乡岭下村。2008 年 3 月，3 台机组投入营运。

2004 年 11 月 24 日，中共浙江省委书记习近平考察调研滩坑水电站工程。

2005 年 6 月，丽水市莲都区雅溪一级电站报废重建工程被列入中国可再生能源规模化发展（浙江小水电）利用世行贷款报废重建项目。2007 年 5 月改造后新机组投入运行，2010 年 10 月 11 日通过报废重建项目竣工验收。重建后，总装机容量由原来的 6400kW 增加至 7200kW，年均发电量由原来的 1600 万 kW · h 增加至 2200 万 kW · h，平均电价由原来的 0.37 元 /kW · h 增加至 0.47 元 /kW · h，综合经济效率提高了约 14%。该项目为浙江省乃至全国小水电扩容增效起到了很好的示范引领作用，为全国小水电争取国际投资 72 亿元，启动老电站扩容增效项目实施起到了推动作用。

2005 年 6 月 6—7 日，美国、澳大利亚、印度等在国际小水电中心参加“今日水电论坛”会议代表一行 30 人莅临景宁县考察农村水电发展情况。

2005 年 8 月，松阳县水电农村电气化建设通过浙江省水利厅验收。

2005 年 9 月 1 日，青田外雄水电站开工建设，工程概算总投资达 5 亿元，施工总工期为 42 个月。2008 年年底，首台机组蓄水发电。电站总装机容量为 4.8 万 kW，年发电量为 1.2 亿 kW · h。

2005 年 10 月，景宁畲族自治县通过全国第一批“十五”期间水电农村电气化县建设达标验收。

2006 年 10 月 3 日，龙泉市岩樟溪一级水电站大贵溪引水隧洞贯通，隧洞全长 6454m，为龙泉最长的引水隧洞。

2006 年 10 月，龙泉市被列入“十一五”全国 460 个水电农村电气化县建设项目。

2006 年 11 月 20 日，水利部批准授予丽水市“中国水电第一市”称号。

2007 年 10 月，景宁以政府打捆模式推进水电清洁发展机制（CDM）申报，与英国 LTD 公司签订了二氧化碳减排量购买协议。

2008 年 5 月，世行贷款项目合溪水电站工程完工并投产发电，该电站为松阳县第一座河床式水力发电站。

2009 年 3 月，谢村源水利水电开发有限责任公司被中共浙江省委、浙江省人民政府授予“抗击雨雪冰冻灾害先进集体”荣誉称号，受到嘉奖。

2009 年 5 月，松阳县被水利部评为“全国农村水电及电气化建设先进集体”。

2009 年 9 月 30 日，浙江省发展改革委员会以“浙发改农经〔2009〕918 号”文件，对《关于要求审批浙江省好溪水利枢纽工程潜明水库项目建议书的请示》（缙发改〔2009〕36 号）予以批复，原则同意建设浙江省好溪水利枢纽工程潜明水库。

2010 年 9 月，松阳县“十一五”水电农村电气化县建设通过浙江省发改委、水利厅组织的验收。

2010 年 11 月 19 日，浙江省水利厅下发《浙江省水利厅关于松阳县黄南水库工程项目建议书审查意见的函》（浙水计〔2010〕166 号）。

2011 年，缙云县水利局被评为全省农村水电工作先进集体。

2011 年，景宁县水利局被评为全省农村水电工作先进集体。

2011 年 3 月，经国家发改委、水利部批准，松阳县被列入全国“十二五”水电农村电气化规划建设县。

2014 年 7 月 7 日，全国首本《农村水利工程产权证》落户景宁澄照乡三石村天堂湖水库。10 日，三石村以天堂湖产权证向县农村信用合作联社贷款 100 万元，用于村级水电站技改及主导产业的发展。

2014 年 12 月 9 日，浙江省发展和改革委员会印发了《省发改委关于庆元县兰溪桥水库扩建工程项目建议书的批复》（浙发改农经〔2014〕1023 号）。

2014 年 12 月 27 日，丽水市水电行业协会成立。协会有核心会员单位 62 家，其中 9 家是团体会员单位。2017 年，协会通过了中国社会组织 4A 级信用评估。2018 年 9 月，丽水市经济和信息化委员会授予协会“2018 年度丽水市中小企业十佳服务机构”荣誉称号。2020 年，协会加入浙江省社会组织总会，通过了中国社会组织 5A 级信用评估，理事长李晓明被评为浙江省和丽水市社会组织领军人物。

2015 年 4 月 29 日，赞比亚奇邦博地区委员会主席考文特带领代表团一行赴景宁考察，实地考察了解三枝树、上标一级、白鹤一级等水电站建设发展情况。

2015 年 4 月 30 日，浙江省发展改革委员会发布《省发改委关于浙江省好溪水利枢纽潜明水库一期工程可行性研究报告的批复》（浙发改农经〔2015〕255 号），原则同意报批的可行性研究报告。

2015 年 7 月 27 日，浙江省发展改革委员印发《浙江省发改委关于浙江省好溪水利枢纽潜明水库一期工程初步设计的批复》（浙发改设计〔2015〕66 号）。

2015 年，景宁县水利局被评为全省水电安全生产标准化创建工作优秀单位。

2015 年 12 月 15 日，浙江省发改委以“浙发改农经〔2015〕847 号”文对松阳县黄南水库工程可研性研究报告进行了批复。

2016 年 2 月 5 日，浙江省发改委以“浙发改设计〔2016〕7 号”文对松阳县黄南水库初步设计报告进行了批复。

2016 年 3 月 4 日，浙江省与央企战略合作签约仪式在京举行。在浙江省委书记夏宝龙、省长李强等人的见证下，松阳县人民政府副县长庞亚君代表松阳县与中国电建集团华东勘测设计研究院签署了黄南水库建设 PPP 合作框架协议。

2016 年 4 月 30 日，浙江省好溪水利枢纽潜明水库工程开工。

2017 年 1 月 6 日，龙泉市水利局被评为“浙江省 2016 年度水电站标准化创建工作优秀集体”。

2017 年 4 月 17 日，遂昌县清水源水库工程可行性研究报告获浙江省发改委批复。

2017 年 5 月 25—27 日，丽水市政府与国际小水电中心在丽水联合举办“2017 年发展中国家小水电与农村社区可持续发展官员研修班”。

2017 年 7 月，盘溪梯级电站正式确认列入水利部和联合国工业发展组织开展的全球环境基金（GEF）“中国小水电增效扩容改造增值”项目试点电站。

2017 年 11 月 27 日，遂昌县清水源水库工程初步设计获浙江省发改委批复。

2017 年 12 月 29 日，庆元县兰溪桥水库扩建工程可行性研究报告获批复。

2017 年 12 月，松阳县全面贯彻党中央“创新、协调、绿色、开放、共享”的发展理念，合溪、裕溪两座电站积极响应《水利部关于开展绿色小水电站创建工作的通知》（水电〔2017〕220 号），成功申报全国首批绿色水电示范电站，为丽水市绿色水电工作开创了先河。

2018 年 1 月 2 日，龙泉市水利局被评为浙江省“2017 年度水电工作优秀集体”。

2018 年 1 月 22 日，浙江省好溪水利枢纽潜明水库工程 42 省道连接道路分部工程验收。

2018 年 2 月 2 日，浙江省好溪水利枢纽潜明水库一期工程导（截）流阶段验收并通过。

2018 年 3 月 15 日，丽水市举办绿色水电认证培训班，各县（市、区）水电站业主及管理人员等共计 90 人参加培训。2018 年，丽水市共创建绿色水电 19 座，占全国的 16%，占浙江省的 59%。

2018 年 5 月，世界银行专家考察团访问丽水，调研丽水水电建设发展及“一带一路”项目情况。

2018 年 6 月 19 日，龙泉市政府常务会议第 21 次会议审议通过由水利部农电所编制的《龙泉市农村水电行业可持续发展综合评估》报告。这是全国首份全面系统地以县级行政区域为单元组织开展的农村水电绿色发展综合评估报告。龙泉市先于水利部等四部委部署启动长江经济带小水电清理整改工作之前就开展了小水电综合评估工作，为丽水市、浙江省及长江经济带小水电清理整改综合评估、“一站一策”实施方案编制等技术指导政策的出台提供了示范，发挥了行业引领作用。

2018 年 6 月 28—29 日，奥地利、意大利、瑞典等国家组成的绿色水电专家团一行 11 人到丽水考察盘溪梯级电站增效扩容改造及绿色水电改造项目，开展中奥绿色水电案例研究。

2018 年 7 月 12 日，浙江省发改委正式批复庆元县兰溪桥水库扩建工程初步设计。

2018 年 8 月 21—22 日，浙江省政协副主席周国辉率调研组赴青田，考察小水电和河湖生态流量保障问题，指出小水电是特色产业、民生产业、富民产业、生态产业、人文产业，各部门要切实提高认识、统一思想，进一步摸清家底、形成合力、协同推进，实现生态流量科学管理。

2018 年 10 月 15 日，松阳县黄南水库工程举行截流仪式。

2018 年 11 月 12 日，丽水市水利局、发改委联合发文《关于加快推进农村水电站工程竣工验收的通知》，明确了因历史原因而资料缺乏、长期无法完成工程竣工验收的水电站，在满足工程质量、生产和生态安全的前提下，经县级水行政主管部门备案，视同通过竣工验收，破解了历史难题。

2018 年 12 月 10 日，丽水市水利局、环保局联合发布了《丽水市小水电生态流量分类核定与监测指导意见》，明确了丽水市小水电生态流量核定和监测要求。

2019 年 1 月 23 日，水利部副部长田学斌在接到丽水市水利局 2018 年农村水电工作汇报后批示：“丽水的经验值得研究总结”。

2019 年 3 月 15 日，龙泉市《区域农村水电绿色发展综合评估及“一站一策”实施方案编制》获得水利部南京水利科学研究院 2018 年度优秀咨询成果一等奖（编号：20180108）。

2019 年 3 月，水利部组织新华社、《经济日报》《中国能源报》、人民网等新闻媒体赴遂昌、缙云等地实地采访，报道丽水市绿色小水电创建中生态效益、社会效益、经济效益、安全管理四大方面取得的丰硕成果。

2019 年 3 月 30 日，由水利部主办的全国小水电清理整改工作会议在福建省泉州市永春县召开，丽水市水利局局长徐为民参加会议并就丽水市推进小水电清理整改主要做法进行交流发言。

2019 年 3—5 月，松阳县洋坑源、青石坝、合溪、裕溪、雅溪坑 5 座水电站采用引入第三方拍卖机构拍卖交易的方式，通过丽水市农村产权流转平台进行水电产（股）权交易，收到良好效果。

2019 年 4 月 24 日，丽水市水利局、发展改革委、生态环境局联合印发了《丽水市农村水电站生态泄流监督检查实施意见（试行）》，明确了小水电生态流量下泄监督检查的方式和各部门的职责。

2019 年 5 月 7—8 日，由水利部和丽水市人民政府联合举办的“小水电绿色生态修复与优化改造国际研讨会”在丽水召开。参会代表约 80 人，外方代表有瑞典、奥地利、意大利以及联合国开发计划署水电专家和“一带一路”部分国家代表，中方代表有水利部国际合作与科技司、水利部农村水利水电司、水利部农村电气化研究所、国际小水电中心、南京水利科学研究院、长江科学研究院等单位的领导和专家。

2019 年 5 月 8 日，小水电绿色生态修复与优化改造国际研讨会专家组在大洋水库及盘溪梯级电站等进行现场考察。

2019 年 5 月 13—14 日，由国际小水电中心主办的国际小水电联合会国内会员大会在湖北省宜昌市召开，丽水市水利局局长徐为民受邀参加会议并就丽水市水电绿色发展建设实践进行交流发言。同时，丽水市水利局原总工、教授级高工徐荣华和莲都雅溪一级电站站长、高级经济师李晓明被国际小水电联合会特聘为国际小水电专家。

2019 年 5 月 26 日，浙江省好溪水利枢纽潜明水库重力坝坝体到顶，6 月 18 日主体工程全部完成，6 月 30 日大坝标（施工一标）工程完工验收。

2019 年 5 月 29 日，水利部农水水电司副司长邢援越带队调研丽水市小水电清理整改工作，浙江省水利厅副厅长蒋如华、浙江省水电管理中心主任陈森美等人陪同调研。

2019 年 5 月 30 日，水利部农水水电司副司长邢援越率调研组赴缙云开展小水电清理整改工作调研。

2019 年 6 月 11—12 日，浙江省小水电清理整改工作会议在丽水召开，浙江省水利厅党组成员、副厅长蒋如华出席会议并讲话。丽水市水利局局长徐为民就丽水市小水电清理整改工作进行发言。

2019 年 7 月 5 日，丽水市绿色水电认证培训班顺利举办，各县（市、区）水利局分管领导、水电站业主及管理人员等共计 130 人参加培训。2019 年，丽水市共创建绿色水电站 37 座，占全国的 21%，占浙江省的 60%。

2019 年 7 月 15 日，丽水市水利局、发展改革委、生态环境局、自然资源与规划局联合印发了《关于进一步推进丽水市小水电清理整改工作的意见》，明确了长江经济带丽水小水电清理整改要求。

2019 年 9 月 12 日，由国际小水电联合会主办的“水电开发与生态文明建设南南合作国际研讨会”在陕西省西安市召开。丽水市水电行业协会会长李晓明参加会议并就丽水市创建国际绿色水电示范区的探索进行交流发言。

2019 年 9 月 17—18 日，中国水权交易中心主任邓延利带队对丽水市莲都雅溪一级，松阳合溪、裕溪和景宁景润等水电站的水电产权交易进行专题调研。

2019 年 9 月 22 日，国际小水电中心专家组莅临丽水市开展国际绿色水电示范区考察评估。

2019 年 9 月 24—26 日，由水利部举办的“全国农村水电绿色改造培训班”在杭州举办，丽水市水利局局长徐为民参加并就丽水绿色水电生态示范区建设进行培训授课。

2019 年 10 月 10—11 日，浙江省人大常委会副主任李学忠，在市人大常委会党组副书记、副主任朱继坤的陪同下检查丽水市可再生能源法贯彻实施情况。

2019 年 11 月 19 日，浙江省水力发电工程学会常务理事会暨绿色水电发展研讨会在丽水召开，浙江省水利厅施俊跃总工出席会议，丽水市水利局局长徐为民参加会议并发言。

2019 年 12 月 20 日，遂昌县清水源水库工程 EPC 总承包项目开工。

2019 年 12 月 16 日，松阳县黄南水库输水隧洞全线贯通。

2019 年 12 月，丽水市编制完成地方标准《小水电生态建设技术规范》（DB3311/T 117—2019），规定了水电建设、改造的生态要求。

2019 年，丽水市水利局开展“智慧水电”系统建设工作，2020 年 6 月完成系统开发并正式投入运行。“智慧水电”系统是浙江省第一个集水电行业及安全管理、生态流量在线监管于一体的信息化平台，也是丽水市加快推进水电行业管理数字化转型、推动“互联网＋监管”在水电管理工作中全面落地的重要抓手。

2020 年 5 月 9 日，松阳县黄南水库工程通过蓄水阶段移民安置初（自）验收。

2020 年 5 月 14 日，丽水市市委书记胡海峰一行到黄南水库大坝现场调研。

2020 年 6 月 15 日，丽水市绿色水电认证培训班举办，各县（市、区）水利局分管领导、水电站业主及管理人员等共计 93 人参加培训。2020 年，丽水市共创建绿色水电站 56 座，占全国的 20%，占浙江省的 58%。

2020 年 7 月 30 日，松阳县黄南水库工程通过蓄水验收。

2020 年 8 月 6 日，松阳县黄南水库工程召开下闸蓄水仪式并下闸蓄水。

2020 年 9 月底，丽水市各县（市、区）全面完成小水电清理整改销号工作，销号完成率 100%。全市 823 座农村小水电需开展清理整改，其中保留类电站 113 座，整改类电站 673 座，退出类电站 37 座，清理整改电站总数为浙江省第一。

2020 年 10 月，松阳县人民政府与中国三峡建设管理有限公司、中国电建集团华东勘测设计研究院有限公司在县会议中心举行浙江省松阳抽水蓄能电站合作协议签约仪式。

2020 年 11 月 17 日，庆元县兰溪桥水库扩建工程项目正式开工建设。

2020 年 11 月 19 日，全国绿色小水电示范电站评定现场会议在丽水召开。会议由水利部农村水利水电司副司长邢援越主持，水利部总工程师刘伟平出席并讲话，浙江省水利厅副厅长蒋如华、丽水市人民政府副市长杨秀清分别致辞。

2020 年 11 月 20 日，国际小水电联合会示范基地暨核心会员年度工作会议在丽水召开。水利部总工程师刘伟平和浙江省水利厅、丽水市人民政府、国际小水电中心示范基地以及国际小水电联合会核心会员代表参加会议。会上，水利部正式为丽水授牌，“国际小水电中心绿色水电丽水示范区”正式成立。

2020 年 12 月 22 日，松阳县黄南水库工程提前发电仪式举行，黄南水库电站正式投产运行。

2021 年 1 月 24 日，遂昌县清水源水库工程首仓混凝土开浇。

附录 2　丽水市水电站基本情况表

序号	名称	所在市（县、区）	所在河流	装机容量/kW	机组台数/台	设计水头/m	设计流量/（m^3/s）	年平均发电量/万kW·h	开发方式	坝址以上集雨面积/km^2	总库容/万 m^3	坝型	坝高/m	所有制形式	开建年月	投产年月
1	玉溪水电站	市本级	瓯江水系、大溪、龙泉溪	42400.00	3	10.50	425.40	10405.43	坝式（河床）	3407.00	1453.00	重力坝	23.65	国有	1994 年 2 月	1997 年 11 月
2	开潭水电站	市本级	瓯江水系、大溪	48000.00	3	8.80	606.00	13555.80	坝式（河床）	8544.00	2836.00	重力坝	26.00	股份制	2003 年 4 月	2009 年 12 月
3	雅溪一级水电站	莲都区	瓯江水系、大溪、小安溪	8450.00	5	73.00	13.60	2273.52	混合式	184.00	3000.00	拱坝	75.00	国有	1970 年 9 月	1977 年 5 月
4	雅溪二级水电站	莲都区	瓯江水系、大溪、小安溪	4800.00	3	50.30	12.50	1424.95	引水式	184.00	0	无	0	国有	1977 年 3 月	1979 年 12 月
5	蒲岸水电站	莲都区	瓯江水系、大溪、好溪	1000.00	2	6.80	19.50	483.84	坝式（坝后）	1099.00	96.90	连拱坝	10.10	民营	1994 年 1 月	1995 年 12 月
6	白坛水电站	莲都区	瓯江水系、瓯江、小溪、大顺源（峰源溪）、斜坑	900.00	2	418.90	0.31	305.23	引水式	3.60	7.00	重力坝	14.50	民营	1998 年 2 月	1999 年 12 月
7	岭根二级水电站	莲都区	瓯江水系、瓯江、小溪、小顺坑	820.00	2	333.90	0.35	272.38	引水式	4.48	0	其他	3.00	民营	2001 年 2 月	2000 年 12 月
8	石井水电站	莲都区	瓯江水系、瓯江、小溪、小顺坑、石井坑	500.00	1	268.20	0.25	169.64	引水式	4.38	0	其他	3.00	民营	2000 年 2 月	2001 年 12 月
9	岭根三级水电站	莲都区	瓯江水系、瓯江、小溪、小顺坑	1320.00	3	138.30	1.24	462.58	混合式	20.16	14.00	拱坝	21.00	民营	2001 年 2 月	2001 年 12 月

续表

序号	名称	所在市（县、区）	所在河流	装机容量/kW	机组台数/台	设计水头/m	设计流量/（m^3/s）	年平均发电量/万kW·h	开发方式	坝址以上集雨面积/km^2	总库容/万m^3	坝型	坝高/m	所有制形式	开建年月	投产年月
10	港口水电站	莲都区	瓯江水系、大溪、宣平溪	2520.00	4	8.50	35.48	782.19	引水式	825.00	130.00	翻板坝	9.00	民营	2001年2月	2002年2月
11	严溪水电站	莲都区	瓯江水系、大溪、好溪、严溪	1260.00	2	52.00	2.56	283.52	引水式	47.13	6.50	重力坝	8.00	民营	2000年2月	2001年12月
12	溪上水电站	莲都区	瓯江水系、大溪、小安溪、巨溪	1600.00	2	324.80	0.62	475.80	引水式	5.79	9.50	拱坝	26.00	民营	2002年1月	2003年1月
13	梨园水电站	莲都区	瓯江水系、大溪、小安溪	1200.00	3	11.22	13.93	341.81	引水式	475.20	0.50	硬壳坝	3.50	集体	1979年1月	1985年7月
14	白岸口水电站	莲都区	瓯江水系、大溪、宣平溪	4000.00	2	12.65	38.00	976.74	混合式	550.00	83.23	翻板坝	14.20	民营	2003年2月	2004年12月
15	双坑口水电站	莲都区	瓯江水系、大溪、小安溪、巨溪	800.00	2	181.00	0.58	262.66	引水式	9.15	0.30	重力坝	1.80	民营	2002年12月	2005年4月
16	吾赤口水电站	莲都区	瓯江水系、大溪、宣平溪、吾赤坑	640.00	2	24.00	3.54	132.02	引水式	48.80	0.10	重力坝	3.50	民营	2003年1月	2005年4月
17	高溪水电站	莲都区	瓯江水系、大溪、新治河	320.00	1	21.50	1.84	84.14	坝式（坝后）	26.00	1017.00	土坝	28.20	集体	1970年1月	1972年6月
18	后桑水电站	莲都区	瓯江水系、瓯江（龙泉溪）、后桑坑	570.00	2	173.00	0.44	196.74	引水式	9.00	0.70	其他	5.00	集体	1977年10月	1978年12月
19	下圩口水电站	莲都区	瓯江水系、大溪、宣平溪	3600.00	2	11.60	39.08	862.38	混合式	671.00	121.00	翻板坝	13.65	民营	2002年12月	2006年11月

续表

序号	名称	所在市（县、区）	所在河流	装机容量/kW	机组台数/台	设计水头/m	设计流量/（m^3/s）	年平均发电量/万kW·h	开发方式	坝址以上集雨面积/km^2	总库容/万m^3	坝型	坝高/m	所有制形式	开建年月	投产年月
20	枫树湾水电站	莲都区	瓯江水系、大溪、好溪、银场坑	900.00	2	129.00	0.90	169.01	引水式	7.30	2.00	重力坝	5.00	民营	2003年6月	2006年12月
21	瑶溪水电站	莲都区	瓯江水系、大溪、宣平溪	2290.00	4	5.04	48.22	454.73	引水式	806.00	94.20	翻板坝	10.50	民营	2003年1月	2005年6月
22	平沙好溪水电站	莲都区	瓯江水系、大溪、好溪	1390.00	5	4.27	41.20	313.00	坝式（坝后）	1275.00	95.90	重力坝	7.30	民营	2003年7月	2007年12月
23	官头水电站	莲都区	瓯江水系、大溪、好溪	960.00	3	5.14	26.52	360.91	引水式	1060.50	66.20	翻板坝	8.00	民营	2003年12月	2007年12月
24	张山后一级水电站	莲都区	瓯江水系、大溪、小安溪、葛渡溪、张山后坑	200.00	1	144.00	0.19	47.83	引水式	2.50	2.69	土石坝	20.00	民营	2003年6月	2007年9月
25	夏渠坑水电站	莲都区	瓯江水系、大溪、小安溪、夏渠坑	800.00	2	245.00	0.42	243.20	引水式	6.40	0.50	重力坝	5.00	民营	2005年12月	2008年4月
26	八石坑水电站	莲都区	瓯江水系、大溪、小安溪、库川、八石坑	320.00	1	233.47	0.18	73.59	引水式	3.50	1.00	重力坝	6.00	民营	2002年10月	2003年10月
27	百家际水电站	莲都区	瓯江水系、瓯江（龙泉溪）、石塘坑	650.00	3	140.00	0.65	287.57	引水式	17.00	0.50	其他	1.70	民营	1996年10月	1997年3月
28	蔡岱水电站	莲都区	瓯江水系、瓯江、小溪、大顺源（峰源溪）	1260.00	2	50.15	3.04	172.31	引水式	44.20	0	其他	0	民营	1994年11月	1996年12月
29	蔡岱口水电站	莲都区	瓯江水系、瓯江、小溪、大顺源（峰源溪）、蔡岱坑	200.00	1	108.00	0.26	60.65	引水式	5.10	0	其他	0	民营	1996年2月	1997年2月

续表

序号	名称	所在市（县、区）	所在河流	装机容量/kW	机组台数/台	设计水头/m	设计流量/（m^3/s）	年平均发电量/万kW·h	开发方式	坝址以上集雨面积/km^2	总库容/万m^3	坝型	坝高/m	所有制形式	开建年月	投产年月
30	赤坑二级水电站	莲都区	瓯江水系、大溪、宣平溪、老竹溪	160.00	1	42.66	0.60	36.00	引水式	10.80	0	其他	2.00	集体	1977年1月	1978年1月
31	赤坑一级水电站	莲都区	瓯江水系、大溪、宣平溪、老竹溪	125.00	1	24.60	0.66	28.22	坝式（坝后）	10.80	243.00	土坝	27.60	集体	1970年1月	1972年1月
32	赤圩水电站	莲都区	瓯江水系、大溪、宣平溪	480.00	3	4.80	13.26	156.84	引水式	536.00	0.50	重力坝	4.15	国有	1996年2月	1997年2月
33	大桥坑水电站	莲都区	瓯江水系、大溪、栋村坑	160.00	1	16.73	1.29	31.54	引水式	18.80	1.00	重力坝	3.00	民营	2001年2月	2002年5月
34	大重坑水电站	莲都区	瓯江水系、大溪、宣平溪、大重坑	320.00	1	182.50	0.23	63.72	引水式	3.10	0.50	重力坝	5.00	民营	2002年1月	2003年3月
35	东西坑水电站	莲都区	瓯江水系、大溪、宣平溪、老竹溪	400.00	1	241.00	0.18	98.00	引水式	2.90	0.50	其他	3.00	民营	2002年12月	2006年10月
36	栋村水电站	莲都区	瓯江水系、大溪、栋村坑	200.00	1	21.23	1.19	31.66	引水式	17.80	0	其他	0.50	民营	2002年2月	2004年9月
37	枫树圩水电站	莲都区	瓯江水系、大溪、小安溪	300.00	4	4.00	11.44	140.47	引水式	505.00	0.50	硬壳坝	2.00	集体	1984年1月	1985年1月
38	官岭水电站	莲都区	瓯江水系、大溪、栋村坑	320.00	1	97.00	0.43	88.23	引水式	5.60	2.00	重力坝	3.00	民营	2002年2月	2004年4月
39	河边水电站	莲都区	瓯江水系、大溪、小山坑	100.00	1	105.00	0.15	61.94	引水式	5.00	0.10	其他	0.50	民营	1996年2月	1997年4月

续表

序号	名称	所在市（县、区）	所在河流	装机容量/kW	机组台数/台	设计水头/m	设计流量/（m^3/s）	年平均发电量/万kW·h	开发方式	坝址以上集雨面积/km^2	总库容/万m^3	坝型	坝高/m	所有制形式	开建年月	投产年月
40	河村坑水电站	莲都区	瓯江水系、大溪、西坑	200.00	2	47.00	0.61	34.50	引水式	12.00	0	其他	0.50	国有	1970年10月	1971年5月
41	横坑水电站	莲都区	瓯江水系、瓯江（龙泉溪）、后桑坑	320.00	1	127.18	0.33	90.38	引水式	3.25	0.20	其他	1.00	民营	2003年1月	2004年4月
42	横山后水电站	莲都区	瓯江水系、瓯江、小溪、双坑	800.00	2	220.00	0.50	203.13	引水式	5.86	0	其他	0	民营	2001年2月	2002年12月
43	华东坑水电站	莲都区	瓯江水系、大溪、小安溪、库川、华东坑	200.00	1	160.70	0.18	59.36	引水式	2.92	3.81	重力坝	10.00	民营	2001年2月	2002年2月
44	黄渡坑水电站	莲都区	瓯江水系、大溪、好溪、黄渡坑	250.00	1	270.00	0.14	72.51	引水式	4.80	0.60	其他	2.00	民营	2000年1月	2001年12月
45	黄畈水电站	莲都区	瓯江水系、大溪、好溪、杉树坑	800.00	2	75.00	1.52	187.58	引水式	28.50	0	其他	0	民营	1999年1月	2000年12月
46	济谭水电站	莲都区	瓯江水系、瓯江、小溪、大顺源（峰源溪）、蔡岱坑	200.00	1	150.00	0.18	70.64	引水式	4.30	0	其他	0	民营	1997年2月	1998年4月
47	净水岭足水电站	莲都区	瓯江水系、大溪、好溪、雅坑	200.00	1	34.00	0.80	38.85	混合式	14.00	21.50	土坝	22.50	民营	2001年2月	2002年6月
48	九坑水电站	莲都区	瓯江水系、瓯江（龙泉溪）、石塘坑	160.00	1	45.17	0.46	56.61	引水式	10.00	0.50	其他	2.00	民营	1986年1月	1987年1月
49	菊花鞍水电站	莲都区	瓯江水系、大溪、小安溪、西溪	235.00	2	75.60	0.44	48.83	引水式	10.20	1.00	重力坝	7.00	民营	1992年10月	1993年5月

续表

序号	名称	所在市（县、区）	所在河流	装机容量/kW	机组台数/台	设计水头/m	设计流量/（m^3/s）	年平均发电量/万kW·h	开发方式	坝址以上集雨面积/km^2	总库容/万m^3	坝型	坝高/m	所有制形式	开建年月	投产年月
50	巨溪水电站	莲都区	瓯江水系、大溪、小安溪、巨溪	75.00	1	39.55	0.28	21.02	引水式	25.50	0.20	其他	1.00	集体	1994年10月	1995年6月
51	开源水电站	莲都区	瓯江水系、大溪、小安溪、葛渡溪	200.00	1	18.50	1.48	33.23	引水式	29.00	0.50	其他	1.50	民营	2000年12月	2001年11月
52	库坑口水电站	莲都区	瓯江水系、瓯江、小溪、大顺源（峰源溪）、库坑	500.00	1	130.00	0.49	56.83	引水式	5.60	0	其他	1.00	民营	1992年2月	1993年2月
53	郎奇水电站	莲都区	瓯江水系、大溪、新治河、靠坑	200.00	1	16.30	1.40	28.32	坝式（坝后）	16.50	274.00	重力坝	27.00	国有	1978年11月	1986年12月
54	郎池水电站	莲都区	瓯江水系、大溪、好溪、严溪	750.00	3	14.58	6.63	240.02	引水式	184.27	5.00	重力坝	5.60	民营	2003年8月	2004年12月
55	冷水水电站	莲都区	瓯江水系、大溪、好溪	900.00	3	8.00	15.00	168.31	引水式	1100.00	9.80	拱坝	8.00	集体	1977年6月	1978年5月
56	丽西坑水电站	莲都区	瓯江水系、大溪、好溪、严溪	840.00	3	25.00	4.49	271.49	引水式	144.27	0	无	0	民营	2003年8月	2004年12月
57	丽新水电站	莲都区	瓯江水系、大溪、宣平溪	400.00	2	5.00	10.60	121.55	引水式	627.00	0.50	硬壳坝	3.00	集体	1977年9月	1979年1月
58	利栋水电站	莲都区	瓯江水系、大溪、栋村坑	200.00	1	24.60	0.85	38.44	引水式	10.90	0	其他	2.50	民营	2002年2月	2003年9月
59	刘坑水电站	莲都区	瓯江水系、瓯江（龙泉溪）、大坑、刘坑	160.00	1	115.00	0.21	62.53	引水式	4.80	0	其他	0.50	民营	1995年12月	1996年9月

续表

序号	名称	所在市（县、区）	所在河流	装机容量/kW	机组台数/台	设计水头/m	设计流量/（m^3/s）	年平均发电量/万kW·h	开发方式	坝址以上集雨面积/km^2	总库容/万m^3	坝型	坝高/m	所有制形式	开建年月	投产年月
60	龙庙水电站	莲都区	瓯江水系、大溪、西坑	375.00	2	130.00	0.39	150.20	引水式	7.80	0	其他	0.30	集体	2000年1月	2001年7月
61	龙喷水水电站	莲都区	瓯江水系、大溪、好溪、严溪、叶大后坑	320.00	1	220.00	0.20	98.54	引水式	3.20	1.20	拱坝	12.00	民营	2002年12月	2004年3月
62	麻田水电站	莲都区	瓯江水系、大溪、宣平溪、吾赤坑	650.00	2	55.00	1.58	155.94	引水式	25.00	0.10	其他	4.40	民营	2001年12月	2002年12月
63	平安水电站	莲都区	瓯江水系、大溪、小安溪、巨溪	320.00	2	11.00	3.81	71.53	引水式	63.00	0.50	硬壳坝	4.00	民营	2003年7月	2005年1月
64	秋塘水电站	莲都区	瓯江水系、大溪、好溪、秋塘坑	320.00	1	141.80	0.29	73.71	引水式	4.50	0	其他	0	民营	2003年2月	2004年2月
65	秋塘坑水电站	莲都区	瓯江水系、大溪、好溪、秋塘坑	200.00	1	215.00	0.13	41.06	引水式	3.00	0	其他	1.00	民营	1998年1月	1999年1月
66	三合溪水电站	莲都区	瓯江水系、大溪、好溪	800.00	5	3.20	26.1	345.21	坝式（坝后）	1260.00	25.50	重力坝	6.75	民营	2000年2月	2001年5月
67	山回坑水电站	莲都区	瓯江水系、瓯江（龙泉溪）、山回坑	400.00	1	110.00	0.39	97.04	引水式	8.50	1.40	重力坝	9.00	民营	2003年1月	2004年8月
68	山回坑二级水电站	莲都区	瓯江水系、瓯江（龙泉溪）、山回坑	400.00	1	44.72	0.72	87.36	混合式	15.70	9.40	拱坝	18.50	民营	2003年2月	2004年11月
69	杉树坑水电站	莲都区	瓯江水系、大溪、好溪	400.00	2	9.90	7.00	150.12	引水式	1065.00	0.20	硬壳坝	1.20	集体	1980年3月	1981年5月

续表

序号	名称	所在市（县、区）	所在河流	装机容量/kW	机组台数/台	设计水头/m	设计流量/（m^3/s）	年平均发电量/万kW·h	开发方式	坝址以上集雨面积/km^2	总库容/万m^3	坝型	坝高/m	所有制形式	开建年月	投产年月
70	上圩水电站	莲都区	瓯江水系、大溪、宣平溪、殿口坑	200.00	1	180.20	0.15	60.09	引水式	2.40	1.70	重力坝	7.00	民营	2003年1月	2004年11月
71	沈岭坑水电站	莲都区	瓯江水系、大溪、小安溪、沈岭坑	320.00	1	228.40	0.19	41.95	引水式	3.72	1.00	土坝	10.00	民营	2001年10月	2002年6月
72	胜利水电站	莲都区	瓯江水系、大溪、小安溪	960.00	3	10.50	12.39	313.84	引水式	506.00	2.00	硬壳坝	5.00	集体	1982年1月	1983年5月
73	双黄水电站	莲都区	瓯江水系、大溪、好溪	800.00	2	9.40	11.23	355.78	引水式	1065.00	0.50	硬壳坝	2.00	民营	1995年1月	1996年12月
74	双龙水电站	莲都区	瓯江水系、大溪、小安溪、库川、岱后坑	200.00	1	190.00	0.14	49.28	引水式	2.80	3.03	土坝	10.57	民营	1996年11月	1997年11月
75	双桥水电站	莲都区	瓯江水系、瓯江、小溪、大顺源（峰源溪）	200.00	1	98.00	0.28	58.71	引水式	6.67	2.00	其他	5.00	民营	1997年2月	1998年6月
76	双源水电站	莲都区	瓯江水系、大溪、小安溪、库川	100.00	1	65.50	0.20	19.04	引水式	5.40	0.10	其他	2.50	民营	1997年11月	1998年6月
77	双溪水电站	莲都区	瓯江水系、大溪、小安溪、葛渡溪	100.00	1	11.40	1.16	31.29	引水式	56.00	0.50	其他	2.00	国有	2001年10月	2002年9月
78	水东雅坑水电站	莲都区	瓯江水系、大溪、好溪、雅坑	275.00	2	39.00	0.94	65.32	引水式	17.50	0	其他	2.00	集体	1977年1月	1978年12月
79	太安水电站	莲都区	瓯江水系、大溪、小安溪	300.00	3	3.60	10.20	109.56	引水式	383.00	0	其他	2.00	集体	1997年1月	1998年7月

续表

序号	名称	所在市（县、区）	所在河流	装机容量/kW	机组台数/台	设计水头/m	设计流量/（m^3/s）	年平均发电量/万kW·h	开发方式	坝址以上集雨面积/km^2	总库容/万m^3	坝型	坝高/m	所有制形式	开建年月	投产年月
80	吾赤坑水电站	莲都区	瓯江水系、大溪、宣平溪、吾赤坑	800.00	2	49.30	2.10	262.99	引水式	41.25	17.00	拱坝	13.00	民营	2000年1月	2001年6月
81	西坑水电站	莲都区	瓯江水系、大溪、西坑	260.00	2	48.80	0.77	92.00	引水式	18.50	0.20	其他	1.50	集体	1968年10月	1969年6月
82	西溪水电站	莲都区	瓯江水系、大溪、小安溪、西溪	320.00	1	42.46	1.01	64.69	引水式	17.90	2.00	拱坝	10.00	民营	1997年10月	1998年4月
83	西斜水电站	莲都区	瓯江水系、瓯江（龙泉溪）、后桑坑	250.00	1	160.00	0.21	113.75	引水式	5.00	0.10	其他	1.00	民营	1997年10月	1998年7月
84	溪下水电站	莲都区	瓯江水系、大溪、小安溪、巨溪	250.00	1	11.22	2.69	63.27	引水式	44.00	0.50	重力坝	3.00	民营	2004年1月	2004年10月
85	下井水电站	莲都区	瓯江水系、大溪、西坑	100.00	1	100.00	0.15	55.36	引水式	4.13	0	其他	0.60	民营	1997年10月	1998年8月
86	下圩水电站	莲都区	瓯江水系、大溪、好溪、严溪	650.00	3	14.00	5.80	309.45	混合式	144.27	1845.00	面板坝	47.00	民营	2000年2月	2001年12月
87	下郑水电站	莲都区	瓯江水系、大溪、好溪、严溪、鱼坑	200.00	1	84.80	0.36	65.92	引水式	7.90	1.37	重力坝	9.30	民营	1995年2月	1996年1月
88	仙渡水电站	莲都区	瓯江水系、大溪、小安溪、葛渡溪	100.00	1	23.00	0.60	44.04	引水式	4.50	0.50	其他	1.00	集体	1979年1月	1980年1月
89	小井水电站	莲都区	瓯江水系、大溪、西坑	300.00	2	125.00	0.32	142.91	引水式	6.80	0	其他	1.00	民营	1993年1月	1994年1月

续表

序号	名称	所在市（县、区）	所在河流	装机容量/kW	机组台数/台	设计水头/m	设计流量/（m^3/s）	年平均发电量/万kW·h	开发方式	坝址以上集雨面积/km^2	总库容/万m^3	坝型	坝高/m	所有制形式	开建年月	投产年月
90	小岭根一级水电站	莲都区	瓯江水系、瓯江、小溪、小顺坑	100.00	1	67.38	0.23	37.22	混合式	2.77	12.30	重力坝	12.00	民营	2004年12月	2006年11月
91	泄川水电站	莲都区	瓯江水系、大溪、小安溪、库川	200.00	1	54.64	0.48	11.47	引水式	29.50	18.23	拱坝	21.00	集体	1999年1月	2000年1月
92	徐坑水电站	莲都区	瓯江水系、瓯江、小溪、大顺源（峰源溪）	1000.00	2	89.10	1.44	329.76	引水式	34.10	2.00	其他	5.00	集体	1977年2月	1978年11月
93	学坑水电站	莲都区	瓯江水系、大溪、小安溪、学坑	200.00	1	70.00	0.42	52.55	引水式	8.40	5.24	拱坝	12.00	民营	1997年10月	1998年8月
94	学坑口水电站	莲都区	瓯江水系、大溪、小安溪	750.00	3	22.70	4.20	237.86	引水式	293.40	5.00	硬壳坝	4.00	国有	1965年1月	1969年4月
95	瑶畈水电站	莲都区	瓯江水系、大溪、宣平溪、老竹溪	200.00	2	5.70	4.70	36.28	引水式	97.00	0.40	其他	6.20	民营	2001年1月	2002年5月
96	泽丰水电站	莲都区	瓯江水系、大溪、小安溪、西溪	320.00	1	64.00	0.66	68.93	引水式	9.00	1.79	重力坝	10.00	民营	2002年12月	2003年6月
97	郑坑水电站	莲都区	瓯江水系、瓯江（龙泉溪）、石塘坑	100.00	1	101.00	0.15	46.91	引水式	3.30	0	其他	1.50	民营	1995年10月	1996年9月
98	周坑二级水电站	莲都区	瓯江水系、瓯江（龙泉溪）、石塘坑	200.00	1	45.00	0.62	80.50	引水式	13.00	0	其他	1.50	民营	1997年10月	1998年7月
99	周坑一级水电站	莲都区	瓯江水系、瓯江（龙泉溪）、石塘坑	200.00	1	112.00	0.25	63.54	引水式	4.50	0.10	其他	3.00	民营	2000年5月	2001年5月

续表

序号	名称	所在市（县、区）	所在河流	装机容量/kW	机组台数/台	设计水头/m	设计流量/（m^3/s）	年平均发电量/万kW·h	开发方式	坝址以上集雨面积/km^2	总库容/万m^3	坝型	坝高/m	所有制形式	开建年月	投产年月
100	朱弄水电站	莲都区	瓯江水系、大溪、小安溪、巨溪	125.00	1	20.00	1.06	20.51	引水式	45.50	0.20	其他	1.00	民营	2000年10月	2001年10月
101	祝村水电站	莲都区	瓯江水系、大溪、好溪、雅坑	640.00	2	243.54	0.34	108.88	引水式	4.30	0	其他	1.50	民营	2002年12月	2004年6月
102	红旗水电站	莲都区	瓯江水系、大溪、宣平溪、老竹溪	200.00	1	60.00	0.45	44.63	混合式	5.05	58.24	土坝	20.00	集体	1981年1月	1982年1月
103	中溪水电站	莲都区	瓯江水系、大溪、中溪坑	160.00	1	32.38	0.51	15.19	引水式	5.50	0	其他	4.00	民营	2006年1月	2009年3月
104	大坝水电站	龙泉市	钱江水系、乌溪江、碧龙溪	1500.00	2	212.70	0.90	366.46	引水式	9.08	0	拱坝	8.00	民营	2005年11月	在建
105	龙潭湾水电站	龙泉市	钱江水系、乌溪江、碧龙溪	1890.00	3	36.58	6.46	420.15	引水式	76.21	0	翻板坝	9.10	民营	2005年11月	在建
106	大白岸水电站	龙泉市	瓯江水系、龙泉溪、白雁溪、白雁溪干流	3200.00	2	28.00	13.76	809.97	坝式（坝后）	152.00	2473.00	重力坝	47.70	国有	1963年7月	1967年4月
107	大赛二级水电站	龙泉市	瓯江水系、龙泉溪、豫章溪、大赛溪	6550.00	5	268.00	3.05	1665.40	引水式	31.00	2.00	重力坝	6.50	国有	1979年11月	1981年6月
108	瑞垟一级水电站	龙泉市	瓯江水系、龙泉溪、梅溪、瑞垟溪	18000.00	3	312.00	7.11	5895.00	混合式	67.00	1088.00	拱坝	54.50	国有	1984年12月	1988年10月
109	均溪一级水电站	龙泉市	瓯江水系、龙泉溪、豫章溪、均溪	3750.00	3	92.00	4.30	914.00	混合式	34.80	173.60	拱坝	43.50	股份制	1997年7月	2000年5月

续表

序号	名称	所在市（县、区）	所在河流	装机容量/kW	机组台数/台	设计水头/m	设计流量/（m^3/s）	年平均发电量/万kW·h	开发方式	坝址以上集雨面积/km^2	总库容/万m^3	坝型	坝高/m	所有制形式	开建年月	投产年月
110	梨树坪水电站	龙泉市	钱江水系、乌溪江、住溪干流	3320.00	5	70.00	6.52	1037.80	引水式	79.11	1.56	重力坝	10.40	民营	2000年4月	2002年11月
111	百步岭水电站	龙泉市	钱江水系、乌溪江、住溪、住溪干流	2060.00	3	90.00	2.86	689.30	引水式	47.50	3.00	翻板坝	11.00	民营	2001年4月	2002年7月
112	均溪二级水电站	龙泉市	瓯江水系、龙泉溪、豫章溪、均溪	10000.00	2	142.00	8.10	2418.00	混合式	65.15	589.00	拱坝	69.00	股份制	2000年11月	2002年9月
113	广安水电站	龙泉市	瓯江水系、龙泉溪、安仁溪、安仁溪干流	3200.00	2	110.00	3.46	930.00	引水式	63.69	0	重力坝	12.70	股份制	2001年2月	2002年9月
114	林垟水电站	龙泉市	瓯江水系、龙泉溪、铁杓溪、林垟溪	1260.00	2	195.43	0.92	293.60	引水式	13.20	0.03	其他	5.00	民营	2000年4月	2002年3月
115	黄坛源二级水电站	龙泉市	瓯江水系、龙泉溪、道太溪、道太溪支流	2000.00	4	190.00	1.80	471.90	引水式	17.80	0.20	重力坝	4.00	民营	2001年6月	2002年10月
116	南溪水电站	龙泉市	瓯江水系、龙泉溪、大贵溪、大贵溪干流	1320.00	3	56.40	2.40	358.80	引水式	46.93	0.75	翻板坝	7.50	民营	2002年1月	2003年5月
117	高溪桥水电站	龙泉市	瓯江水系、小溪、英川溪、岱根溪	1500.00	3	203.00	1.02	492.80	引水式	16.30	4.00	重力坝	16.80	股份制	1981年4月	1983年12月
118	小梅水电站	龙泉市	瓯江水系、龙泉溪、梅溪、梅溪干流	1260.00	2	6.60	24.00	351.90	引水式	223.00	0.50	其他	4.00	民营	2001年7月	2003年6月
119	大庄水电站	龙泉市	瓯江水系、小溪、英川溪、黄谢圩溪	2800.00	3	108.85	3.22	707.50	引水式	40.10	1.00	重力坝	6.50	民营	2002年4月	2003年9月

续表

序号	名称	所在市（县、区）	所在河流	装机容量/kW	机组台数/台	设计水头/m	设计流量/（m^3/s）	年平均发电量/万kW·h	开发方式	坝址以上集雨面积/km^2	总库容/万m^3	坝型	坝高/m	所有制形式	开建年月	投产年月
120	宝鉴水电站	龙泉市	闽江水系、建溪、松溪、宝溪	1320.00	3	25.40	6.49	320.00	引水式	89.90	1.50	翻板坝	7.50	民营	2002年1月	2003年7月
121	大赛一级水电站	龙泉市	瓯江水系、龙泉溪、豫章溪、大赛溪	2000.00	2	225.00	1.02	450.00	混合式	8.55	48.00	拱坝	37.00	股份制	2000年7月	2002年12月
122	潘床口水电站	龙泉市	钱江水系、乌溪江、住溪、住溪干流、潘床坑	1500.00	3	199.00	0.94	370.40	引水式	15.00	1.00	拱坝	11.00	股份制	1998年4月	1999年1月
123	青石水电站	龙泉市	瓯江水系、龙泉溪、蒋溪、锦溪支流	790.00	2	145.00	0.68	224.20	引水式	12.35	4.00	重力坝	8.50	国有	1979年1月	1980年11月
124	瑞垟二级水电站	龙泉市	瓯江水系、龙泉溪、梅溪、梅溪干流	32000.00	2	140.00	25.20	6797.00	混合式	163.95	2097.00	面板坝	89.35	国有	2001年9月	2003年12月
125	大赛三级水电站	龙泉市	瓯江水系、龙泉溪、豫章溪、大赛溪	1000.00	2	22.50	5.00	269.10	混合式	60.20	56.00	拱坝	24.20	国有	2002年3月	2004年12月
126	北龙水电站	龙泉市	瓯江水系、龙泉溪、大贵溪、大贵溪干流	1890.00	3	51.00	4.77	520.00	引水式	101.00	2.70	翻板坝	7.80	民营	2002年1月	2004年6月
127	垟顺水电站	龙泉市	瓯江水系、龙泉溪、梅溪、瑞垟溪	1000.00	2	143.30	0.87	323.00	引水式	15.87	8.50	拱坝	14.50	民营	2003年4月	2004年7月
128	临江水电站	龙泉市	瓯江水系、龙泉溪、龙泉溪干流	1890.00	3	4.50	51.00	634.70	坝式（河床）	1495.50	180.00	橡胶坝	4.50	国有	2003年1月	2004年10月
129	黄皮水电站	龙泉市	钱江水系、乌溪江、住溪、大溪、黄皮坑	800.00	1	480.23	0.17	165.80	引水式	2.03	2.70	重力坝	8.50	民营	2003年6月	2004年7月

续表

序号	名称	所在市（县、区）	所在河流	装机容量/kW	机组台数/台	设计水头/m	设计流量/（m^3/s）	年平均发电量/万kW·h	开发方式	坝址以上集雨面积/km^2	总库容/万m^3	坝型	坝高/m	所有制形式	开建年月	投产年月
130	沙潭水电站	龙泉市	瓯江水系、龙泉溪、铁杓溪、林垟溪	1890.00	3	35.50	4.65	340.30	引水式	71.00	1.96	翻板坝	7.60	民营	2003年1月	2004年9月
131	锯树一级水电站	龙泉市	瓯江水系、龙泉溪、白雁溪、白雁溪干流	1500.00	3	40.00	4.68	405.87	引水式	63.10	1.00	翻板坝	6.70	民营	2002年11月	2005年5月
132	锯树二级水电站	龙泉市	瓯江水系、龙泉溪、白雁溪、白雁溪干流	1500.00	3	29.00	6.46	385.00	引水式	86.67	5.60	翻板坝	8.30	民营	2002年11月	2005年5月
133	坪溪水电站	龙泉市	瓯江水系、龙泉溪、梅溪、屏田溪	630.00	1	277.00	0.27	198.00	混合式	3.00	3.84	拱坝	14.00	民营	2003年1月	2005年3月
134	南垟水电站	龙泉市	瓯江水系、龙泉溪、梅溪、屏田溪	630.00	1	216.00	0.38	197.00	引水式	4.03	0.50	重力坝	3.50	民营	2004年1月	2005年5月
135	谷坑水电站	龙泉市	钱江水系、乌溪江、住溪、大溪	1260.00	2	527.00	0.26	273.00	混合式	2.68	8.40	拱坝	18.50	民营	2003年5月	2005年9月
136	塘源水电站	龙泉市	瓯江水系、龙泉溪、八都溪、八都溪干流	1000.00	2	204.00	0.68	230.00	混合式	7.80	5.00	拱坝	14.50	民营	2002年11月	2005年9月
137	均溪三级水电站	龙泉市	瓯江水系、龙泉溪、豫章溪、均溪	5000.00	2	47.50	12.18	1097.00	引水式	84.98	60.89	翻板坝	18.60	股份制	2004年1月	2005年9月
138	三溪水电站	龙泉市	瓯江水系、龙泉溪、八都溪、横溪	1500.00	3	211.80	0.91	328.88	混合式	7.66	9.80	拱坝	25.00	民营	2003年4月	2005年5月
139	坞坑水电站	龙泉市	瓯江水系、龙泉溪、安仁溪	1260.00	2	146.00	1.11	338.32	引水式	15.01	1.26	重力坝	10.50	民营	2006年3月	2010年10月

续表

序号	名称	所在市（县、区）	所在河流	装机容量/kW	机组台数/台	设计水头/m	设计流量/（m^3/s）	年平均发电量/万kW·h	开发方式	坝址以上集雨面积/km^2	总库容/万m^3	坝型	坝高/m	所有制形式	开建年月	投产年月
140	龙头坝水电站	龙泉市	钱江水系、乌溪江、住溪、碧龙溪、碧龙溪支流	1000.00	2	354.00	0.36	273.00	引水式	4.65	2.70	重力坝	6.50	民营	2006年5月	2010年11月
141	岩樟溪一级水电站	龙泉市	瓯江水系、龙泉溪、蒋溪、岩樟溪	20000.00	2	154.00	14.28	4107.00	混合式	102.92	1143.00	拱坝	81.75	国有	2003年6月	2006年4月
142	官埔垟水电站	龙泉市	瓯江水系、龙泉溪、豫章溪、大赛溪	640.00	2	41.00	2.00	135.00	引水式	20.65	无	其他	4.00	民营	2003年7月	2006年6月
143	梧树垟水电站	龙泉市	瓯江水系、龙泉溪、豫章溪、均溪、均溪支流	2130.00	4	277.30	0.94	615.00	引水式	9.98	2.50	重力坝	13.00	民营	2004年4月	2006年1月
144	井惠口水电站	龙泉市	钱江水系、乌溪江、住溪	6400.00	2	103.00	7.52	1562.00	引水式	49.18	6.70	拱坝	14.00	民营	2004年11月	2006年10月
145	梅地水电站	龙泉市	瓯江水系、龙泉溪、豫章溪、大赛溪支流	1000.00	2	85.00	1.56	270.50	引水式	17.05	0.20	重力坝	5.00	民营	2003年12月	2007年6月
146	黄坛源一级水电站	龙泉市	瓯江水系、龙泉溪、道太溪、道太溪支流	800.00	2	155.00	0.92	270.50	混合式	7.87	5.14	拱坝	20.90	民营	2003年11月	2007年9月
147	青井水电站	龙泉市	钱江水系、乌溪江、住溪、住溪支流	1000.00	2	180.00	0.69	241.60	引水式	7.86	4.00	重力坝	10.65	民营	2006年1月	2007年9月
148	双良水电站	龙泉市	瓯江水系、龙泉溪、八都溪、桑溪	1890.00	3	40.95	4.45	387.10	混合式	42.30	220.00	拱坝	38.40	民营	2004年2月	2007年9月
149	山溪口水电站	龙泉市	瓯江水系、龙泉溪、八都溪、横溪	2500.00	2	180.30	1.73	781.40	混合式	24.05	19.10	重力坝	29.80	民营	2007年1月	2008年3月

续表

序号	名称	所在市（县、区）	所在河流	装机容量/kW	机组台数/台	设计水头/m	设计流量/（m^3/s）	年平均发电量/万kW·h	开发方式	坝址以上集雨面积/km^2	总库容/万m^3	坝型	坝高/m	所有制形式	开建年月	投产年月
150	建平水电站（新）	龙泉市	钱江水系、乌溪江、住溪、住溪支流、井坑后	1890.00	3	185.00	1.28	421.60	混合式	8.18	9.70	重力坝	26.50	民营	2006年5月	2008年10月
151	兰狮畈水电站	龙泉市	瓯江水系、龙泉溪、安仁溪、安仁溪干流	1890.00	3	36.00	5.85	487.40	引水式	91.59	0.20	翻板坝	7.00	民营	2006年6月	2008年8月
152	河里水电站	龙泉市	瓯江水系、龙泉溪、大贵溪、大贵溪支流	950.00	2	115.50	0.75	253.70	引水式	13.50	1.00	翻板坝	3.00	民营	2006年10月	2008年7月
153	泗源水电站	龙泉市	瓯江水系、龙泉溪、梅溪、青溪	820.00	2	50.00	2.80	255.49	引水式	34.12	0.75	重力坝	7.00	集体	1978年3月	1979年3月
154	岭坤水电站	龙泉市	瓯江水系、龙泉溪、铁杓溪、林垟溪支流	3200.00	2	215.00	1.86	917.40	引水式	25.00	3.00	重力坝	7.00	民营	2003年12月	2008年5月
155	东坑水电站	龙泉市	瓯江水系、龙泉溪、安仁溪、东坑溪	1260.00	2	373.20	0.28	417.17	引水式	6.65	0	其他	6.10	民营	2005年7月	2007年11月
156	水塔水电站	龙泉市	钱江水系、乌溪江、住溪、住溪支流	3200.00	4	196.00	2.23	825.80	引水式	14.60	53.30	拱坝	30.00	民营	2004年7月	2007年3月
157	竹垟水电站	龙泉市	瓯江水系、龙泉溪、八都溪、横溪	960.00	3	25.00	4.80	289.30	坝式（坝后）	75.00	315.00	拱坝	29.40	国有	1978年1月	1979年3月
158	石隆一级水电站	龙泉市	瓯江水系、龙泉溪、梅溪、石隆溪	200.00	1	29.39	0.89	54.80	坝式（坝后）	7.90	122.00	土石坝	30.40	国有	1971年11月	1976年1月
159	石隆二级水电站	龙泉市	瓯江水系、龙泉溪、梅溪、石隆溪	350.00	2	41.00	1.06	160.00	引水式	24.41	0.30	拱坝	8.00	国有	1982年1月	1983年1月

续表

序号	名称	所在市（县、区）	所在河流	装机容量/kW	机组台数/台	设计水头/m	设计流量/（m^3/s）	年平均发电量/万kW·h	开发方式	坝址以上集雨面积/km^2	总库容/万m^3	坝型	坝高/m	所有制形式	开建年月	投产年月
160	福源水电站	龙泉市	瓯江水系、龙泉溪、安福溪	500.00	1	134.00	0.48	118.40	引水式	5.00	7.00	重力坝	18.50	民营	1982年1月	1983年4月
161	高浦水电站	龙泉市	瓯江水系、龙泉溪、八都溪、横溪	960.00	3	52.00	2.30	318.00	引水式	75.00	0	重力坝	2.50	国有	1978年1月	1979年5月
162	石忽水电站	龙泉市	瓯江水系、龙泉溪、八都溪、八都溪干流	250.00	2	5.50	7.30	115.10	引水式	250.00	5.00	拱坝	3.00	国有	1980年11月	1983年11月
163	庙下水电站	龙泉市	瓯江水系、龙泉溪、大贵溪、大贵溪干流	225.00	2	9.00	3.35	96.80	引水式	161.81	5.00	其他	5.50	民营	1973年1月	1974年2月
164	宫头水电站	龙泉市	瓯江水系、龙泉溪、蒋溪、岩樟溪	400.00	2	18.00	2.70	140.00	引水式	231.74	10.00	重力坝	7.50	国有	1965年1月	1966年11月
165	剑湖水电站	龙泉市	瓯江水系、龙泉溪、梅溪、梅溪干流	320.00	2	6.50	7.72	165.80	引水式	516.00	0	重力坝	3.00	民营	1966年1月	1967年1月
166	木岱口水电站	龙泉市	瓯江水系、龙泉溪、八都溪、八都溪干流	320.00	1	15.00	1.92	90.00	坝式（坝后）	43.30	44.00	重力坝	20.00	国有	1968年1月	1969年6月
167	周调水电站	龙泉市	钱江水系、乌溪江、住溪、碧龙溪	600.00	2	200.00	0.31	182.00	引水式	6.50	0.80	拱坝	6.00	集体	1986年1月	1987年12月
168	建明水电站	龙泉市	钱江水系、乌溪江、住溪、住溪支流、马尾坑	75.00	1	133.00	0.09	23.00	引水式	4.40	0.10	其他	2.00	集体	1985年1月	1987年11月
169	五里桥水电站	龙泉市	闽江水系、建溪、松溪、宝溪支流	200.00	1	116.00	0.22	60.00	引水式	4.70	0	重力坝	7.00	民营	1978年7月	1981年1月

续表

序号	名称	所在市（县、区）	所在河流	装机容量/kW	机组台数/台	设计水头/m	设计流量/（m^3/s）	年平均发电量/万kW·h	开发方式	坝址以上集雨面积/km^2	总库容/万m^3	坝型	坝高/m	所有制形式	开建年月	投产年月
170	临龙水电站	龙泉市	瓯江水系、龙泉溪、八都溪、横溪	1600.00	2	133.70	1.52	353.00	引水式	14.76	1.00	重力坝	10.20	民营	1997年1月	1998年12月
171	下田垄水电站	龙泉市	瓯江水系、龙泉溪、安仁溪	1580.00	3	161.50	1.40	367.00	引水式	12.00	0.80	拱坝	14.80	民营	1997年1月	1998年7月
172	青坑岙水电站	龙泉市	瓯江水系、龙泉溪、梅溪、梅溪干流	250.00	2	3.80	8.20	107.00	引水式	480.00	0.20	重力坝	3.00	民营	1970年6月	1971年6月
173	岱源水电站	龙泉市	瓯江水系、龙泉溪、八都溪、八都溪支流	250.00	1	49.00	0.63	79.00	引水式	13.15	1.00	重力坝	12.00	民营	1978年6月	1980年4月
174	陂川水电站	龙泉市	瓯江水系、龙泉溪、白雁溪、白雁溪干流	160.00	1	60.00	0.20	25.00	引水式	6.00	0	其他	2.50	民营	1968年12月	1969年12月
175	青溪水电站	龙泉市	瓯江水系、龙泉溪、梅溪、青溪支流	320.00	1	37.00	1.20	51.00	引水式	16.39	0.10	重力坝	13.60	民营	1978年11月	1981年1月
176	黄永水电站	龙泉市	瓯江水系、龙泉溪、八都溪、桑溪	480.00	2	37.50	1.60	144.00	引水式	26.10	1.00	重力坝	4.00	民营	1980年6月	1982年3月
177	黄鹤水电站	龙泉市	瓯江水系、龙泉溪、大贵溪、大贵溪干流	125.00	1	24.00	0.67	47.00	引水式	27.00	0.20	重力坝	5.00	民营	1970年1月	1971年1月
178	盛溪水电站	龙泉市	瓯江水系、龙泉溪、大贵溪、大贵溪干流	395.00	2	17.50	2.23	134.00	引水式	75.80	3.00	重力坝	18.00	国有	1976年5月	1979年1月
179	宝溪水电站	龙泉市	闽江水系、宝溪干流	400.00	2	19.34	2.70	146.59	引水式	66.00	2.50	重力坝	12.00	国有	1979年1月	1980年12月

续表

序号	名称	所在市（县、区）	所在河流	装机容量/kW	机组台数/台	设计水头/m	设计流量/（m^3/s）	年平均发电量/万kW·h	开发方式	坝址以上集雨面积/km^2	总库容/万m^3	坝型	坝高/m	所有制形式	开建年月	投产年月
180	上东溪下水电站	龙泉市	瓯江水系、龙泉溪、白雁溪、白雁溪干流	520.00	2	47.00	1.38	160.00	引水式	48.50	3.00	拱坝	10.00	民营	1983年1月	1984年1月
181	岭赤水电站	龙泉市	瓯江水系、龙泉溪、道太溪、道太溪干流	200.00	2	41.00	0.46	79.00	引水式	37.00	3.70	重力坝	10.00	国有	1980年1月	1981年7月
182	查田水电站	龙泉市	瓯江水系、龙泉溪、梅溪、梅溪干流	250.00	2	6.00	3.00	95.00	引水式	380.00	0.50	其他	3.00	国有	1972年1月	1973年7月
183	大坑水电站	龙泉市	瓯江水系、龙泉溪、八都溪、桑溪	800.00	2	221.00	0.46	184.20	引水式	4.10	3.00	拱坝	14.00	民营	2002年11月	2005年4月
184	垟尾水电站	龙泉市	瓯江水系、龙泉溪、八都溪、横溪	1300.00	3	240.00	0.54	356.70	引水式	13.45	7.10	重力坝	11.80	民营	2003年2月	2005年3月
185	山际口水电站	龙泉市	瓯江水系、龙泉溪、铁杓溪、林垟溪	800.00	2	67.00	0.82	235.90	引水式	19.60	0.82	重力坝	9.60	民营	2003年7月	2005年5月
186	白雾水电站	龙泉市	瓯江水系、龙泉溪、大贵溪、大贵溪干流	1200.00	3	19.00	4.18	326.60	引水式	138.90	1.50	翻板坝	3.86	民营	2003年4月	2005年5月
187	建安水电站	龙泉市	瓯江水系、龙泉溪、安仁溪、安仁溪支流	250.00	1	150.00	0.31	85.50	引水式	3.89	1.50	重力坝	15.00	民营	1973年6月	1975年1月
188	南溪口水电站	龙泉市	瓯江水系、龙泉溪、梅溪、南溪	2400.00	3	125.00	2.67	595.00	引水式	24.21	9.85	拱坝	20.80	民营	2006年8月	2008年12月
189	孙坑水电站	龙泉市	瓯江水系、龙泉溪、梅溪、青溪	1890.00	3	53.00	3.87	658.00	混合式	52.43	182.85	拱坝	43.62	民营	2005年12月	2008年8月

续表

序号	名称	所在市（县、区）	所在河流	装机容量/kW	机组台数/台	设计水头/m	设计流量/（m^3/s）	年平均发电量/万kW·h	开发方式	坝址以上集雨面积/km^2	总库容/万m^3	坝型	坝高/m	所有制形式	开建年月	投产年月
190	溪沿水电站	龙泉市	瓯江水系、龙泉溪、安仁溪、安仁溪干流	1890.00	3	108.00	2.16	507.82	引水式	35.46	1.69	重力坝	12.00	民营	2006年3月	2009年6月
191	黄坑圩水电站	龙泉市	瓯江水系、小溪、英川溪、黄坑砻溪	800.00	2	71.00	2.03	280.00	引水式	26.30	1.00	重力坝	6.50	民营	1999年1月	2000年9月
192	岩樟溪二级水电站	龙泉市	瓯江水系、龙泉溪、蒋溪、岩樟溪	7000.00	2	54.50	14.70	147.90	混合式	124.15	21.25	重力坝	14.75	国有	2003年6月	2008年6月
193	山际水电站	龙泉市	瓯江水系、龙泉溪、铁杓溪、林垟溪	640.00	2	170.00	0.41	160.10	引水式	6.07	0.13	重力坝	7.00	民营	2006年7月	2009年8月
194	岱根水电站	龙泉市	瓯江水系、小溪、英川溪、岱根溪	1000.00	2	307.00	0.40	290.00	引水式	5.60	2.00	拱坝	9.00	民营	2005年3月	2010年6月
195	屏田一级水电站	龙泉市	瓯江水系、龙泉溪、梅溪、南溪	3200.00	4	352.70	1.13	870.00	引水式	10.60	0.86	重力坝	13.10	民营	2010年11月	2012年10月
196	粗溪水电站	龙泉市	瓯江水系、龙泉溪、安仁溪、粗溪	500.00	1	220.00	0.27	135.40	引水式	4.90	0	其他	2.00	民营	2006年9月	2010年7月
197	下田水电站	龙泉市	瓯江水系、龙泉溪、安仁溪、下田溪	640.00	2	148.90	0.58	140.30	引水式	5.51	7.00	重力坝	13.20	民营	2010年10月	2011年8月
198	住龙水电站（龙星水电站）	龙泉市	钱江水系、乌溪江、住溪、住溪干流	3200.00	4	51.00	4.77	853.60	引水式	149.50	7.00	翻板坝	11.80	民营	2006年5月	2011年4月
199	雁溪水电站	龙泉市	瓯江水系、龙泉溪、白雁溪、白雁溪干流	8000.00	2	70.49	14.60	1681.00	混合式	116.00	907.00	拱坝	56.00	民营	2007年10月	2011年1月

续表

序号	名称	所在市（县、区）	所在河流	装机容量/kW	机组台数/台	设计水头/m	设计流量/（m^3/s）	年平均发电量/万kW·h	开发方式	坝址以上集雨面积/km^2	总库容/万m^3	坝型	坝高/m	所有制形式	开建年月	投产年月
200	梅村水电站	龙泉市	瓯江水系、龙泉溪、安仁溪、安仁溪干流	640.00	2	22.00	3.7.0	182.00	混合式	50.90	50	拱坝	25.60	国有	1994年4月	1996年1月
201	溪口水电站	龙泉市	瓯江水系、龙泉溪、八都溪、八都溪干流	225.00	2	6.50	4.3.00	81.00	引水式	270.00	5.00	其他	2.50	民营	1970年1月	1971年9月
202	牛岱岭水电站	龙泉市	瓯江水系、龙泉溪、道太溪、道太溪干流	1890.00	3	295.00	0.78	552.30	引水式	11.41	0	重力坝	8.00	民营	2010年11月	2015年7月
203	高湖水电站	青田县	瓯江水系、大溪、船寮港、十二都源	1260.00	2	8.70	17.60	417.88	引水式	242.10	18.84	翻板坝	4.00	民营	2016年4月	2020年1月
204	九湾仙峡水电站	青田县	瓯江水系、大溪、祯埠港、章村港	4800.00	3	95.00	6.00	1200.00	引水式	98.00	4.00	重力坝	8.00	民营	2014年10月	2020年1月
205	青田水利枢纽	青田县	瓯江水系、瓯江	42000.00	3	7.00	921.40	12656.00	坝式（河床）	13810.00	3396.00	重力坝	17.00	民营	2016年6月	2018年7月
206	滩坑水电站	青田县	瓯江水系、瓯江干流、小溪	604000.00	4	107.00	633.90	102300.00	坝式（坝后）	3330.00	419000.00	面板坝	162.00	国有	2004年10月	2008年8月
207	三溪口水电站	青田县	瓯江水系、瓯江干流	100000 .00	3	9.27	1297.80	26600.00	坝式（河床）	13380.00	5655.00	重力坝	30.50	民营	2009年11月	2015年1月
208	石郭水电站	青田县	瓯江水系、瓯江、石郭源	500.00	2	87.10	0.36	75.00	引水式	5.00	17.00	拱坝	22.00	民营	2010年6月	2018年10月
209	红井水电站	青田县	瓯江水系、瓯江、小溪、雪坑	200.00	1	54.30	6.48	55.00	引水式	6.80	12.00	其他	15.00	民营	1968年9月	1972年3月

续表

序号	名称	所在市（县、区）	所在河流	装机容量/kW	机组台数/台	设计水头/m	设计流量/（m^3/s）	年平均发电量/万kW·h	开发方式	坝址以上集雨面积/km^2	总库容/万m^3	坝型	坝高/m	所有制形式	开建年月	投产年月
210	石郭一级水电站	青田县	瓯江水系、瓯江、石郭源	2400.00	3	190.45	1.61	625.00	混合式	14.10	290.00	重力坝	51.50	民营	1958年11月	1959年12月
211	王村水电站	青田县	瓯江水系、大溪、祯埠源、章村港	1580.00	3	80.00	2.50	316.00	引水式	98.00	8.00	重力坝	8.00	集体	1977年1月	1979年1月
212	金坑水电站	青田县	瓯江水系、大溪、船寮溪	9600.00	3	113.00	10.60	1868.13	引水式	107.00	2473.00	拱坝	80.60	国有	1978年1月	1984年6月
213	龙潭水电站	青田县	瓯江水系、瓯江、小溪、坑底源	1500.00	3	370.00	0.51	610.60	引水式	17.60	18.85	拱坝	18.30	民营	1992年12月	1994年12月
214	阜山水电站	青田县	瓯江水系、瓯江、小溪、大奕坑源	2520.00	4	200.00	1.69	680.00	引水式	27.00	9.00	重力坝	20.00	民营	1993年7月	1995年7月
215	金龙一级水电站	青田县	瓯江水系、大溪、船寮溪	1890.00	3	80.00	2.90	508.22	引水式	48.00	140.00	拱坝	43.80	民营	1993年3月	1996年8月
216	幸福一级水电站	青田县	瓯江水系、瓯江、小溪、苦麻坑	100.00	1	158.00	0.08	19.82	引水式	1.50	38.00	重力坝	20.86	集体	1957年10月	1960年5月
217	孙溪水电站	青田县	瓯江水系、瓯江、贵岙源	750.00	2	52.00	1.82	156.53	引水式	28.00	4.00	拱坝	9.00	民营	1994年1月	1996年11月
218	尖溪一级水电站	青田县	瓯江水系、瓯江、贵岙源	500.00	1	308.00	0.21	156.50	引水式	3.50	12.44	拱坝	19.80	民营	1994年2月	1996年12月
219	焕恩水电站	青田县	瓯江水系、瓯江、四都港	1500.00	3	12.00	15.90	415.87	引水式	208.00	11.00	拱坝	12.50	民营	1995年1月	1997年2月

续表

序号	名称	所在市（县、区）	所在河流	装机容量/kW	机组台数/台	设计水头/m	设计流量/（m^3/s）	年平均发电量/万kW·h	开发方式	坝址以上集雨面积/km^2	总库容/万m^3	坝型	坝高/m	所有制形式	开建年月	投产年月
220	伯品水电站	青田县	瓯江水系、大溪、船寮溪	1920.00	3	20.00	10.35	450.00	引水式	48.10	0.60	拦栅坝	2.00	民营	1995年9月	1997年5月
221	坑口一级水电站	青田县	瓯江水系、瓯江、湖边源	250.00	1	22.70	1.40	33.98	坝式（坝后）	9.00	235.00	面板坝	37.00	民营	1977年10月	1982年11月
222	大奕坑水电站	青田县	瓯江水系、瓯江、小溪、大奕坑源	12600.00	2	185.00	7.70	3470.34	引水式	61.81	2840.00	拱坝	86.80	民营	1998年2月	2001年3月
223	发光水电站	青田县	瓯江水系、瓯江、小溪、苦麻坑	500.00	1	170.00	0.37	67.83	引水式	3.00	0.10	其他	1.50	民营	1994年5月	1996年5月
224	奇艺二级水电站	青田县	瓯江水系、瓯江、四都港、方山源	800.00	2	38.00	3.29	277.79	引水式	36.00	109.85	拱坝	32.00	民营	1999年3月	2001年10月
225	城湖水电站	青田县	瓯江水系、瓯江、湖边源	1640.00	4	130.00	1.58	421.90	引水式	23.00	2.00	重力坝	7.30	民营	1975年1月	1977年6月
226	建萍水电站	青田县	瓯江水系、瓯江、四都港	1260.00	2	13.00	12.2	299.34	引水式	124.00	175.00	重力坝	25.30	民营	1999年4月	2001年7月
227	丽湖水电站	青田县	瓯江水系、瓯江、小溪、阜口源	10000.00	2	278.00	4.26	2762.00	引水式	38.00	1310.00	拱坝	68.35	民营	1999年3月	2002年5月
228	仁村水电站	青田县	瓯江水系、瓯江、小溪、北山源	1120.00	2	42.00	3.40	128.51	引水式	23.78	0.10	其他	1.50	民营	2001年10月	2003年10月
229	高市水电站	青田县	瓯江水系、大溪、高市源	1000.00	2	47.50	2.70	203.86	引水式	31.70	31.60	重力坝	18.50	民营	2002年1月	2004年1月

续表

序号	名称	所在市（县、区）	所在河流	装机容量/kW	机组台数/台	设计水头/m	设计流量/（m^3/s）	年平均发电量/万kW·h	开发方式	坝址以上集雨面积/km^2	总库容/万m^3	坝型	坝高/m	所有制形式	开建年月	投产年月
230	峰山水电站	青田县	瓯江水系、瓯江、石洞源	630.00	1	320.00	0.29	170.00	引水式	2.40	8.00	土石坝	17.32	民营	2002年1月	2004年5月
231	雄溪源一级水电站	青田县	瓯江水系、大溪、雄溪源	3200.00	4	397.00	1.01	825.32	引水式	7.20	23.60	拱坝	28.00	民营	2004年5月	2006年5月
232	半岭水电站	青田县	瓯江水系、瓯江、小溪、北山源、水落潭坑个	1890.00	3	430.00	0.55	442.38	引水式	2.58	2.00	其他	7.00	民营	2003年10月	2005年10月
233	锦水三级水电站	青田县	瓯江水系、大溪、锦水源	1500.00	3	315.00	0.60	293.86	引水式	8.31	0.06	重力坝	2.00	民营	2004年4月	2005年4月
234	石盖源三级水电站	青田县	瓯江水系、大溪、石盖源	1500.00	3	105.00	1.78	206.88	引水式	17.96	2.37	重力坝	7.50	民营	2003年11月	2005年11月
235	西源水电站	青田县	瓯江水系、大溪、高市源	1260.00	2	47.50	3.40	291.16	引水式	27.35	37.9	拱坝	27.80	民营	2004年1月	2006年1月
236	高沙水电站	青田县	瓯江水系、大溪	320.00	1	70.00	0.58	14.76	引水式	6.10	5.00	重力坝	10.00	民营	2003年10月	2005年1月
237	西岩坑一级水电站	青田县	瓯江水系、大溪、祯埠源	200.00	1	71.77	0.35	42.28	引水式	3.30	0.30	重力坝	4.00	民营	2004年3月	2005年3月
238	桐溪水电站	青田县	瓯江水系、大溪、船寮溪、桐溪源	800.00	2	122.00	0.82	117.87	引水式	7.15	23.60	拱坝	16.00	民营	2004年2月	2005年9月
239	西岩坑二级水电站	青田县	瓯江水系、大溪、祯埠源	300.00	1	71.77	0.35	49.65	引水式	8.90	0.30	重力坝	3.00	民营	2003年11月	2005年8月

续表

序号	名称	所在市（县、区）	所在河流	装机容量/kW	机组台数/台	设计水头/m	设计流量/（m^3/s）	年平均发电量/万kW·h	开发方式	坝址以上集雨面积/km^2	总库容/万m^3	坝型	坝高/m	所有制形式	开建年月	投产年月
240	雄溪源二级水电站	青田县	瓯江水系、大溪、雄溪源	2500.00	2	144.20	2.18	798.97	引水式	30.15	95.60	拱坝	39.10	民营	2003年11月	2005年5月
241	黄肚二级水电站	青田县	瓯江水系、大溪、祯埠源、章村源	640.00	2	30.00	2.68	119.54	引水式	29.12	0.74	重力坝	3.00	民营	2002年1月	2004年1月
242	石盖源二级水电站	青田县	瓯江水系、大溪、石盖源	800.00	2	95.00	1.06	235.09	引水式	12.55	24.63	拱坝	31.00	民营	2004年5月	2007年5月
243	富塘水电站	青田县	瓯江水系、瓯江、小溪、阜口源	1200.00	2	71.00	2.14	172.67	引水式	11.30	12.50	重力坝	16.67	民营	2002年10月	2004年10月
244	南坑水电站	青田县	瓯江水系、大溪、祯埠源	1260.00	2	200.00	0.79	249.41	引水式	7.50	1.95	拱坝	17.00	民营	2005年7月	2007年7月
245	郎回坑三级水电站	青田县	瓯江水系、瓯江、小溪、郎回坑源	1600.00	2	170.00	1.18	397.67	引水式	13.35	19.40	重力坝	20.00	民营	2005年4月	2007年4月
246	幸福二级水电站	青田县	瓯江水系、瓯江、小溪、苦麻坑	130.00	2	89.00	0.19	20.52	引水式	2.50	0.05	其他	1.50	集体	1970年9月	1972年9月
247	官庄一级水电站	青田县	瓯江水系、大溪、官庄源	395.00	2	17.00	2.92	81.10	坝式（坝后）	72.50	133.00	其他	24.00	集体	1965年8月	1972年5月
248	泓丰水电站	青田县	瓯江水系、大溪、船寮溪、小源	1500.00	3	104.00	1.81	171.87	引水式	18.80	8.50	拱坝	18.00	民营	2004年11月	2007年4月
249	鸿福水电站	青田县	瓯江水系、瓯江、楠溪江、小南溪、石染坑	1000.00	2	200.00	0.63	145.84	引水式	4.26	5.20	拱坝	18.00	民营	2004年1月	2006年1月

续表

序号	名称	所在市（县、区）	所在河流	装机容量/kW	机组台数/台	设计水头/m	设计流量/（m^3/s）	年平均发电量/万kW·h	开发方式	坝址以上集雨面积/km^2	总库容/万m^3	坝型	坝高/m	所有制形式	开建年月	投产年月
250	江南水电站	青田县	瓯江水系、瓯江、外旦坑	1000.00	2	198.00	0.64	180.00	引水式	7.00	4.50	拱坝	10.00	国有	1978年8月	1982年7月
251	大路水电站	青田县	瓯江水系、大溪、大路源	160.00	1	180.00	0.11	34.47	引水式	1.70	0.20	重力坝	5.00	集体	1981年5月	1983年5月
252	石溪坦门水电站	青田县	瓯江水系、瓯江、石溪源	500.00	1	97.00	0.65	120.00	引水式	11.00	3.10	重力坝	6.00	民营	2017年7月	2018年10月
253	官庄二级水电站	青田县	瓯江水系、大溪、官庄源	250.00	1	23.60	1.50	81.84	引水式	72.50	133.00	其他	24.00	民营	1992年8月	1994年6月
254	王岙玉平水电站	青田县	瓯江水系、大溪、官庄源	200.00	1	30.00	0.85	18.90	引水式	9.00	15.00	拱坝	20.35	民营	1992年8月	1994年8月
255	瀑泉坑水电站	青田县	瓯江水系、大溪、官庄源	75.00	1	28.00	0.35	11.30	引水式	7.40	2.50	拱坝	6.00	民营	1992年2月	1994年6月
256	彭湖水电站	青田县	瓯江水系、瓯江、小溪、毛山坑	640.00	2	145.00	0.56	170.42	引水式	11.00	1.00	重力坝	5.00	民营	1992年11月	1994年11月
257	平桥二级水电站	青田县	瓯江水系、大溪、船寮溪、小源	790.00	2	30.00	3.30	54.89	引水式	10.00	0	其他	0	民营	1992年11月	1994年11月
258	兆庄水电站	青田县	瓯江水系、大溪、官坑源	640.00	2	68.00	1.18	58.15	引水式	17.00	1.70	重力坝	11.00	民营	1992年12月	1994年12月
259	汤垟水电站	青田县	瓯江水系、瓯江、四都港	200.00	1	65.00	0.39	44.33	引水式	4.00	1.40	拱坝	4.00	民营	1982年11月	1985年1月

续表

序号	名称	所在市（县、区）	所在河流	装机容量/kW	机组台数/台	设计水头/m	设计流量/（m^3/s）	年平均发电量/万kW·h	开发方式	坝址以上集雨面积/km^2	总库容/万m^3	坝型	坝高/m	所有制形式	开建年月	投产年月
260	小奕水电站	青田县	瓯江水系、瓯江、小溪、小奕坑	320.00	1	160.00	0.25	31.35	引水式	3.50	1.00	拱坝	8.50	民营	1993年3月	1995年3月
261	湖云源水电站	青田县	瓯江水系、瓯江、小溪、湖云源	1160.00	2	215.00	0.68	144.53	引水式	7.5	1.50	拱坝	9.50	民营	1993年5月	1995年5月
262	万坑一级水电站	青田县	瓯江水系、大溪、船寮溪	640.00	2	70.94	1.35	178.50	引水式	17.6	0.80	重力坝	6.00	民营	1994年2月	1995年10月
263	雅洋汇水电站	青田县	瓯江水系、瓯江、四都港	640.00	2	7.00	11.50	162.78	引水式	191	3.50	拱坝	5.00	民营	1993年12月	1996年11月
264	万山一级水电站	青田县	瓯江水系、大溪、船寮溪、小源	1000.00	2	93.00	1.35	84.35	引水式	12	4.68	拱坝	16.10	民营	1970年7月	1972年7月
265	麻埠水电站	青田县	瓯江水系、大溪、麻埠源	640.00	2	70.00	1.15	124.08	引水式	15.3	33.00	拱坝	26.20	民营	1995年3月	1997年3月
266	奇艺水电站	青田县	瓯江水系、瓯江、四都港、方山源	800.00	2	30.00	3.35	261.65	引水式	36	109.85	拱坝	32.00	民营	1995年2月	1997年7月
267	里塘坑一级水电站	青田县	瓯江水系、瓯江、石洞源	500.00	2	50.00	1.25	117.16	引水式	7.10	9.50	重力坝	22.00	民营	1996年1月	1998年2月
268	石溪国垟水电站	青田县	瓯江水系、瓯江、石溪源	200.00	1	97.00	0.26	43.36	引水式	11.00	3.10	重力坝	6.00	民营	1996年1月	1998年3月
269	桂溪水电站	青田县	瓯江水系、大溪、大路源	450.00	2	200.00	0.28	76.13	引水式	2.02	0.10	重力坝	3.00	民营	1995年3月	1997年3月

续表

序号	名称	所在市（县、区）	所在河流	装机容量/kW	机组台数/台	设计水头/m	设计流量/（m^3/s）	年平均发电量/万kW·h	开发方式	坝址以上集雨面积/km^2	总库容/万m^3	坝型	坝高/m	所有制形式	开建年月	投产年月
270	金鸡水电站	青田县	瓯江水系、瓯江、四都港	640.00	2	64.00	1.25	140.91	引水式	12.80	40.00	重力坝	20.50	民营	1997年10月	1999年7月
271	坑口二级水电站	青田县	瓯江水系、瓯江、湖边源	1500.00	3	200.00	0.95	345.82	引水式	9.00	235.00	面板坝	37.00	民营	1998年12月	2001年3月
272	小西坑水电站	青田县	瓯江水系、瓯江、小溪	800.00	2	118.00	0.85	130.81	引水式	12.00	20.00	拱坝	22.80	民营	2000年1月	2001年7月
273	大源坑水电站	青田县	瓯江水系、大溪、祯埠源、祯旺源、大源坑	400.00	1	125.00	0.40	50.38	引水式	4.00	1.50	其他	12.00	民营	1998年12月	2000年12月
274	济头水电站	青田县	瓯江水系、大溪、海口源	200.00	1	72.00	0.35	30.92	引水式	3.70	0.50	重力坝	2.50	集体	2001年5月	2003年5月
275	彭湖一级水电站	青田县	瓯江水系、瓯江、小溪、毛山坑	1000.00	2	303.00	0.33	275.52	引水式	5.40	12.00	拱坝	16.00	民营	2001年9月	2003年9月
276	洋心水电站	青田县	瓯江水系、瓯江、四都港、五源坑、垟心溪	320.00	1	81.00	0.50	82.14	引水式	6.50	0.10	重力坝	1.50	集体	1970年1月	1972年7月
277	东坑口水电站	青田县	瓯江水系、大溪、船寮溪、桐溪源	500.00	2	25.00	2.50	44.38	引水式	14.00	0.10	重力坝	4.00	民营	2005年2月	2007年2月
278	谷甫水电站	青田县	瓯江水系、大溪、祯埠源、祯旺源	1890.00	3	80.00	2.96	344.12	引水式	33.44	15.00	重力坝	17.30	民营	2005年5月	2007年5月
279	坑下直坑水电站	青田县	瓯江水系、瓯江、小溪、巨浦源	1000.00	2	265.00	0.48	204.76	引水式	4.80	3.00	拱坝	7.00	民营	2003年7月	2007年7月

续表

序号	名称	所在市（县、区）	所在河流	装机容量/kW	机组台数/台	设计水头/m	设计流量/（m^3/s）	年平均发电量/万kW·h	开发方式	坝址以上集雨面积/km^2	总库容/万m^3	坝型	坝高/m	所有制形式	开建年月	投产年月
280	里塘坑二级水电站	青田县	瓯江水系、瓯江、石洞源	800.00	2	50.00	2.00	164.60	引水式	25.50	75.00	拱坝	29.70	民营	1997年1月	1999年2月
281	贵岙水电站	青田县	瓯江水系、瓯江、贵岙源	2520.00	4	68.00	4.66	715.00	引水式	57.00	311.00	拱坝	44.00	集体	1970年4月	1972年4月
282	小令水电站	青田县	瓯江水系、瓯江、四都港、小令源	400.00	1	216.00	0.24	76.50	引水式	1.50	29.50	重力坝	15.00	集体	2017年3月	2018年12月
283	金龙二级水电站	青田县	瓯江水系、大溪、船寮溪	1890.00	3	120.00	1.97	522.34	引水式	65.60	1.50	拱坝	6.00	民营	1994年4月	1996年4月
284	石郭二级水电站	青田县	瓯江水系、瓯江、石郭源	570.00	2	27.00	1.61	91.00	引水式	16.70	365.00	土石坝	51.50	民营	1979年1月	1988年8月
285	东坑水电站	青田县	瓯江水系、瓯江、贵岙源	400.00	2	124.00	0.41	56.48	引水式	5.00	2.00	拱坝	10.00	民营	1992年1月	1994年7月
286	后垟水电站	青田县	瓯江水系、瓯江、小溪、北山源	250.00	1	160.00	0.20	26.62	引水式	1.00	108.00	重力坝	26.00	集体	1974年4月	1976年4月
287	港头水电站	青田县	瓯江水系、瓯江、水磨地坑	400.00	1	150.00	0.34	69.84	引水式	3.00	0.20	重力坝	2.00	集体	1969年1月	1971年9月
288	金叶水电站	青田县	瓯江水系、瓯江、石洞源	320.00	1	145.00	0.35	44.50	引水式	2.90	3.00	重力坝	11.50	民营	1996年1月	1998年7月
289	大坑二级水电站	青田县	瓯江水系、瓯江、小溪、大坑源	500.00	2	82.39	0.82	99.50	引水式	7.00	0.81	重力坝	8.90	民营	2006年2月	2008年5月

续表

序号	名称	所在市（县、区）	所在河流	装机容量/kW	机组台数/台	设计水头/m	设计流量/（m^3/s）	年平均发电量/万kW·h	开发方式	坝址以上集雨面积/km^2	总库容/万m^3	坝型	坝高/m	所有制形式	开建年月	投产年月
290	龙前水电站	青田县	瓯江水系、瓯江、贵岙源	400.00	2	112.00	0.45	77.70	引水式	5.80	2.00	其他	3.00	民营	1992年1月	1994年7月
291	石马水电站	青田县	瓯江水系、瓯江、小溪、石马坑	630.00	1	180.00	0.44	79.12	引水式	2.75	1.50	重力坝	8.00	民营	2004年4月	2009年12月
292	金田二级水电站	青田县	瓯江水系、瓯江、小溪、张口源	800.00	2	58.00	1.73	168.09	引水式	8.00	8.50	重力坝	20.00	民营	2006年1月	2008年1月
293	下垟一级水电站	青田县	瓯江水系、瓯江、石洞源	320.00	1	200.00	0.50	70.39	引水式	3.50	1.50	重力坝	14.60	民营	1995年1月	1997年7月
294	下垟二级水电站	青田县	瓯江水系、瓯江、石洞源	500.00	2	125.00	0.50	72.08	引水式	6.50	1.50	其他	1.00	民营	1995年1月	1997年7月
295	振兴水电站	青田县	瓯江水系、瓯江、石洞源	640.00	2	120.00	0.67	134.56	引水式	8.00	1.00	拱坝	7.00	民营	1993年1月	1995年5月
296	闯溪水电站	青田县	瓯江水系、瓯江、贵岙源	880.00	3	50.00	2.20	114.58	引水式	31.60	2.50	拱坝	5.00	民营	1991年1月	1993年6月
297	大坑水电站	青田县	瓯江水系、瓯江、贵岙源	400.00	2	113.00	0.45	63.83	引水式	5.50	0.10	拱坝	3.00	民营	1993年1月	1995年3月
298	八源水电站	青田县	瓯江水系、瓯江、四都港、八源坑	5000.00	2	116.00	5.40	874.65	引水式	54.28	997.50	拱坝	62.85	民营	2003年1月	2005年11月
299	塘坑水电站	青田县	瓯江水系、瓯江、石洞源	8000.00	2	153.10	6.55	1905.00	引水式	46.26	1202.00	拱坝	66.40	民营	2003年1月	2005年5月

续表

序号	名称	所在市（县、区）	所在河流	装机容量/kW	机组台数/台	设计水头/m	设计流量/（m^3/s）	年平均发电量/万kW·h	开发方式	坝址以上集雨面积/km^2	总库容/万m^3	坝型	坝高/m	所有制形式	开建年月	投产年月
300	新船坑水电站	青田县	瓯江水系、瓯江、石洞源	320.00	1	124.00	0.40	54.83	引水式	3.84	3.00	拱坝	15.00	民营	2006年1月	2008年2月
301	西溪水电站	青田县	瓯江水系、瓯江、楠溪江、小南溪、石染坑	3200.00	2	100.19	4.00	516.61	引水式	27.35	38.00	拱坝	28.00	民营	2005年1月	2007年1月
302	雄溪三级水电站	青田县	瓯江水系、大溪、雄溪源	2400.00	3	58.70	5.01	666.36	引水式	53.30	166.24	重力坝	29.00	民营	2004年8月	2012年8月
303	阜山二级水电站	青田县	瓯江水系、瓯江、小溪、大奕源	250.00	1	15.00	2.10	62.66	引水式	27.00	0.01	其他	1.00	民营	2007年11月	2009年11月
304	驮园水电站	青田县	瓯江水系、瓯江、四都港、八源坑	1890.00	3	91.00	2.60	333.34	引水式	20.00	62.00	拱坝	27.00	民营	2007年1月	2009年11月
305	仁塘坑水电站	青田县	瓯江水系、瓯江、四都港、八源坑	1890.00	3	244.00	0.97	325.28	引水式	3.80	4.20	拱坝	29.00	民营	2007年4月	2009年11月
306	周济坑水电站	青田县	瓯江水系、大溪、船寮溪、小源	200.00	1	272.00	0.09	27.00	引水式	1.30	0.30	重力坝	3.50	民营	2011年2月	2013年2月
307	万富水电站	青田县	瓯江水系、瓯江、小溪、阜口源	400.00	2	58.00	0.88	84.82	引水式	7.30	75.00	拱坝	35.00	民营	2004年8月	2006年8月
308	岩门坑水电站	青田县	瓯江水系、瓯江、小溪、阜口源	630.00	1	225.00	0.40	74.39	引水式	5.77	2.90	重力坝	9.20	民营	2002年6月	2004年6月
309	五里亭水电站	青田县	瓯江水系、大溪	42000.00	3	7.10	675.00	12135.00	坝式（河床）	8872.00	2424.00	重力坝	24.40	国有	2004年10月	2009年8月

续表

序号	名称	所在市（县、区）	所在河流	装机容量/kW	机组台数/台	设计水头/m	设计流量/（m^3/s）	年平均发电量/万kW·h	开发方式	坝址以上集雨面积/km^2	总库容/万m^3	坝型	坝高/m	所有制形式	开建年月	投产年月
310	外雄水电站	青田县	瓯江水系、大溪	48000.00	2	8.20	660.00	14100.00	坝式（河床）	9265.00	1717.40	重力坝	38.50	国有	2006年3月	2010年4月
311	石塘水电站	云和县	瓯江水系、瓯江云和段、龙泉溪	85800.00	3	22.50	109.00	18900.00	坝式（河床）	3234.00	8300.00	重力坝	38.90	国有	1985年7月	1989年6月
312	紧水滩水电站	云和县	瓯江水系、瓯江云和段、龙泉溪	305000.00	6	69.00	100.00	49000.00	坝式（坝后）	2761.00	139300	拱坝	102.00	国有	1983年3月	1988年12月
313	石塘坑一级水电站	云和县	瓯江水系、瓯江云和段、龙泉溪、石塘坑	1890.00	3	182.66	1.35	296.29	引水式	28.00	0.20	其他	4.00	集体	1969年3月	1971年8月
314	雾溪水库一级水电站	云和县	瓯江水系、瓯江云和段、龙泉溪、浮云溪、雾溪	1500.00	3	37.60	1.74	269.43	坝式（坝后）	29.70	1202.90	土石坝	47.30	国有	1966年3月	1968年8月
315	金泉水电站	云和县	瓯江水系、瓯江云和段、龙泉溪、泉溪	500.00	1	81.50	0.40	116.87	混合式	12.90	7.40	拱坝	18.00	民营	1994年9月	1996年10月
316	麻垟二级水电站	云和县	瓯江水系、瓯江云和段、龙泉溪、麻垟坑	1890.00	3	148.00	1.74	502.35	引水式	25.17	2.75	其他	9.50	民营	1999年9月	2001年2月
317	沙铺砻水电站	云和县	瓯江水系、瓯江云和段、小溪、梧桐坑、梧桐坑干流	25000.00	2	280.59	10.30	4916.03	混合式	42.60	845.00	面板坝	64.10	国有	1997年11月	2001年7月
318	十八湾水电站	云和县	瓯江水系、瓯江云和段、龙泉溪、坑口坑	1000.00	2	120.00	1.14	264.38	混合式	13.30	42.50	拱坝	30.50	民营	2000年12月	2002年4月
319	龙头坑水电站	云和县	瓯江水系、瓯江云和段、龙泉溪、浮云溪、龙潭坑	600.00	2	142.00	0.53	178.21	混合式	8.00	25.60	拱坝	31.00	民营	2000年2月	2003年2月

续表

序号	名称	所在市（县、区）	所在河流	装机容量/kW	机组台数/台	设计水头/m	设计流量/（m^3/s）	年平均发电量/万kW·h	开发方式	坝址以上集雨面积/km^2	总库容/万m^3	坝型	坝高/m	所有制形式	开建年月	投产年月
320	指头垟水电站	云和县	瓯江水系、瓯江云和段、龙泉溪、浮云溪、云坛溪	1890.00	3	82.07	3.30	443.54	引水式	35.00	13.89	其他	13.50	民营	2002年4月	2004年4月
321	金坑口水电站	云和县	瓯江水系、瓯江云和段、小溪、梧桐坑	16000.00	2	160.00	11.28	3885.01	混合式	84.00	121.00	拱坝	37.00	民营	2002年9月	2005年5月
322	月湾水电站	云和县	瓯江水系、瓯江云和段、小溪、梧桐坑	1260.00	2	115.00	1.37	169.62	混合式	14.00	71.50	拱坝	31.50	民营	2001年12月	2004年8月
323	百廿步水电站	云和县	瓯江水系、瓯江云和段、龙泉溪、临海垟坑	525.00	2	50.27	1.30	152.50	混合式	14.80	20.52	拱坝	25.00	民营	2003年12月	2005年7月
324	田铺水电站	云和县	瓯江水系、瓯江云和段、龙泉溪、田铺坑	500.00	2	71.00	0.49	113.74	引水式	15.70	0.02	其他	8.00	民营	2004年2月	2005年11月
325	岙头水电站	云和县	瓯江水系、瓯江云和段、小溪、大北坑	640.00	2	105.00	0.80	119.21	引水式	7.80	0.10	其他	3.00	民营	2005年3月	2007年12月
326	靛青山水电站	云和县	瓯江水系、瓯江云和段、龙泉溪、浮云溪、云坛溪	4000.00	2	285.00	1.75	779.34	混合式	18.20	152.00	拱坝	39.70	民营	2002年4月	2006年9月
327	牛三溪水电站	云和县	瓯江水系、瓯江云和段、龙泉溪、大牛坑	1260.00	2	220.00	0.57	162.77	引水式	8.99	0.60	其他	12.09	民营	2005年10月	2006年12月
328	麻垟一级水电站	云和县	瓯江水系、瓯江云和段、龙泉溪、麻垟坑	1000.00	2	180.00	0.75	290.88	引水式	8.10	7.90	重力坝	8.50	民营	2005年11月	2007年5月
329	水照垟水电站	云和县	瓯江水系、瓯江云和段、龙泉溪、泉溪	640.00	2	100.00	0.72	130.38	引水式	3.80	2.10	其他	14.00	民营	2006年4月	2007年9月

续表

序号	名称	所在市（县、区）	所在河流	装机容量/kW	机组台数/台	设计水头/m	设计流量/（m^3/s）	年平均发电量/万kW·h	开发方式	坝址以上集雨面积/km^2	总库容/万m^3	坝型	坝高/m	所有制形式	开建年月	投产年月
330	三渡溪水电站	云和县	瓯江水系、瓯江云和段、小溪、大北坑	1260.00	2	280.00	0.45	274.10	引水式	5.10	0.10	其他	1.30	民营	2005年7月	2007年9月
331	水碓垟水电站	云和县	瓯江水系、瓯江云和段、龙泉溪、浮云溪、栗溪	500.00	2	140.00	0.64	96.85	引水式	3.80	0	其他	2.50	民营	2007年8月	2008年6月
332	锯板坑水电站	云和县	瓯江水系、瓯江云和段、小溪、梧桐坑、金坑	3200.00	2	225.00	0.83	643.15	混合式	18.50	31.95	拱坝	28.40	民营	2006年3月	2008年8月
333	梅坑水电站	云和县	瓯江水系、瓯江云和段、龙泉溪、临海垟坑	800.00	2	180.00	0.58	128.60	引水式	4.20	0.10	其他	1.00	民营	2007年10月	2009年2月
334	雾溪水库二级水电站	云和县	瓯江水系、瓯江云和段、龙泉溪、浮云溪、雾溪	720.00	2	21.00	3.50	124.52	引水式	29.70	0	(无坝)	0	国有	2010年10月	2012年12月
335	大徐水电站	云和县	瓯江水系、瓯江云和段、龙泉溪、浮云溪	225.00	2	7.00	2.30	53.99	引水式	194.66	1.00	其他	2.00	集体	1965年4月	1966年6月
336	城南水电站	云和县	瓯江水系、瓯江云和段、龙泉溪、浮云溪、安溪	325.00	2	56.00	0.80	111.66	引水式	19.50	0	其他	0.80	民营	1976年10月	1996年4月
337	砻吼水电站	云和县	瓯江水系、瓯江云和段、龙泉溪、浮云溪、安溪	350.00	2	64.00	0.73	112.91	引水式	20.00	0	其他	0.80	民营	1977年12月	1979年6月
338	石塘坑二级水电站	云和县	瓯江水系、瓯江云和段、龙泉溪、石塘坑	250.00	1	25.00	1.88	70.34	引水式	37.30	0.10	其他	2.00	集体	1970年10月	1972年1月
339	泉溪水电站	云和县	瓯江水系、瓯江云和段、龙泉溪、泉溪	520.00	2	56.00	0.65	122.86	引水式	40.00	0	其他	2.50	民营	1982年12月	1984年4月

续表

序号	名称	所在市（县、区）	所在河流	装机容量/kW	机组台数/台	设计水头/m	设计流量/（m^3/s）	年平均发电量/万kW·h	开发方式	坝址以上集雨面积/km^2	总库容/万m^3	坝型	坝高/m	所有制形式	开建年月	投产年月
340	五一水电站	云和县	瓯江水系、瓯江云和段、龙泉溪、浮云溪、栗溪	570.00	2	50.60	1.50	152.99	引水式	14.00	0	其他	5.00	民营	1970年10月	1972年5月
341	高牙水电站	云和县	瓯江水系、瓯江云和段、龙泉溪、临海垟坑	720.00	2	155.00	0.50	115.18	引水式	6.60	0	其他	0.20	民营	1998年10月	2000年3月
342	麻垟水电站	云和县	瓯江水系、瓯江云和段、龙泉溪、麻垟坑	200.00	2	30.00	0.50	55.70	引水式	27.50	0	(无坝)	0	民营	1970年12月	1973年1月
343	雾溪水口水电站	云和县	瓯江水系、瓯江云和段、龙泉溪、浮云溪、雾溪	820.00	2	95.00	0.59	239.06	引水式	17.10	0.20	其他	2.30	民营	1996年2月	1997年4月
344	石门水电站	云和县	瓯江水系、瓯江云和段、龙泉溪、浮云溪、雾溪	720.00	2	92.00	1.00	270.01	引水式	21.60	0.50	其他	3.00	民营	1971年9月	1973年1月
345	云章水电站	云和县	瓯江水系、瓯江云和段、龙泉溪、浮云溪	285.00	2	5.40	7.06	84.65	引水式	326.00	1.00	其他	2.40	民营	1997年8月	2000年8月
346	泗洲堂水电站	云和县	瓯江水系、瓯江云和段、龙泉溪、浮云溪、云坛溪	500.00	2	22.00	3.00	121.47	混合式	46.00	130.00	拱坝	28.30	民营	1976年4月	1978年1月
347	恒发水电站	云和县	瓯江水系、瓯江云和段、龙泉溪、石塘坑	520.00	2	85.00	0.48	200.13	引水式	20.10	0.10	其他	4.00	民营	1996年3月	1997年12月
348	双港水电站	云和县	瓯江水系、瓯江云和段、龙泉溪、石塘坑	200.00	1	19.50	1.43	61.77	引水式	38.30	0	其他	0	集体	1970年1月	1971年1月
349	三望潭水电站	云和县	瓯江水系、瓯江云和段、龙泉溪、坑口坑	900.00	3	100.00	1.16	220.68	混合式	14.78	9.80	拱坝	20.50	民营	1995年10月	1997年3月

续表

序号	名称	所在市（县、区）	所在河流	装机容量/kW	机组台数/台	设计水头/m	设计流量/（m^3/s）	年平均发电量/万kW·h	开发方式	坝址以上集雨面积/km^2	总库容/万m^3	坝型	坝高/m	所有制形式	开建年月	投产年月
350	龙丰水电站	云和县	瓯江水系、瓯江云和段、小溪、梧桐坑、黄家畲坑	445.00	2	50.50	1.30	94.03	引水式	25.40	0	其他	1.20	民营	2000年3月	2002年10月
351	云泉水电站	云和县	瓯江水系、瓯江云和段、龙泉溪、泉溪	500.00	2	22.00	3.00	87.26	引水式	39.97	0.60	其他	3.00	民营	2002年10月	2004年5月
352	下洋水电站	云和县	瓯江水系、瓯江云和段、小溪、砻下坑	800.00	2	296.70	0.36	323.53	引水式	7.25	2.00	其他	14.00	民营	2002年4月	2004年3月
353	梅山水电站	云和县	瓯江水系、瓯江云和段、龙泉溪、琵琶坑	520.00	2	177.75	0.38	115.11	引水式	4.80	0	其他	3.00	民营	2001年12月	2004年7月
354	板桥水电站	云和县	瓯江水系、瓯江云和段、龙泉溪、浮云溪、栗溪	800.00	2	170.00	0.57	187.44	引水式	5.20	0	其他	2.10	民营	2001年12月	2004年7月
355	山回坑水电站	云和县	瓯江水系、瓯江云和段、龙泉溪、里山坑	320.00	1	28.00	1.60	53.21	引水式	17.50	11.80	土石坝	18.20	民营	2002年10月	2003年8月
356	刘坑二级水电站	云和县	瓯江水系、瓯江云和段、龙泉溪、大坑	1260.00	2	345.63	0.25	288.80	引水式	7.40	0.10	其他	4.30	民营	2000年9月	2002年1月
357	村头水电站	云和县	瓯江水系、瓯江云和段、龙泉溪、浮云溪	1630.00	3	70.10	3.07	338.29	引水式	50.10	0	其他	1.50	集体	1964年10月	1966年5月
358	大坑水电站	云和县	瓯江水系、瓯江云和段、龙泉溪、大坑	1260.00	2	74.00	2.10	149.00	混合式	13.40	30.50	拱坝	30.00	集体	1991年11月	1993年1月
359	陈交际水电站	云和县	瓯江水系、瓯江云和段、龙泉溪、浮云溪、栗溪	360.00	2	50.00	0.50	84.05	引水式	11.00	0	其他	0.80	民营	1991年12月	1993年4月

续表

序号	名称	所在市（县、区）	所在河流	装机容量/kW	机组台数/台	设计水头/m	设计流量/（m^3/s）	年平均发电量/万kW·h	开发方式	坝址以上集雨面积/km^2	总库容/万m^3	坝型	坝高/m	所有制形式	开建年月	投产年月
360	梅源水口水电站	云和县	瓯江水系、瓯江云和段、龙泉溪、浮云溪	325.00	2	28.60	1.52	120.48	引水式	23.31	0.10	其他	1.50	集体	1971年2月	1972年3月
361	富裕水电站	云和县	瓯江水系、瓯江云和段、龙泉溪、浮云溪	325.00	2	69.00	0.43	126.61	引水式	13.10	0.10	其他	2.00	民营	1995年3月	1996年3月
362	埠头后水电站	云和县	瓯江水系、瓯江云和段、龙泉溪、浮云溪、洪洞坑	300.00	2	102.00	0.35	121.48	引水式	8.90	0.10	其他	0.50	民营	1994年1月	1995年5月
363	高际水电站	云和县	瓯江水系、瓯江云和段、龙泉溪、浮云溪、栗溪	400.00	2	95.00	1.01	180.49	引水式	9.20	0	其他	2.00	民营	1995年6月	1996年5月
364	洪洞坑水电站	云和县	瓯江水系、瓯江云和段、龙泉溪、浮云溪、洪洞坑	360.00	2	110.00	0.40	78.61	引水式	7.60	0.20	其他	2.50	民营	1995年1月	1996年2月
365	严坑水电站	云和县	瓯江水系、瓯江云和段、龙泉溪、浮云溪	1000.00	2	142.00	0.53	115.91	引水式	7.63	0.20	其他	3.33	民营	1995年1月	1996年3月
366	石门三级水电站	云和县	瓯江水系、瓯江云和段、龙泉溪、浮云溪、雾溪	235.00	2	19.00	1.61	62.15	引水式	25.40	0.60	其他	0.50	民营	1994年9月	1995年6月
367	金岗岭水电站	云和县	瓯江水系、瓯江云和段、龙泉溪、浮云溪、洪洞坑	300.00	2	50.00	0.40	55.68	引水式	6.30	2.00	其他	8.00	民营	1969年3月	1970年2月
368	梅垄水电站	云和县	瓯江水系、瓯江云和段、龙泉溪、浮云溪、梅垄溪	200.00	1	17.00	0.65	31.00	坝式（坝后）	7.20	361.00	土石坝	27.37	国有	1958年12月	1962年6月
369	茶山水电站	云和县	瓯江水系、瓯江云和段、龙泉溪、浮云溪、安溪	640.00	2	155.00	0.55	142.88	混合式	6.48	7.20	拱坝	28.00	集体	2013年5月	2014年6月

续表

序号	名称	所在市（县、区）	所在河流	装机容量/kW	机组台数/台	设计水头/m	设计流量/（m^3/s）	年平均发电量/万kW·h	开发方式	坝址以上集雨面积/km^2	总库容/万m^3	坝型	坝高/m	所有制形式	开建年月	投产年月
370	马蹄岙水电站	庆元县	闽江水系、松源溪、干流（松源溪）	18000.00	6	52.00	16.00	3970.97	混合式	738.00	539.00	重力坝	40.50	国有	1970年3月	1972年4月
371	兰溪桥水电站	庆元县	闽江水系、松源溪、干流（松源溪）	6400.00	4	28.00	23.50	2123.99	坝式（坝后）	235.00	1617.00	重力坝	53.50	国有	1982年5月	1984年7月
372	陈家岭水电站	庆元县	赛江水系、西溪、西溪干流	2290.00	4	53.00	5.76	558.49	引水式	77.80	0	重力坝	4.00	国有	1994年4月	1996年6月
373	百龙水电站	庆元县	瓯江水系、小溪、英川港、木耳口溪（茶园溪）	3750.00	3	272.00	1.80	1235.40	混合式	20.30	75.00	拱坝	37.00	民营	2000年8月	2002年4月
374	大岩坑水电站	庆元县	瓯江水系、小溪、毛垟港、南阳溪、大岩坑	36000.00	2	373.00	5.50	8846.00	混合式	22.00	1125.00	面板坝	76.80	民营	1998年7月	2002年5月
375	桐山水电站	庆元县	瓯江水系、龙泉溪、梅溪	6950.00	5	42.50	10.80	1086.82	引水式	198.95	3.60	翻板坝	13.50	民营	2000年4月	2003年1月
376	山后坑水电站	庆元县	闽江水系、松源溪、山后坑	1000.00	2	60.00	2.14	220.00	混合式	18.35	25.00	拱坝	25.66	民营	2002年5月	2003年7月
377	三汇水电站	庆元县	闽江水系、松源溪、后广溪、后广溪干流	3200.00	2	99.00	3.85	808.00	混合式	18.50	40.30	拱坝	44.50	民营	2001年3月	2004年4月
378	蔡段水电站	庆元县	闽江水系、松源溪、安溪、安溪干流	1200.00	3	8.00	12.80	375.98	引水式	300.00	9.80	橡胶坝	2.50	民营	2002年2月	2004年1月
379	四洋水电站	庆元县	闽江水系、松源溪、后广溪、四洋支流	1000.00	2	216.00	0.65	330.23	引水式	7.58	6.80	拱坝	18.00	民营	2002年11月	2004年7月

续表

序号	名称	所在市（县、区）	所在河流	装机容量/kW	机组台数/台	设计水头/m	设计流量/（m^3/s）	年平均发电量/万kW·h	开发方式	坝址以上集雨面积/km^2	总库容/万m^3	坝型	坝高/m	所有制形式	开建年月	投产年月
380	竹坪水电站	庆元县	瓯江水系、小溪、毛垟港、左溪、竹坪支流	1000.00	2	220.00	0.62	376.83	引水式	7.76	9.80	重力坝	17.70	民营	2003年7月	2005年9月
381	龙江水电站	庆元县	瓯江水系、小溪、毛垟港、南阳溪、贤良溪	1630.00	2	153.00	1.10	467.50	引水式	16.30	5.00	拱坝	14.90	民营	2002年11月	2004年11月
382	银河水电站	庆元县	闽江水系、松源溪、后广溪、后广溪干流	2500.00	2	245.00	1.30	780.00	引水式	19.80	2.00	拱坝	13.50	民营	2002年3月	2005年12月
383	贵南洋水电站	庆元县	赛江水系、西溪、西溪干流	6400.00	2	36.52	19.87	1719.00	混合式	179.70	161.00	拱坝	24.10	民营	2002年2月	2005年1月
384	黄水水电站	庆元县	瓯江水系、小溪、毛垟港、黄水坑	10000.00	2	350.00	3.40	3145.31	混合式	27.40	205.00	拱坝	44.00	民营	2002年8月	2004年12月
385	云雾亭水电站	庆元县	赛江水系、西溪、西溪干流	1800.00	3	72.00	3.15	662.60	混合式	38.30	96.77	拱坝	33.00	民营	2001年11月	2005年3月
386	冯家山水电站	庆元县	赛江水系、西溪、西溪干流	6400.00	2	53.61	13.72	1678.00	混合式	128.70	450.00	拱坝	47.00	民营	2004年7月	2005年7月
387	杨溪水电站	庆元县	瓯江水系、小溪、毛垟港、南阳溪、杨溪	2230.00	3	168.00	1.24	603.00	混合式	23.10	66.47	拱坝	31.25	民营	2004年1月	2006年2月
388	竹山水电站	庆元县	闽江水系、松源溪、后广溪、后广溪干流	1630.00	3	25.00	9.10	408.00	引水式	70.30	3.00	重力坝	6.90	民营	2020年12月	2021年11月
389	高山坑水电站	庆元县	闽江水系、松源溪、安溪、安溪干流	500.00	2	98.00	0.43	155.10	引水式	8.30	0.80	拱坝	12.00	民营	2003年12月	2005年9月

续表

序号	名称	所在市（县、区）	所在河流	装机容量/kW	机组台数/台	设计水头/m	设计流量/（m^3/s）	年平均发电量/万kW·h	开发方式	坝址以上集雨面积/km^2	总库容/万m^3	坝型	坝高/m	所有制形式	开建年月	投产年月
390	金元水电站	庆元县	瓯江水系、小溪、毛垟港、秋炉坑	1600.00	2	265.00	0.85	450	混合式	7.33	39.00	拱坝	25.00	民营	2001年6月	2006年3月
391	濛淤水电站	庆元县	闽江水系、松源溪、杨楼溪、杨楼溪干流	1890.00	3	33.00	7.15	591.75	引水式	81.85	9.68	重力坝	14.10	民营	2000年1月	2002年5月
392	西洋水电站	庆元县	瓯江水系、小溪、毛垟港、南阳溪、南阳溪干流	2400.00	3	72.00	4.80	890.93	混合式	49.50	92.50	拱坝	39.00	民营	2003年11月	2006年2月
393	万里源水电站	庆元县	闽江水系、松源溪、后广溪、百山祖溪	500.00	2	100.00	0.68	135.00	引水式	8.50	0.60	重力坝	7.30	民营	2004年3月	2006年1月
394	新后广水电站	庆元县	闽江水系、松源溪、后广溪、后广溪干流	2000.00	2	60.00	4.35	572.20	引水式	39.00	1.00	翻板坝	8.00	民营	2003年3月	2006年6月
395	左溪二级水电站	庆元县	瓯江水系、小溪、毛垟港、左溪、左溪干流	12600.00	2	62.00	25.62	3098.00	引水式	229.30	37.00	翻板坝	16.50	民营	2003年1月	2007年4月
396	左溪一级水电站	庆元县	瓯江水系、小溪、毛垟港、左溪、左溪干流	32000.00	2	220.00	18.12	7636.00	混合式	90.20	1545.00	拱坝	63.00	民营	2003年1月	2007年5月
397	南阳二级水电站	庆元县	瓯江水系、小溪、毛垟港、毛垟港干流	10000.00	2	68.00	18.72	3465.00	引水式	262.40	63.00	翻板坝	17.30	民营	2002年8月	2007年5月
398	后溪水电站	庆元县	瓯江水系、小溪、毛垟港、南阳溪、后溪	4000.00	2	98.00	4.76	1174.33	混合式	44.60	221.00	重力坝	49.00	民营	2003年11月	2007年6月
399	坪乌水电站	庆元县	闽江水系、松源溪、安溪、安溪干流	1890.00	3	69.07	3.63	513.14	混合式	20.60	23.80	重力坝	17.50	民营	2005年4月	2007年7月

续表

序号	名称	所在市（县、区）	所在河流	装机容量/kW	机组台数/台	设计水头/m	设计流量/（m^3/s）	年平均发电量/万kW·h	开发方式	坝址以上集雨面积/km^2	总库容/万m^3	坝型	坝高/m	所有制形式	开建年月	投产年月
400	安溪口水电站	庆元县	闽江水系、松源溪、安溪、安溪干流	800.00	2	70.00	1.81	298.43	引水式	20.15	6.80	重力坝	12.40	民营	2005年2月	2008年2月
401	横岭水电站	庆元县	赛江水系、八炉溪、八炉溪干流	3200.00	4	96.00	4.06	918.74	引水式	54.00	8.20	重力坝	6.50	民营	2007年6月	2008年7月
402	仙坑水电站	庆元县	闽江水系、松源溪、杨楼溪、杨楼溪干流	4000.00	2	120.00	4.16	1237.56	混合式	44.10	152.15	拱坝	38.50	民营	2007年7月	2008年11月
403	蓬桥水电站	庆元县	闽江水系、松源溪、安溪、安溪干流	640.00	2	22.00	3.58	216.03	引水式	204.00	0.15	重力坝	1.50	国有	1964年8月	1967年8月
404	张村水电站	庆元县	瓯江水系、小溪、毛垟港、南阳溪、南阳溪干流	320.00	2	17.20	2.40	122.19	引水式	173.00	0.10	土石坝	2.00	集体	1982年7月	1984年5月
405	龙桥水电站	庆元县	赛江水系、西溪、西溪干流	375.00	2	120.00	0.14	80.98	引水式	25.00	0	重力坝	5.00	民营	1978年11月	1980年1月
406	江根水电站	庆元县	瓯江水系、小溪、毛垟港、左溪、左溪干流	385.00	3	55.00	0.40	119.49	引水式	27.00	0.20	土石坝	5.00	集体	1969年2月	1971年1月
407	安溪水电站	庆元县	闽江水系、松源溪、安溪	1515.00	6	13.00	3.63	89.64	引水式	74.00	2.00	重力坝	6.70	民营	1975年12月	1978年10月
408	官塘水电站	庆元县	瓯江水系、小溪、毛垟港、左溪	160.00	1	157.00	0.14	46.69	引水式	4.56	5.00	重力坝	9.80	民营	1970年7月	1971年1月
409	五大堡水电站	庆元县	闽江水系、松源溪、杨楼溪、濛淤溪	500.00	1	135.00	6.16	103.67	引水式	6.80	0	重力坝	6.70	民营	1978年2月	1980年1月

续表

序号	名称	所在市（县、区）	所在河流	装机容量/kW	机组台数/台	设计水头/m	设计流量/（m^3/s）	年平均发电量/万kW·h	开发方式	坝址以上集雨面积/km^2	总库容/万m^3	坝型	坝高/m	所有制形式	开建年月	投产年月
410	岩后水电站	庆元县	闽江水系、松源溪、竹口溪	640.00	2	220.00	0.21	81.17	引水式	2.60	8.00	土石坝	10.00	民营	1973年11月	1976年2月
411	濛桥水电站	庆元县	闽江水系、松源溪、杨楼溪、杨楼溪干流	320.00	2	8.50	6.16	124.82	引水式	105.00	0	重力坝	2.00	民营	2003年4月	2004年8月
412	际角水电站	庆元县	瓯江水系、小溪、毛垟港、左溪、岱根溪	250.00	2	108.00	0.24	26.39	引水式	4.15	2.00	重力坝	8.20	集体	1974年10月	1977年4月
413	岭坤水电站	庆元县	闽江水系、松源溪、竹口溪、三济溪	150.00	1	43.00	0.23	51.81	混合式	11.20	16	拱坝	13.00	集体	1970年10月	1973年1月
414	杨楼水电站	庆元县	闽江水系、松源溪、杨楼溪、杨楼溪干流	130.00	2	40.00	0.45	34.67	引水式	27.75	2.2	重力坝	9.70	民营	1976年11月	1978年1月
415	小关水电站	庆元县	闽江水系、松源溪、左侧支流	125.00	1	165.00	0.13	55.82	引水式	7.11	6	重力坝	17.00	民营	1982年1月	1984年1月
416	炉山水电站	庆元县	赛江水系、西溪、杉坑溪	560.00	2	75.00	0.80	160.00	引水式	20.50	0.8	翻板坝	6.10	集体	1976年10月	1979年12月
417	际盘岭水电站	庆元县	赛江水系、西溪、西溪干流	235.00	2	63.00	0.23	80.38	引水式	11.00	0	其他	1.30	集体	1971年1月	1973年4月
418	际下坑水电站	庆元县	闽江水系、松源溪、安溪、隆宫溪	560.00	2	47.00	0.23	43.53	引水式	21.00	0	重力坝	1.75	民营	1974年10月	1977年10月
419	黄坑岙水电站	庆元县	闽江水系、松源溪、左侧支流	75.00	1	80.00	0.19	29.47	引水式	8.00	0	重力坝	5.00	民营	1964年2月	1967年1月

续表

序号	名称	所在市（县、区）	所在河流	装机容量/kW	机组台数/台	设计水头/m	设计流量/（m^3/s）	年平均发电量/万kW·h	开发方式	坝址以上集雨面积/km^2	总库容/万m^3	坝型	坝高/m	所有制形式	开建年月	投产年月
420	南坑水电站	庆元县	闽江水系、松源溪、安溪、小安溪	700.00	2	49.80	0.52	38.93	引水式	10.53	0	重力坝	5.10	民营	1968年6月	1971年1月
421	万里林场水电站	庆元县	闽江水系、松源溪、后广溪、后广溪干流	160.00	1	85.00	0.06	44.09	引水式	6.20	0	重力坝	1.50	集体	1982年5月	1983年12月
422	桥陌水电站	庆元县	闽江水系、松源溪、后广溪、车根溪桥陌支流	480.00	2	140.00	0.19	85.84	引水式	3.74	0	其他	0.50	集体	1975年8月	1978年1月
423	黄真一级水电站	庆元县	闽江水系、松源溪、竹口溪、黄真溪	125.00	1	53.50	0.34	22.03	引水式	5.21	0	重力坝	4.00	民营	1978年4月	1980年2月
424	黄真二级水电站	庆元县	闽江水系、松源溪、竹口溪、黄真溪	100.00	1	80.00	0.20	11.12	引水式	2.22	0	重力坝	4.00	民营	1972年4月	1974年12月
425	后洋坑水电站	庆元县	赛江水系、西溪、西溪干流	800.00	2	119.00	0.47	262.15	引水式	12.20	8.80	拱坝	18.00	民营	2003年4月	2004年9月
426	龙井水电站	庆元县	赛江水系、西溪、西溪干流	8000.00	2	397.00	1.65	2006.00	混合式	23.10	2006.00	拱坝	36.00	民营	2008年8月	2010年3月
427	白柘洋水电站	庆元县	瓯江水系、小溪、标溪、家地溪、白柘洋坑	285.00	2	87.00	0.45	48.49	引水式	3.80	1.00	重力坝	8.50	民营	1986年6月	1988年9月
428	大潭门水电站	庆元县	瓯江水系、小溪、毛垟港、左溪、岱根溪	4000.00	2	246.00	2.00	0	混合式	8.07	49.22	拱坝	42.80	民营	2016年5月	2017年1月
429	包谢水电站	庆元县	赛江水系、八炉溪、八炉溪干流	480.00	2	63.00	1.30	0	引水式	33.00	6.40	重力坝	11.00	民营	1977年5月	1978年5月

续表

序号	名称	所在市（县、区）	所在河流	装机容量/kW	机组台数/台	设计水头/m	设计流量/（m^3/s）	年平均发电量/万kW·h	开发方式	坝址以上集雨面积/km^2	总库容/万m^3	坝型	坝高/m	所有制形式	开建年月	投产年月
430	潜明电站	缙云县	瓯江水系、好溪	3200.00	3	11.50	29.50	750.00	坝式（坝后）	304.80	3413.00	重力坝	42.50	国有	2017年6月	2021年12月
431	盘溪二级水电站	缙云县	瓯江水系、好溪、盘溪	2400.00	3	220.00	1.50	877.00	引水式	45.27	0	其他	0	国有	1970年1月	1974年8月
432	盘溪三级水电站	缙云县	瓯江水系、好溪、盘溪	3000.00	3	205.00	1.52	928.00	引水式	48.87	0	其他	0	国有	1976年1月	1977年9月
433	盘溪四级水电站	缙云县	瓯江水系、好溪、盘溪	1600.00	2	92.00	2.35	506.00	引水式	54.97	0	其他	0	国有	1978年1月	1979年8月
434	龙宫洞水电站	缙云县	瓯江水系、方溪、盘溪	10000.00	2	480.40	2.58	2913.37	混合式	43.37	17.50	双曲拱坝	19.50	国有	1986年12月	1994年6月
435	柿坑水电站	缙云县	椒江水系、灵江、永安溪、柿坑	3120.00	4	201.00	1.82	544.00	混合式	14.38	31.50	拱坝	25.00	民营	1997年1月	1998年12月
436	高畈水电站	缙云县	椒江水系、灵江、永安溪、永安溪干流	3900.00	3	29.80	8.19	749.00	混合式	140.30	205.00	拱坝	30.50	民营	1999年1月	2000年8月
437	龙溪水电站	缙云县	椒江水系、灵江、永安溪、龙溪（雅溪）	1890.00	3	116.00	2.27	484.76	混合式	27.70	16.40	重力坝	17.90	民营	2001年8月	2003年2月
438	南溪水电站	缙云县	瓯江水系、楠溪江、小楠溪、南溪	2520.00	4	203.00	1.70	806.07	混合式	20.20	70.00	硬壳坝	33.67	民营	2002年8月	2003年12月
439	吾山水电站	缙云县	椒江水系、灵江、永安溪	1890.00	3	101.50	2.48	535.28	混合式	21.06	80.80	拱坝	25.40	民营	2005年1月	2006年4月

续表

序号	名称	所在市（县、区）	所在河流	装机容量/kW	机组台数/台	设计水头/m	设计流量/（m^3/s）	年平均发电量/万kW·h	开发方式	坝址以上集雨面积/km^2	总库容/万m^3	坝型	坝高/m	所有制形式	开建年月	投产年月
440	沙坑水电站	缙云县	椒江水系、灵江、永安溪	5000.00	2	87.58	6.26	1129.58	混合式	73.08	347.28	拱坝	39.80	民营	2007年1月	2008年5月
441	八尺水电站	缙云县	瓯江水系、楠溪江、小楠溪、石染溪、石染溪干流	3200.00	1	173.00	2.30	570.86	混合式	21.81	82.64	拱坝	38.10	民营	2008年1月	2009年7月
442	石笕水电站	缙云县	瓯江水系、好溪、严溪	1890.00	3	96.00	2.33	384.00	混合式	25.17	0	其他	8.10/3.00	民营	2002年12月	2009年9月
443	新白马水电站	缙云县	钱塘江水系、永康江、新建溪、新建溪干流	640.00	2	20.84	3.52	131.95	混合式	43.00	392.00	土石坝	26.90	集体	1963年1月	1964年7月
444	盘溪一级水电站	缙云县	瓯江水系、好溪	600.00	3	38.70	1.80	100.00	坝式（坝后）	43.37	1505.00	土石坝	47.50	国有	1973年1月	1974年8月
445	浣溪一级水电站	缙云县	瓯江水系、好溪、浣溪	640.00	2	220.00	0.34	173.00	引水式	7.50	35.00	土石坝	20.00	国有	1965年5月	1966年9月
446	岭头方水电站	缙云县	瓯江水系、好溪、汉溪	1000.00	3	200.00	0.65	209.42	引水式	4.50	332.00	土石坝	32.20	集体	1969年10月	1972年9月
447	盘溪五级水电站（插花墩水电站）	缙云县	瓯江水系、好溪、盘溪	1200.00	3	29.00	5.65	300.72	混合式	81.87	195.00	拱坝	26.70	集体	1971年1月	1972年6月
448	大庭水电站	缙云县	瓯江水系、好溪、好溪干流	1600.00	4	10.50	17.00	536.97	河床式	1048.00	0	其他	4.00	民营	1985年1月	1986年12月
449	普化水电站	缙云县	椒江水系、灵江、永安溪、稠门坑	500.00	1	226.00	0.30	80.05	引水式	4.30	82.90	土石坝	30.40	集体	1965年1月	1966年7月

续表

序号	名称	所在市（县、区）	所在河流	装机容量 /kW	机组台数 / 台	设计水头 /m	设计流量 /（m^3/s）	年平均发电量 / 万 kW·h	开发方式	坝址以上集雨面积 /km^2	总库容 / 万 m^3	坝型	坝高 /m	所有制形式	开建年月	投产年月
450	木栗水电站	缙云县	瓯江水系、楠溪江、小楠溪、石染溪、木栗坑	3090.00	6	160.00	1.01	408.64	混合式	14.31	40.00	拱坝	30.00	集体	1980 年 1 月	1981 年 1 月
451	城南水电站	缙云县	瓯江水系、好溪、好溪干流	1000.00	4	10.00	12.00	453.64	河床式	1042.00	0	其他	4.00	集体	1981 年 1 月	1982 年 8 月
452	盘溪六级水电站	缙云县	瓯江水系、好溪、盘溪	1040.00	3	22.00	5.50	290.00	混合式	85.87	1.00	拱坝	10.00	集体	1985 年 3 月	1986 年 8 月
453	岭头水电站	缙云县	椒江水系、灵江、永安溪、永安溪干流	1000.00	3	9.84	8.16	197.90	混合式	124.30	0	其他	8.00	集体	1985 年 1 月	1988 年 5 月
454	好溪水电站	缙云县	瓯江水系、好溪、好溪干流	960.00	3	10.50	12.00	288.00	河床式	1048.00	0	其他	4.00	民营	1996 年 1 月	1997 年 1 月
455	天生桥水电站	缙云县	瓯江水系、好溪、盘溪	800.00	2	11.50	6.66	186.39	混合式	76.80	33.00	拱坝	15.00	民营	1997 年 1 月	1998 年 7 月
456	浣溪二级水电站	缙云县	瓯江水系、好溪、浣溪	660.00	3	30.00	3.26	96.98	混合式	26.80	470.00	土石坝	32.80	集体	1958 年 9 月	1959 年 1 月
457	金岭脚水电站	缙云县	瓯江水系、好溪、贞溪	300.00	3	25.00	0.70	35.66	坝式（坝后）	7.00	137.00	土石坝	31.00	集体	1974 年 1 月	1975 年 6 月
458	下寮水电站	缙云县	瓯江水系、好溪、方溪、寮坑	375.00	2	102.00	0.40	59.00	引水式	5.20	9.30	土石坝	11.80	集体	1974 年 1 月	1975 年 12 月
459	溪南水电站	缙云县	钱塘江水系、永康江、新建溪、溪南溪	200.00	2	20.50	1.53	58.28	坝式（坝后）	39.20	215.00	重力坝	18.00	集体	1975 年 1 月	1976 年 1 月

续表

序号	名称	所在市（县、区）	所在河流	装机容量/kW	机组台数/台	设计水头/m	设计流量/（m^3/s）	年平均发电量/万kW·h	开发方式	坝址以上集雨面积/km^2	总库容/万m^3	坝型	坝高/m	所有制形式	开建年月	投产年月
460	姓叶水电站	缙云县	瓯江水系、好溪、浣溪、姓叶溪	125.00	1	35.50	0.54	28.88	引水式	7.00	0	其他	1.00	集体	1976年1月	1976年7月
461	富水水电站（天门坪水电站）	缙云县	椒江水系、灵江、永安溪、龙溪（雅溪）	125.00	1	20.00	0.22	15.00	坝式（坝后）	7.00	35.00	土石坝	22.00	集体	1978年1月	1979年7月
462	三洲岭水电站	缙云县	椒江水系、灵江、永安溪、稠门坑	400.00	1	85.00	0.52	65.00	引水式	10.00	2.50	拱坝	7.00	集体	1979年1月	1980年1月
463	新川二级水电站	缙云县	钱塘江水系、永康江、新建溪、新建溪干流	250.00	1	48.00	0.76	43.00	引水式	6.70	0	其他	1.00	集体	1981年1月	1982年3月
464	新川一级水电站	缙云县	钱塘江水系、永康江、新建溪、新建溪干流	125.00	1	25.00	0.60	18.00	坝式（坝后）	3.10	32.50	土石坝	17.50	集体	1979年1月	1981年1月
465	雁门水电站	缙云县	瓯江水系、好溪、好溪干流	445.00	3	5.50	9.70	99.00	坝式（坝后）	310.00	330.00	重力坝	9.00	集体	1982年12月	1983年11月
466	长坑二级水电站	缙云县	瓯江水系、好溪、好溪干流	410.00	3	4.40	11.85	110.00	河床式	1030.00	0	其他	5.00	民营	1996年4月	1996年8月
467	长坑一级水电站	缙云县	瓯江水系、好溪、好溪干流	480.00	3	4.40	11.20	255.01	河床式	1030.00	0	其他	5.00	民营	1985年4月	1985年12月
468	五培坑水电站	缙云县	瓯江水系、好溪、盘溪（章溪）	250.00	1	75.00	0.44	51.00	混合式	4.50	3.12	拱坝	31.00	民营	1985年1月	1986年1月
469	小章水电站	缙云县	椒江水系、灵江、永安溪	320.00	1	78.00	0.15	8.02	引水式	1.24	12.00	土石坝	11.00	集体	1988年1月	1989年1月

续表

序号	名称	所在市（县、区）	所在河流	装机容量/kW	机组台数/台	设计水头/m	设计流量/（m^3/s）	年平均发电量/万kW·h	开发方式	坝址以上集雨面积/km^2	总库容/万m^3	坝型	坝高/m	所有制形式	开建年月	投产年月
470	方川水电站	缙云县	瓯江水系、好溪、盘溪（章溪）	200.00	1	44.80	0.67	45.00	引水式	7.80	1.80	重力坝	9.00	集体	1993年1月	1994年1月
471	上周水电站	缙云县	瓯江水系、好溪、贞溪	200.00	1	54.20	0.33	43.12	引水式	6.00	4.00	土石坝	13.90	集体	1992年1月	1993年1月
472	李公坑水电站	缙云县	椒江水系、灵江、永安溪、龙溪（雅溪）	1260.00	2	171.00	–	203.00	混合式	7.16	0	其他	6.00	民营	1973年1月	1974年1月
473	凉亭坑水电站	缙云县	瓯江水系、好溪、棠溪	800.00	2	128.00	0.86	142.00	混合式	10.73	4.00	拱坝	22.30	民营	2000年1月	2001年9月
474	为农水电站	遂昌县	钱塘江水系、乌溪江、甲门坑	1600.00	2	110.00	1.78	356.00	混合式	19.98	4.89	重力坝	13.30	民营	2018年3月	2020年10月
475	黄金谷水电站	遂昌县	瓯江水系、松阴溪、梧桐源、直源坑	640.00	2	237.50	0.37	135.60	混合式	4.02	9.28	重力坝	33.70	民营	2017年5月	2019年12月
476	大公坑水电站	遂昌县	瓯江水系、松阴溪、襟溪	800.00	1	61.50	0.89	615.00	混合式	13.20	20.00	拱坝	20.00	民营	2001年4月	2003年6月
477	成屏二级水电站	遂昌县	瓯江水系、松阴溪、襟溪	9000.00	6	34.00	12.08	1411.16	坝式（坝后）	215.00	1345.00	重力坝	45.30	民营	1965年4月	1966年5月
478	成屏一级水电站	遂昌县	瓯江水系、松阴溪、襟溪	13000.00	2	58.00	16.54	3078.00	坝式（坝后）	185.00	6094.00	面板坝	74.60	国有	1989年4月	1989年9月
479	黄赤水电站	遂昌县	钱塘江水系、乌溪江、住溪、黄塔坑	1130.00	2	330.00	0.33	304.58	引水式	5.00	0	其他	0	民营	1994年5月	1995年6月

续表

序号	名称	所在市（县、区）	所在河流	装机容量/kW	机组台数/台	设计水头/m	设计流量/（m^3/s）	年平均发电量/万kW·h	开发方式	坝址以上集雨面积/km^2	总库容/万m^3	坝型	坝高/m	所有制形式	开建年月	投产年月
480	天堂水电站	遂昌县	瓯江水系、松阴溪、濂溪、天堂源	1260.00	2	210.00	0.54	475.67	混合式	11.80	113.00	土石坝	31.00	国有	1988年5月	1989年6月
481	交塘水电站	遂昌县	钱塘江水系、乌溪江、湖山源、梭溪、高塘坑	4000.00	2	347.00	1.58	1329.83	混合式	5.90	140.00	拱坝	41.50	国有	1992年12月	1997年3月
482	狮子岩水电站	遂昌县	瓯江水系、松阴溪、襟溪	2430.00	4	45.00	4.50	618.67	引水式	90.00	0	其他	0	民营	1996年11月	1998年1月
483	濂竹水电站	遂昌县	瓯江水系、松阴溪、梧桐源	3200.00	4	325.00	0.26	909.67	混合式	13.50	100.20	拱坝	38.00	民营	1998年5月	1999年10月
484	魁川水电站	遂昌县	瓯江水系、松阴溪、襟溪	2230.00	5	12.00	16.00	380.33	引水式	185.00	0	翻板坝	0	民营	1982年4月	1987年4月
485	湖莲水电站	遂昌县	钱塘江水系、灵山港、桃溪	1030.00	2	150.00	0.48	365.83	引水式	17.00	0	其他	0	民营	1983年5月	1984年5月
486	清水源一级水电站	遂昌县	瓯江水系、松阴溪、濂溪、清水源	2500.00	2	110.00	2.92	999.83	混合式	48.70	162.00	拱坝	37.00	国有	2000年4月	2002年11月
487	清水源二级水电站	遂昌县	瓯江水系、松阴溪、濂溪、清水源	2000.00	2	82.00	3.12	789.83	引水式	2.60	0	重力坝	0	国有	2000年4月	2002年4月
488	应村水电站	遂昌县	钱塘江水系、灵山港、桃溪	32000.00	2	213.70	17.12	8154.00	混合式	79.60	2349.00	面板坝	67.50	国有	2000年5月	2004年8月
489	陈坑水电站	遂昌县	钱塘江水系、乌溪江、周公源、陈坑	3200.00	4	220.00	1.80	921.00	混合式	5.90	45.40	拱坝	41.00	民营	2003年5月	2004年12月

续表

序号	名称	所在市（县、区）	所在河流	装机容量/kW	机组台数/台	设计水头/m	设计流量/（m^3/s）	年平均发电量/万kW·h	开发方式	坝址以上集雨面积/km^2	总库容/万m^3	坝型	坝高/m	所有制形式	开建年月	投产年月
490	古楼水电站	遂昌县	钱塘江水系、乌溪江、长树源	1890.00	3	416.70	0.59	688.67	混合式	3.40	42.40	拱坝	28.00	民营	2000年10月	2004年12月
491	上河口水电站	遂昌县	瓯江水系、松阴溪、濂溪、清水源	1890.00	3	133.00	1.65	658.67	混合式	12.78	147.00	拱坝	36.50	民营	2003年9月	2005年6月
492	独山水电站	遂昌县	钱塘江水系、乌溪江、青城坑	1500.00	3	350.00	0.57	437.83	混合式	5.80	40.00	重力坝	35.00	民营	2002年10月	2005年1月
493	兰头铺水电站	遂昌县	钱塘江水系、灵山港、官溪	1890.00	3	41.50	6.71	629.50	引水式	139.30	0	翻板坝	0	民营	2003年6月	2005年4月
494	碧龙源水电站	遂昌县	钱塘江水系、乌溪江、碧龙源	12600.00	2	108.40	6.63	3353.00	混合式	122.43	741.00	拱坝	47.40	民营	2002年9月	2005年7月
495	张坑水电站	遂昌县	钱塘江水系、乌溪江、关川源、对正坑	1260.00	2	90.00	1.864	322.50	混合式	19.00	86.90	拱坝	35.00	民营	2004年3月	2005年12月
496	蔡口水电站	遂昌县	钱塘江水系、乌溪江、蔡溪	2100.00	4	127.00	2.05	584.17	引水式	32.40	0	其他	0	民营	1986年5月	1987年12月
497	高峦水电站	遂昌县	钱塘江水系、乌溪江、关川源、对正坑	800.00	2	160.00	0.68	194.50	引水式	10.00	0	其他	0	民营	2004年2月	2005年7月
498	大西坞水电站	遂昌县	钱塘江水系、乌溪江、湖山源、梭溪、大西坞	800.00	2	185.50	0.58	276.83	混合式	6.30	27.53	拱坝	23.20	国有	2004年3月	2006年1月
499	塔潭水电站	遂昌县	钱塘江水系、乌溪江、塔坑	320.00	1	84.00	1.07	90.50	引水式	6.50	0	拱坝	0	民营	2004年3月	2006年6月

续表

序号	名称	所在市（县、区）	所在河流	装机容量/kW	机组台数/台	设计水头/m	设计流量/（m^3/s）	年平均发电量/万kW·h	开发方式	坝址以上集雨面积/km^2	总库容/万m^3	坝型	坝高/m	所有制形式	开建年月	投产年月
500	桥头水电站	遂昌县	钱塘江水系、乌溪江、关川源、金铺坑、黄铛坑	320.00	1	96.50	0.48	71.00	引水式	6.30	9.63	其他	19.20	民营	2004年4月	2006年1月
501	七洋水电站	遂昌县	钱塘江水系、乌溪江、珠坑	800.00	2	164.00	0.54	202.33	混合式	6.30	28.00	拱坝	29.50	民营	2003年7月	2006年6月
502	车床水电站	遂昌县	钱塘江水系、乌溪江、湖山源	1600.00	2	200.20	1.25	458.33	混合式	5.70	22.20	拱坝	27.00	民营	2004年6月	2006年7月
503	际下水电站	遂昌县	钱塘江水系、乌溪江、周公源、湖山坑	800.00	2	170.00	0.59	286.00	混合式	5.30	34.70	拱坝	25.00	民营	2004年3月	2006年8月
504	西坑水电站	遂昌县	钱塘江水系、乌溪江、西坑下源	3200.00	2	180.00	2.70	1005.50	混合式	26.60	162.00	拱坝	38.80	民营	2003年6月	2006年5月
505	西坑里水电站	遂昌县	钱塘江水系、乌溪江、西坑下源	1260.00	2	165.00	1.04	304.83	引水式	9.92	0	其他	0	民营	2004年3月	2006年3月
506	黄金滩水电站	遂昌县	钱塘江水系、乌溪江、周公源	950.00	2	165.00	0.82	243.67	混合式	8.00	5.20	拱坝	21.00	民营	2004年4月	2006年3月
507	吾加柱水电站	遂昌县	钱塘江水系、乌溪江、周公源、旺坑	640.00	2	312.56	0.34	243.00	混合式	4.00	6.40	拱坝	14.80	民营	2004年3月	2005年11月
508	金石坑水电站	遂昌县	钱塘江水系、乌溪江、周公源、破石坑	1260.00	2	286.00	0.55	372.67	混合式	6.73	9.63	拱坝	30.00	民营	2004年9月	2006年5月
509	插坑水电站	遂昌县	钱塘江水系、乌溪江、碧龙源	1890.00	3	265.00	0.32	368.67	混合式	1.20	4.20	拱坝	20.00	民营	2004年7月	2006年10月

续表

序号	名称	所在市（县、区）	所在河流	装机容量/kW	机组台数/台	设计水头/m	设计流量/（m^3/s）	年平均发电量/万kW·h	开发方式	坝址以上集雨面积/km^2	总库容/万m^3	坝型	坝高/m	所有制形式	开建年月	投产年月
510	湖岱口水电站	遂昌县	钱塘江水系、乌溪江、洋溪源	2400.00	3	135.00	1.97	513.50	混合式	25.60	77.90	拱坝	34.00	民营	2003年11月	2007年4月
511	官坑水电站	遂昌县	钱塘江水系、乌溪江、洋溪源、官坑	630.00	1	95.00	0.90	153.17	混合式	8.40	8.20	拱坝	23.00	民营	2004年5月	2007年4月
512	欧华武昌水电站	遂昌县	钱塘江水系、乌溪江、洋溪源	3200.00	4	51.40	8.48	722.67	混合式	94.38	42.00	重力坝	14.90	民营	2004年4月	2008年7月
513	门阵水电站	遂昌县	钱塘江水系、白沙溪、金兰溪、长溪滩	800.00	2	55.00	1.92	199.83	混合式	18.20	56.70	拱坝	27.00	民营	2004年9月	2007年6月
514	金川水电站	遂昌县	钱塘江水系、乌溪江、湖山源、金竹溪	800.00	2	11.50	9.14	162.33	引水式	20.00	0	翻板坝	0	民营	2004年7月	2008年4月
515	举洋（金鸡岩）水电站	遂昌县	钱塘江水系、乌溪江、洋溪源	500.00	1	7.24	9.10	67.00	引水式	125.00	0	翻板坝	0	国有	2004年10月	2008年9月
516	三归水电站	遂昌县	钱塘江水系、乌溪江、湖山源、黄罗坑	1890.00	3	122.40	2.04	384.00	混合式	21.00	96.20	拱坝	28.00	民营	2005年1月	2008年2月
517	山坑源水电站	遂昌县	瓯江水系、松阴溪、襟溪	2690.00	4	342.23	1.63	566.00	混合式	5.40	9.10	其他	29.50	民营	2006年6月	2008年1月
518	奕山一级水电站	遂昌县	钱塘江水系、乌溪江、湖山源、金竹溪、古楼源	500.00	2	96.50	0.68	77.33	引水式	12.00	0	其他	0	国有	2006年11月	2007年11月
519	奕山二级水电站	遂昌县	钱塘江水系、乌溪江、湖山源、金竹溪、古楼源	200.00	1	38.40	0.69	23.33	引水式	12.00	0	其他	0	国有	2006年12月	2007年12月

续表

序号	名称	所在市（县、区）	所在河流	装机容量/kW	机组台数/台	设计水头/m	设计流量/（m^3/s）	年平均发电量/万kW·h	开发方式	坝址以上集雨面积/km^2	总库容/万m^3	坝型	坝高/m	所有制形式	开建年月	投产年月
520	朱口水电站	遂昌县	瓯江水系、松阴溪、襟溪	1430.00	3	52.00	3.53	391.50	引水式	41.50	0	翻板坝	0	民营	1997年4月	1998年4月
521	大公坑（扩容）水电站	遂昌县	瓯江水系、松阴溪、襟溪	2520.00	4	44.30	7.50	872.17	混合式	26.50	30.70	拱坝	32.70	民营	2006年7月	2007年12月
522	郭家岭水电站	遂昌县	钱塘江水系、乌溪江、蔡溪	480.00	2	58.00	0.61	116.83	引水式	14.50	0	其他	0	民营	1996年11月	1997年6月
523	蔡源半岭水电站	遂昌县	钱塘江水系、乌溪江、蔡溪	1050.00	2	105.00	1.27	80.50	引水式	28.00	0	翻板坝	0	国有	1980年5月	1981年5月
524	北界水电站	遂昌县	钱塘江水系、灵山港、桃溪	445.00	2	30.00	0.76	188.33	引水式	130.00	0	其他	0	民营	1976年5月	1977年1月
525	百丈坑水电站	遂昌县	瓯江水系、松阴溪	250.00	1	126.00	0.13	50.67	混合式	5.70	0	拱坝	0	民营	1983年5月	1984年2月
526	徐村水电站	遂昌县	瓯江水系、龙泉溪、白雁溪、徐村坑	400.00	1	96.00	0.14	56.00	引水式	6.00	0	其他	0	民营	1977年4月	1978年4月
527	根竹口水电站	遂昌县	瓯江水系、松阴溪、襟溪	400.00	1	105.00	0.37	76.17	引水式	6.70	0	其他	0	民营	1996年8月	1997年3月
528	安口水电站	遂昌县	瓯江水系、松阴溪、襟溪	320.00	1	75.00	0.23	17.08	引水式	14.00	0	其他	0	民营	1987年4月	1987年12月
529	大熟水电站	遂昌县	钱塘江水系、乌溪江、周公源、大熟坑	640.00	1	195.00	0.56	235.67	混合式	5.50	26.00	拱坝	23.20	民营	2002年5月	2004年11月

续表

序号	名称	所在市（县、区）	所在河流	装机容量/kW	机组台数/台	设计水头/m	设计流量/（m^3/s）	年平均发电量/万kW·h	开发方式	坝址以上集雨面积/km^2	总库容/万m^3	坝型	坝高/m	所有制形式	开建年月	投产年月
530	高际头一级水电站	遂昌县	瓯江水系、松阴溪、襟溪	250.00	1	50.00	0.67	55.67	混合式	9.50	20.40	重力坝	20.00	国有	1979年4月	1980年1月
531	高际头二级水电站	遂昌县	瓯江水系、松阴溪、襟溪	400.00	1	80.00	0.67	101.50	引水式	9.90	0	其他	0	国有	1978年4月	1983年10月
532	高际头三级水电站	遂昌县	瓯江水系、松阴溪、襟溪	300.00	2	30.00	0.89	61.17	引水式	13.00	0	其他	0	国有	1978年2月	1979年10月
533	高坪上溪下水电站	遂昌县	钱塘江水系、灵山港、桃溪	250.00	2	50.00	0.34	45.67	引水式	5.90	0	其他	0	民营	1978年5月	1979年10月
534	关川水电站	遂昌县	钱塘江水系、乌溪江、关川源	200.00	1	49.00	0.70	98.33	引水式	24.00	0	其他	0	国有	1981年4月	1982年12月
535	桂洋水电站	遂昌县	瓯江水系、松阴溪、襟溪	200.00	1	36.00	0.27	54.33	引水式	11.00	0	重力坝	0	集体	1980年1月	1981年3月
536	九墅水电站	遂昌县	钱塘江水系、乌溪江、湖山源	920.00	4	18.00	7.10	335.83	引水式	210.00	0	其他	0	民营	1979年2月	1981年3月
537	黄沙腰水电站	遂昌县	钱塘江水系、乌溪江、周公源、罗汉源	200.00	1	44.00	0.32	44.83	引水式	20.00	0	其他	0	国有	1978年5月	1979年12月
538	垄下坑水电站	遂昌县	钱塘江水系、乌溪江、周公源	650.00	2	245.00	0.45	79.67	引水式	5.75	0	其他	0	国有	1981年5月	1982年10月
539	龙洋水电站	遂昌县	钱塘江水系、乌溪江、碧龙源	640.00	2	18.00	2.29	10.08	引水式	150.00	0	其他	0	民营	1977年7月	1981年10月

续表

序号	名称	所在市（县、区）	所在河流	装机容量/kW	机组台数/台	设计水头/m	设计流量/（m^3/s）	年平均发电量/万kW·h	开发方式	坝址以上集雨面积/km^2	总库容/万m^3	坝型	坝高/m	所有制形式	开建年月	投产年月
540	水口水电站	遂昌县	瓯江水系、松阴溪、濂溪、清水源	200.00	2	43.00	0.60	11.50	引水式	51.00	0	其他	0	集体	1982年12月	1982年7月
541	潘接坑口水电站	遂昌县	钱塘江水系、乌溪江、周公源	1200.00	3	43.00	4.43	522.83	引水式	58.50	0	翻板坝	0	民营	2003年6月	2004年11月
542	远路口水电站	遂昌县	钱塘江水系、灵山港、官溪、新溪	320.00	2	128.00	0.35	141.33	引水式	18.50	0	其他	0	民营	1983年7月	1985年10月
543	洋亩口水电站	遂昌县	钱塘江水系、乌溪江、周公源、杨茂源	400.00	1	18.40	0.98	38.83	引水式	34.80	0	其他	0	集体	1992年5月	1993年8月
544	龙门岭水电站	遂昌县	钱塘江水系、乌溪江、湖山源、石练溪	200.00	2	124.00	0.22	129.50	引水式	19.00	0	其他	0	民营	1984年5月	1993年8月
545	双突头水电站	遂昌县	瓯江水系、松阴溪、濂溪、半坑源	320.00	2	120.00	0.30	71.33	引水式	6.00	0	其他	0	民营	1996年4月	1997年4月
546	坑西岭水电站	遂昌县	钱塘江水系、乌溪江、周公源、坑西坑	200.00	1	100.00	0.27	76.50	引水式	6.00	0	其他	0	民营	1980年5月	1981年1月
547	马头一级水电站	遂昌县	瓯江水系、松阴溪、濂溪、岩后源	320.00	1	120.00	0.21	62.67	混合式	3.15	120.70	土石坝	34.50	国有	1976年4月	1977年5月
548	马头二级水电站	遂昌县	瓯江水系、松阴溪、濂溪、岩后源	320.00	1	123.50	0.23	63.83	引水式	3.15	0	其他	0	国有	1986年4月	1987年8月
549	石笋坪水电站	遂昌县	钱塘江水系、乌溪江、周公源、流亚坑	250.00	1	53.00	0.66	56.83	引水式	8.50	0	其他	0	民营	2001年11月	2002年6月

续表

序号	名称	所在市（县、区）	所在河流	装机容量/kW	机组台数/台	设计水头/m	设计流量/（m^3/s）	年平均发电量/万kW·h	开发方式	坝址以上集雨面积/km^2	总库容/万m^3	坝型	坝高/m	所有制形式	开建年月	投产年月
550	安下水电站	遂昌县	钱塘江水系、乌溪江、关川源	200.00	1	23.00	0.78	88.00	引水式	46.60	0	其他	0	民营	1995年11月	1996年6月
551	好川水电站	遂昌县	瓯江水系、松阴溪	160.00	1	37.00	0.23	36.17	混合式	5.60	114.00	土石坝	30.00	国有	1975年5月	1976年6月
552	黄山头水电站	遂昌县	钱塘江水系、乌溪江、塔坑	200.00	1	67.00	0.42	40.83	引水式	6.80	0	其他	0	民营	1996年4月	1996年9月
553	瀑坑水电站	遂昌县	钱塘江水系、乌溪江、周公源、瀑坑	200.00	1	170.00	0.18	82.00	引水式	2.60	4.50	拱坝	13.00	民营	1999年11月	2000年11月
554	沙帽潭水电站	遂昌县	钱塘江水系、乌溪江、湖山源	1000.00	2	12.00	7.98	249.83	引水式	180.00	0	拱坝	0	民营	1993年5月	1994年12月
555	山前水电站	遂昌县	钱塘江水系、乌溪江、关川源、对正坑、大路后源	125.00	1	18.40	0.98	34.17	引水式	28.50	0	其他	0	民营	1996年5月	1996年9月
556	新路湾大侯口水电站	遂昌县	钱塘江水系、灵山港、官溪、新溪	75.00	1	18.00	0.30	17.50	引水式	34.20	0	其他	0	国有	1974年5月	1975年9月
557	兴达水电站	遂昌县	瓯江水系、松阴溪、襟溪	320.00	1	35.00	0.33	55.17	引水式	10.50	0	其他	0	民营	1983年12月	1983年12月
558	小岩水电站	遂昌县	瓯江水系、松阴溪、襟溪	950.00	2	30.00	1.80	246.00	引水式	33.00	0	其他	0	民营	1995年5月	1996年5月
559	梭溪桥水电站	遂昌县	钱塘江水系、乌溪江、湖山源	1000.00	2	12.00	7.98	261.00	引水式	181.00	0	其他	0	国有	1996年5月	1997年5月

续表

序号	名称	所在市（县、区）	所在河流	装机容量/kW	机组台数/台	设计水头/m	设计流量/（m^3/s）	年平均发电量/万kW·h	开发方式	坝址以上集雨面积/km^2	总库容/万m^3	坝型	坝高/m	所有制形式	开建年月	投产年月
560	塘根一级水电站	遂昌县	钱塘江水系、乌溪江、湖山源	320.00	2	23.00	1.30	65.00	坝式（坝后）	20.00	116.00	土石坝	26.00	国有	1978年5月	1979年5月
561	塘根二级水电站	遂昌县	钱塘江水系、乌溪江、湖山源	400.00	2	25.50	1.74	87.67	引水式	24.87	0	其他	0	民营	1989年5月	1990年4月
562	大湾水电站	遂昌县	钱塘江水系、乌溪江、关川源、对正坑、大路后源	400.00	1	35.00	1.08	85.17	引水式	26.20	0	其他	0	民营	1995年1月	1996年7月
563	王村口水电站	遂昌县	钱塘江水系、乌溪江、关川源	570.00	2	27.00	1.61	146.17	引水式	125.00	0	其他	0	国有	1986年5月	1987年12月
564	弓桥头水电站	遂昌县	钱塘江水系、乌溪江、关川源、金铺坑	250.00	1	23.40	1.43	34.83	引水式	15.00	0	其他	0	民营	2002年5月	2003年6月
565	王石水电站	遂昌县	钱塘江水系、乌溪江、关川源、对正坑	1030.00	2	75.00	0.13	199.17	引水式	25.00	0	其他	0	民营	1978年5月	1979年12月
566	西畈乡水电站	遂昌县	钱塘江水系、乌溪江、洋溪源、苍坑	250.00	1	52.00	0.60	8.17	引水式	25.60	0	其他	0	国有	1983年5月	1984年5月
567	溪淤水电站	遂昌县	钱塘江水系、灵山港、官溪、新溪	100.00	1	24.00	0.68	0	引水式	28.00	0	其他	0	民营	1991年1月	1992年1月
568	尹坞水电站	遂昌县	钱塘江水系、乌溪江、关川源	450.00	2	24.00	1.77	98.50	引水式	43.50	0	其他	0	民营	1996年7月	1997年5月
569	柘岱口水电站	遂昌县	钱塘江水系、乌溪江、周公源、坑西坑	320.00	1	130.00	0.34	51.83	引水式	6.30	0	其他	0	集体	1985年5月	1986年4月

续表

序号	名称	所在市（县、区）	所在河流	装机容量/kW	机组台数/台	设计水头/m	设计流量/（m^3/s）	年平均发电量/万kW·h	开发方式	坝址以上集雨面积/km^2	总库容/万m^3	坝型	坝高/m	所有制形式	开建年月	投产年月
570	周村源水电站	遂昌县	钱塘江水系、灵山港、桃溪、汀溪	445.00	2	90.00	0.65	141.00	引水式	7.90	0	其他	0	民营	2003年1月	2004年1月
571	群力水电站	遂昌县	瓯江水系、松阴溪、襟溪	2400.00	3	210.00	1.60	593.83	混合式	10.30	9.66	拱坝	21.00	民营	2007年12月	2009年5月
572	直源水电站	遂昌县	钱塘江水系、乌溪江、湖山源	1600.00	2	192.00	1.10	420.50	混合式	7.20	42.00	拱坝	26.00	民营	2007年4月	2009年2月
573	周公源一级水电站	遂昌县	钱塘江水系、乌溪江、周公源	25000.00	2	108.41	13.00	5208.00	混合式	162.00	2147.00	拱坝	54.00	国有	2005年5月	2009年5月
574	金竹水电站	遂昌县	钱塘江水系、乌溪江、湖山源、梭溪	6400.00	2	182.00	4.14	1520.17	混合式	33.40	185.10	面板坝	37.10	民营	2003年9月	2010年11月
575	周公源二级水电站	遂昌县	钱塘江水系、乌溪江、周公源	12600.00	2	41.63	17.09	3013.83	混合式	268.00	74.00	重力坝	24.00	国有	2005年5月	2009年3月
576	周公源三级水电站	遂昌县	钱塘江水系、乌溪江、周公源	16000.00	2	50.28	17.71	4393.83	混合式	336.40	55.00	重力坝	21.20	国有	2005年5月	2009年3月
577	丹公坑水电站	遂昌县	瓯江水系、松阴溪、襟溪	800.00	2	410.00	0.12	156.33	混合式	2.50	6.68	拱坝	14.50	民营	2010年12月	2014年12月
578	大溪坝水电站	遂昌县	钱塘江水系、乌溪江	10000.00	2	23.90	48.56	1694.50	引水式	463.00	118.00	重力坝	17.50	民营	2009年10月	2013年9月
579	石坑坪水电站	遂昌县	钱塘江水系、乌溪江、湖山源、石练溪	1000.00	2	52.00	2.40	102.17	混合式	29.70	246.00	拱坝	54.00	国有	2014年9月	2017年6月

续表

序号	名称	所在市（县、区）	所在河流	装机容量/kW	机组台数/台	设计水头/m	设计流量/（m^3/s）	年平均发电量/万kW·h	开发方式	坝址以上集雨面积/km^2	总库容/万m^3	坝型	坝高/m	所有制形式	开建年月	投产年月
580	蟠龙水电站	遂昌县	钱塘江水系、乌溪江	16000.00	2	22.10	83.80	3647.83	引水式	727.00	514.00	重力坝	23.10	民营	2008年7月	2011年5月
581	左别源一级水电站	遂昌县	钱塘江水系、乌溪江、周公源、左别源	500.00	1	88.00	0.92	162.83	混合式	8.90	9.63	拱坝	15.00	民营	2010年9月	2012年1月
582	左别源二级水电站	遂昌县	钱塘江水系、乌溪江、周公源、左别源	1890.00	3	108.50	2.46	570.00	混合式	15.37	93.13	拱坝	35.00	民营	2008年11月	2011年3月
583	石马岱水电站	遂昌县	钱塘江水系、乌溪江、周公源	3200.00	2	460.00	0.89	111.33	混合式	8.25	88.90	拱坝	42.50	民营	2007年5月	2010年10月
584	左别源三级水电站	遂昌县	钱塘江水系、乌溪江、周公源、左别源	500.00	2	25.50	3.62	690.67	引水式	31.20	0	翻板坝	4.40	民营	2009年12月	2012年1月
585	水文化公园科普景观电站	松阳县	瓯江水系、松阴溪	1260.00	2	4.30	39.80	409.00	坝式（河床）	1161.00	0	翻板坝	4.20	国有	2019年2月	2021年3月
586	黄南水电站	松阳县	瓯江水系、松阴溪、小港	10000.00	2	63.00	17.80	2031.00	坝式	207.80	9196.00	面板堆石坝	97.00	国有	2019年6月	2021年11月
587	上东坞水电站	松阳县	瓯江水系、松阴溪、小港、黄南水库引水	6400.00	2	96.00	7.74	1474.00	引水式	207.80	0	其他	0	国有	2019年7月	2021年11月
588	谢村源二级水电站	松阳县	瓯江水系、松阴溪、十二都源	16000.00	2	219.24	8.64	3450.00	引水式	47.16	1473.00	拱坝	66.00	国有	1994年4月	1996年4月
589	谢村源三级水电站	松阳县	瓯江水系、松阴溪、十二都源	4000.00	2	48.60	9.82	816.00	引水式	69.51	0	其他	6.00	国有	1997年11月	1999年4月

续表

序号	名称	所在市（县、区）	所在河流	装机容量/kW	机组台数/台	设计水头/m	设计流量/（m^3/s）	年平均发电量/万kW·h	开发方式	坝址以上集雨面积/km^2	总库容/万m^3	坝型	坝高/m	所有制形式	开建年月	投产年月
590	金旺水电站	松阳县	瓯江水系、松阴溪	1500.00	3	7.00	27.00	539.40	引水式	1236.00	0	翻板坝	2.00	民营	1999年8月	2001年1月
591	谢村源一级水电站	松阳县	瓯江水系、松阴溪、十二都源	2500.00	2	124.00	2.44	674.38	混合式	24.90	50.00	重力坝	31.00	国有	2000年6月	2002年4月
592	上源口水电站	松阳县	瓯江水系、松阴溪、十二都源	500.00	1	48.60	1.37	147.00	引水式	69.51	0	其他	6.00	国有	1998年1月	1999年6月
593	二滩坝水电站	松阳县	瓯江水系、松阴溪、小港	2520.00	4	24.38	13.64	990.00	混合式	396.00	20.00	其他	8.50	民营	2000年10月	2002年1月
594	道惠口水电站	松阳县	瓯江水系、松阴溪、十二都源	1000.00	2	123.50	1.08	312.02	混合式	11.06	18.17	拱坝	20.50	民营	2000年8月	2001年12月
595	黄岭根一级水电站	松阳县	瓯江水系、大溪、宣平溪、吾赤坑	1000.00	2	157.50	0.87	279.00	混合式	6.78	1.80	拱坝	14.70	民营	2002年11月	2003年5月
596	水瑞水电站	松阳县	瓯江水系、松阴溪	2520.00	4	7.00	55.23	989.62	引水式	1845.00	0	翻板坝	3.00	民营	2003年1月	2004年2月
597	安民一级水电站	松阳县	瓯江水系、松阴溪、小港、安民溪	12600.00	2	166.72	8.76	2450.00	混合式	45.80	332.00	重力坝	44.60	国有	2003年1月	2004年4月
598	安民二级水电站	松阳县	瓯江水系、松阴溪、小港	4000.00	2	33.10	14.10	1294.00	引水式	227.86	0	翻板坝	4.00	国有	2003年7月	2004年9月
599	洋坑源二级水电站	松阳县	瓯江水系、松阴溪、小港、洋坑源	2400.00	3	120.00	2.64	378.82	混合式	13.20	19.76	拱坝	29.00	民营	2003年6月	2005年3月

续表

序号	名称	所在市（县、区）	所在河流	装机容量/kW	机组台数/台	设计水头/m	设计流量/（m^3/s）	年平均发电量/万kW·h	开发方式	坝址以上集雨面积/km^2	总库容/万m^3	坝型	坝高/m	所有制形式	开建年月	投产年月
600	洋坑源一级水电站	松阳县	瓯江水系、松阴溪、小港、洋坑源	1260.00	2	151.34	1.30	248.03	引水式	10.00	0.90	拱坝	11.90	民营	2004年2月	2005年3月
601	西山水电站	松阳县	瓯江水系、松阴溪、小港	2520.00	4	16.50	19.84	583.55	引水式	465.00	0	翻板坝	4.50	民营	2003年11月	2005年6月
602	枫溪水电站	松阳县	瓯江水系、松阴溪、小港、直坑源	1890.00	3	58.00	6.00	577.12	混合式	19.80	98.79	重力坝	29.00	民营	2005年7月	2009年6月
603	潘殿源水电站	松阳县	瓯江水系、松阴溪、竹溪源	250.00	1	54.00	0.60	58.14	引水式	7.00	0	其他	3.00	民营	2003年7月	2005年2月
604	三里亭水电站	松阳县	瓯江水系、松阴溪	1600.00	4	4.50	35.00	308.41	引水式	650.00	0	其他	4.00	民营	2005年12月	2007年3月
605	梧桐源一级水电站	松阳县	瓯江水系、松阴溪、梧桐源	200.00	1	21.04	42.00	27.28	混合式	53.20	1671.00	重力坝	53.70	国有	2007年2月	2008年7月
606	梧桐源二级水电站	松阳县	瓯江水系、松阴溪、梧桐源	1600.00	2	54.38	3.70	530.96	引水式	53.20	1671.00	重力坝	53.70	国有	2005年8月	2007年4月
607	界首水电站	松阳县	瓯江水系、松阴溪	1280.00	4	4.80	26.77	308.50	引水式	609.30	0	翻板坝	2.00	民营	2006年2月	2007年7月
608	丰水源水电站	松阳县	瓯江水系、大溪、宣平溪	400.00	1	185.00	0.08	83.21	引水式	2.88	1.80	拱坝	10.00	民营	2007年2月	2008年3月
609	合溪水电站	松阳县	瓯江水系、松阴溪	5000.00	4	5.77	104.40	1587.93	坝式（河床）	1957.00	0	翻板坝	5.00	民营	2007年2月	2008年5月

续表

序号	名称	所在市（县、区）	所在河流	装机容量/kW	机组台数/台	设计水头/m	设计流量/（m^3/s）	年平均发电量/万kW·h	开发方式	坝址以上集雨面积/km^2	总库容/万m^3	坝型	坝高/m	所有制形式	开建年月	投产年月
610	安岱后水电站	松阳县	瓯江水系、松阴溪、小港、安民溪	1260.00	2	295.60	0.56	296.62	混合式	6.57	6.43	拱坝	18.50	民营	2007年7月	2008年10月
611	裕溪水电站	松阳县	瓯江水系、松阴溪	6400.00	4	7.40	102.00	1582.91	坝式（河床）	1904.00	0	翻板坝	7.00	民营	2007年10月	2009年1月
612	十三都水电站	松阳县	瓯江水系、松阴溪、十三都源	400.00	2	48.00	1.22	160.60	混合式	8.80	131.00	面板坝	38.70	国有	1978年7月	1980年3月
613	六都一级水电站	松阳县	瓯江水系、松阴溪、六都源	250.00	1	13.00	1.50	40.94	坝式（坝后）	10.50	471.00	堆石坝	50.20	国有	1982年11月	1984年4月
614	六都二级水电站	松阳县	瓯江水系、松阴溪、六都源	100.00	1	12.00	1.00	14.03	引水式	10.50	471.00	其他	0	国有	1984年2月	1985年4月
615	四都水电站	松阳县	瓯江水系、松阴溪、四都源	225.00	2	18.00	1.50	29.56	坝式（坝后）	13.46	116.00	黏土心墙坝	28.25	国有	1986年7月	1987年12月
616	东坞一级水电站	松阳县	瓯江水系、松阴溪、东坞源	820.00	3	30.00	4.00	192.88	坝式（坝后）	29.00	1470.00	堆石坝	52.10	国有	1977年3月	1978年6月
617	东坞二级水电站	松阳县	瓯江水系、松阴溪、东坞源	480.00	3	14.90	4.00	92.95	引水式	52.00	0	其他	0	国有	2001年2月	2002年2月
618	东坞三级水电站	松阳县	瓯江水系、松阴溪、东坞源	150.00	2	7.50	3.00	40.71	引水式	52.00	0	其他	0	国有	2001年2月	2002年2月
619	东坞四级水电站	松阳县	瓯江水系、松阴溪、东坞源	500.00	2	20.50	3.00	131.49	引水式	52.00	0	其他	0	国有	2001年2月	2002年2月

续表

序号	名称	所在市（县、区）	所在河流	装机容量/kW	机组台数/台	设计水头/m	设计流量/（m^3/s）	年平均发电量/万kW·h	开发方式	坝址以上集雨面积/km^2	总库容/万m^3	坝型	坝高/m	所有制形式	开建年月	投产年月
620	竹溪源一级水电站	松阳县	瓯江水系、松阴溪、竹溪源	110.00	2	13.00	1.10	33.62	坝式（坝后）	38.00	60.00	堆石坝	24.50	国有	1985年2月	1986年5月
621	竹溪源二级水电站	松阳县	瓯江水系、松阴溪、竹溪源	250.00	2	30.00	1.20	74.66	引水式	45.00	0	其他	3.00	民营	1979年3月	1980年6月
622	雅溪坑一级水电站	松阳县	瓯江水系、松阴溪、雅溪源	640.00	2	35.00	2.60	111.86	坝式（坝后）	14.90	84.70	拱坝	41.50	民营	1997年5月	1999年1月
623	雅溪坑二级水电站	松阳县	瓯江水系、松阴溪、雅溪源	320.00	2	17.90	2.10	75.99	引水式	14.90	0	其他	0	民营	1998年5月	1999年6月
624	南坑口水电站	松阳县	瓯江水系、松阴溪、十二都源	320.00	2	18.60	2.29	57.87	引水式	47.16	0	其他	0	国有	2000年4月	2001年6月
625	青石坝水电站	松阳县	瓯江水系、松阴溪、小港	1200.00	4	13.50	9.38	492.99	引水式	355.00	0	其他	3.50	民营	1986年11月	1988年1月
626	大东坝水电站	松阳县	瓯江水系、松阴溪、小港、石仓源	520.00	2	30.00	2.35	103.70	引水式	31.00	0	其他	5.00	民营	2002年4月	2003年8月
627	石仓水电站	松阳县	瓯江水系、松阴溪、小港、石仓源	160.00	1	30.00	0.78	51.63	引水式	16.00	0	其他	2.00	民营	1989年2月	1990年3月
628	苏马坪水电站	松阳县	瓯江水系、松阴溪、小港、安民溪	75.00	1	17.00	0.60	10.89	引水式	62.00	0	其他	2.00	国有	1980年2月	1981年1月
629	潘坑源水电站	松阳县	瓯江水系、松阴溪、小港、安民溪	75.00	1	18.00	0.50	1.16	引水式	26.00	0	其他	3.00	民营	1990年3月	1991年5月

续表

序号	名称	所在市（县、区）	所在河流	装机容量/kW	机组台数/台	设计水头/m	设计流量/（m^3/s）	年平均发电量/万kW·h	开发方式	坝址以上集雨面积/km^2	总库容/万m^3	坝型	坝高/m	所有制形式	开建年月	投产年月
630	高亭水电站	松阳县	瓯江水系、松阴溪、小港、直坑源	250.00	1	28.00	1.00	30.79	引水式	13.30	0	其他	1.50	集体	1995年2月	1996年5月
631	玉岩水电站	松阳县	瓯江水系、松阴溪、小港、玉岩溪	125.00	1	18.50	0.90	36.66	引水式	25.60	0	其他	2.50	民营	1986年9月	1987年12月
632	板桥水电站	松阳县	瓯江水系、大溪、宣平溪、余庄源	125.00	1	103.00	0.16	50.00	混合式	17.30	24.80	堆石坝	28.00	民营	1973年1月	1978年1月
633	港口水电站	松阳县	瓯江水系、松阴溪、小港	960.00	3	10.40	13.4	343.00	引水式	491	0	其他	6	民营	1972年12月	1974年4月
634	大石汇水电站	松阳县	瓯江水系、松阴溪、小港	800.00	2	38.50	2.20	330.00	引水式	87.00	0	其他	3.00	民营	1988年7月	1989年12月
635	南坑源水电站	松阳县	瓯江水系、松阴溪、南坑源	150.00	2	98.00	0.20	25.60	引水式	4.50	0	其他	2.00	民营	1976年6月	1977年12月
636	龙亭水电站	松阳县	瓯江水系、松阴溪、小港、根下源	200.00	1	75.00	0.23	45.83	引水式	4.50	0	其他	1.50	民营	1998年1月	1999年3月
637	杨家堂水电站	松阳县	瓯江水系、松阴溪、三都源	125.00	1	60.00	0.28	33.85	混合式	3.30	0	其他	0.50	民营	1975年5月	1977年1月
638	七宝坑水电站	松阳县	瓯江水系、松阴溪、三都源	250.00	1	200.00	0.18	78.49	引水式	3.25	1.21	其他	8.00	民营	1998年3月	1999年6月
639	山乍口水电站	松阳县	瓯江水系、松阴溪、小港、直坑源	640.00	2	42.00	2.47	204.24	混合式	20.30	17.00	拱坝	23.00	民营	1999年8月	2000年11月

续表

序号	名称	所在市（县、区）	所在河流	装机容量/kW	机组台数/台	设计水头/m	设计流量/（m^3/s）	年平均发电量/万kW·h	开发方式	坝址以上集雨面积/km^2	总库容/万m^3	坝型	坝高/m	所有制形式	开建年月	投产年月
640	大坑源一级水电站	松阳县	瓯江水系、松阴溪、小港、玉岩溪	500.00	2	145.00	0.48	198.94	引水式	12.00	0	其他	2.00	民营	1997年7月	1999年1月
641	大坑源二级水电站	松阳县	瓯江水系、松阴溪、小港、玉岩溪	640.00	2	147.00	0.60	262.88	引水式	16.00	0	其他	2.00	民营	1997年2月	1998年6月
642	南源水电站	松阳县	瓯江水系、松阴溪、东坞源	1200.00	3	205.00	0.85	350.03	混合式	14.36	12.04	拱坝	24.80	民营	2000年8月	2001年11月
643	新兴水电站	松阳县	瓯江水系、松阴溪	125.00	1	6.60	2.60	92.96	引水式	603.10	0	其他	5.00	民营	2000年11月	2001年9月
644	汶水水电站	松阳县	瓯江水系、松阴溪、小港、石仓源	410.00	2	28.60	2.00	90.00	引水式	27.80	0	其他	2.00	民营	2001年4月	2002年12月
645	木岱坑水电站	松阳县	瓯江水系、松阴溪、木岱坑	500.00	2	133.50	0.50	113.40	引水式	8.75	0	其他	6.00	民营	2001年8月	2003年4月
646	黄岭根二级水电站	松阳县	瓯江水系、大溪、宣平溪、吾赤坑	640.00	2	83.70	1.30	161.00	引水式	15.60	0	其他	2.00	民营	2002年9月	2004年2月
647	里黄坑水电站	松阳县	瓯江水系、大溪、宣平溪、里黄坑	800.00	2	125.00	0.90	163.00	引水式	10.00	2.5	拱坝	14.00	民营	2002年3月	2003年5月
648	石马圃水电站	松阳县	瓯江水系、松阴溪	3000.00	3	4.20	89.70	401.40	坝式（河床）	1739.00	0	翻板坝	4.50	民营	2007年12月	2009年6月
649	双港水电站	松阳县	瓯江水系、松阴溪、小港、安民溪	1500.00	3	98.00	2.50	431.11	引水式	27.00	0	其他	4.00	民营	2010年8月	2012年1月

续表

序号	名称	所在市（县、区）	所在河流	装机容量/kW	机组台数/台	设计水头/m	设计流量/（m^3/s）	年平均发电量/万kW·h	开发方式	坝址以上集雨面积/km^2	总库容/万m^3	坝型	坝高/m	所有制形式	开建年月	投产年月
650	梅峰水电站	松阳县	瓯江水系、松阴溪、靖居源	410.00	2	190.00	0.22	29.60	混合式	1.80	3.30	拱坝	9.00	民营	2004年3月	2005年6月
651	庄门源水电站	松阳县	瓯江水系、松阴溪、庄门源	420.00	2	34.80	1.62	0	坝式（坝后）	13.10	343.00	面板碓石坝	53.30	国有	2016年3月	2017年11月
652	古楼水电站	景宁县	瓯江水系、小溪、炉西坑、古楼岭	250.00	1	8.50	0.50	30.00	引水式	8.80	0.80	其他	6.00	民营	2006年5月	2008年1月
653	峡桥二级水电站	景宁县	瓯江水系、小溪、毛垟港、黄水坑、叶桥小坑	800.00	2	124.00	1.04	150.00	引水式	12.11	2.20	重力坝	17.50	民营	1972年5月	1974年1月
654	驮梁溪水电站	景宁县	瓯江水系、小溪、炉西坑、梅岐坑	1260.00	2	230.00	0.35	346.00	引水式	6.97	6.50	拱坝	17.05	民营	2007年12月	2011年6月
655	黄坑圩二级水电站	景宁县	瓯江水系、小溪、英川港、黄坑源	250.00	1	13.00	–	70.00	引水式	28.00	3.00	其他	2.00	民营	2002年11月	2004年3月
656	雪花际一级水电站	景宁县	瓯江水系、小溪、标溪、上标溪、小佐坑	250.00	1	46.00	0.60	54.55	引水式	12.00	0.10	其他	1.00	民营	1966年7月	1968年1月
657	桂竹三级水电站	景宁县	瓯江水系、小溪、炉西坑、梅岐坑	1890.00	3	90.00	3.00	458.50	引水式	39.10	0.10	重力坝	7.50	民营	2003年9月	2005年5月
658	引井口水电站	景宁县	瓯江水系、小溪、标溪、处基坑	1260.00	2	310.00	0.25	350.00	引水式	7.00	2.87	其他	15.00	民营	2008年7月	2011年11月
659	新桥头水电站	景宁县	瓯江水系、小溪、毛垟港、黄水坑	3200.00	2	100.00	5.26	630.00	引水式	39.23	6.60	重力坝	14.50	国有	2002年5月	2003年3月

续表

序号	名称	所在市（县、区）	所在河流	装机容量/kW	机组台数/台	设计水头/m	设计流量/（m^3/s）	年平均发电量/万kW·h	开发方式	坝址以上集雨面积/km^2	总库容/万m^3	坝型	坝高/m	所有制形式	开建年月	投产年月
660	大洋水电站	景宁县	瓯江水系、小溪、大赤坑	650.00	1	45.00	0.96	182.60	引水式	18.30	4.00	其他	3.00	民营	1995年3月	1996年1月
661	西洋坑二级水电站	景宁县	飞云江水系、北溪、大仰坑	1000.00	2	150.00	0.67	242.00	引水式	4.67	4.00	重力坝	10.00	民营	2013年1月	2004年8月
662	坑边水电站	景宁县	瓯江水系、小溪、毛垟港	2500.00	2	11.00	25.00	637.50	引水式	50.00	0.50	翻板坝	6.00	民营	2012年10月	2014年5月
663	梅坑一级水电站（梅岭水电站）	景宁县	瓯江水系、小溪、梅坑	75.00	1	33.00	0.23	16.00	引水式	0.50	4.10	土石坝	10	集体	1972年4月	1976年1月
664	水溪水电站	景宁县	瓯江水系、小溪、标溪、水溪	3200.00	4	18.30	0.52	752.00	引水式	15.40	43.23	拱坝	28.00	民营	2019年2月	2021年10月
665	鱼仓坑水电站	景宁县	瓯江水系、小溪、毛垟港、小垟坑支流	4800.00	2	593.30	0.35	1408.00	引水式	3.42	37.90	拱坝	34.50	民营	2015年5月	2017年5月
666	蚊虫岭水电站	景宁县	飞云江水系、北溪、大白坑、大白坑干流	500.00	2	90.00	0.80	245.38	引水式	21.00	0	其他	2.50	民营	1996年12月	1997年1月
667	鸬鹚水电站	景宁县	瓯江水系、小溪、英川港	4100.00	3	45.00	45.00	1475.57	引水式	293.00	1.50	重力坝	6.80	国有	1970年3月	1974年1月
668	上标一级水电站	景宁县	瓯江水系、小溪、标溪、上标溪、雁溪	19000.00	2	475.20	4.98	5028.76	引水式	30.60	2159.00	拱坝	50.70	国有	1989年7月	1989年1月
669	上标二级水电站	景宁县	瓯江水系、小溪、标溪、上标溪、雁溪	10000.00	2	141.70	9.00	2872.17	引水式	72.60	217.00	拱坝	43.00	国有	1997年6月	1997年6月

续表

序号	名称	所在市（县、区）	所在河流	装机容量/kW	机组台数/台	设计水头/m	设计流量/（m^3/s）	年平均发电量/万kW·h	开发方式	坝址以上集雨面积/km^2	总库容/万m^3	坝型	坝高/m	所有制形式	开建年月	投产年月
670	上标三级水电站	景宁县	瓯江水系、小溪、标溪、标溪干流	1000.00	2	16.00	10.80	465.83	引水式	278.00	22.00	重力坝	21.00	民营	1995年11月	1997年2月
671	石银二级水电站	景宁县	瓯江水系、小溪、标溪	1890.00	3	128.00	0.50	723.83	引水式	37.00	无	其他	0	民营	1994年7月	1997年8月
672	雁溪水电站	景宁县	瓯江水系、小溪、标溪、上标溪、雁溪	1260.00	2	28.00	4.50	356.57	引水式	42.00	7.00	其他	4.00	国有	1996年3月	1997年7月
673	金峰水电站	景宁县	瓯江水系、小溪、毛垟港、大地溪	2400.00	3	97.00	3.00	672.23	引水式	41.70	90.00	拱坝	42.00	民营	1996年1月	1997年8月
674	雁湖水电站	景宁县	瓯江水系、小溪、英川港	4520.00	5	20.50	9.93	1770.67	引水式	283.30	9.00	翻板坝	4.50	民营	1996年4月	1998年6月
675	上标四级水电站	景宁县	瓯江水系、小溪、标溪、标溪干流	1500.00	3	12.50	10.80	633.17	引水式	280.00	10.00	翻板坝	5.00	民营	1998年11月	1998年12月
676	景标水电站	景宁县	瓯江水系、小溪、标溪	2400.00	3	12.00	6.60	731.17	引水式	352.53	8.00	重力坝	3.00	民营	1995年6月	1998年7月
677	顺利一级水电站	景宁县	瓯江水系、小溪、小顺源	1600.00	2	56.00	2.30	298.50	混合式	2.50	89.00	其他	42.00	民营	1997年11月	2004年4月
678	白鹤水电站	景宁县	飞云江水系、北溪、北溪干流	25000.00	2	148.00	22.00	6506.17	引水式	149.40	1603.00	拱坝	65.00	民营	1998年5月	2000年6月
679	永库水电站	景宁县	瓯江水系、小溪、毛垟港	3750.00	3	29.10	15.15	1726.73	引水式	571.60	8.00	翻板坝	5.00	民营	1998年4月	2000年6月

续表

序号	名称	所在市（县、区）	所在河流	装机容量/kW	机组台数/台	设计水头/m	设计流量/（m^3/s）	年平均发电量/万kW·h	开发方式	坝址以上集雨面积/km^2	总库容/万m^3	坝型	坝高/m	所有制形式	开建年月	投产年月
680	高岩下水电站	景宁县	瓯江水系、小溪、大顺源	5000.00	2	66.00	3.58	1174.69	混合式	104.26	525.00	拱坝	49.00	民营	1998年11月	2000年6月
681	高沈水电站	景宁县	瓯江水系、小溪、大顺源	2400.00	3	102.00	3.10	568.17	引水式	64.00	8.00	其他	14.00	民营	1999年11月	2000年9月
682	顺利二级水电站	景宁县	瓯江水系、小溪、小顺源	2400.00	3	75.00	2.57	565.83	混合式	61.40	40.50	拱坝	22.50	民营	1999年12月	2000年5月
683	南坑源二级水电站	景宁县	瓯江水系、小溪、英川港、南坑源	1500.00	3	86.00	1.80	461.93	引水式	25.00	9.00	其他	5.00	民营	1998年10月	2000年1月
684	王湾水电站	景宁县	瓯江水系、小溪、大顺源	1000.00	2	19.00	8.00	246.12	引水式	112.70	7.00	其他	6.00	民营	1998年12月	2001年3月
685	上标五级水电站	景宁县	瓯江水系、小溪、标溪	2520.00	4	12.00	18.00	703.17	引水式	300.00	8.00	翻板坝	4.00	民营	1998年3月	1999年4月
686	英川三级水电站	景宁县	瓯江水系、小溪、英川港	7000.00	4	29.10	27.00	2021.78	引水式	292.10	9.00	翻板坝	3.50	民营	2003年12月	2004年1月
687	英川一级水电站	景宁县	瓯江水系、小溪、英川港	40000.00	2	192.00	26.70	13470.17	引水式	199.00	3731.00	重力坝	87.00	民营	1999年10月	2002年12月
688	际头水电站	景宁县	瓯江水系、小溪、大赤坑	800.00	1	320.00	0.26	216.27	引水式	3.80	8.85	拱坝	15.00	民营	2001年12月	2003年9月
689	南坑源一级水电站	景宁县	瓯江水系、小溪、英川港、南坑源	3200.00	2	244.89	1.63	960.00	引水式	17.00	98.50	拱坝	34.00	民营	2001年2月	2003年3月

续表

序号	名称	所在市（县、区）	所在河流	装机容量/kW	机组台数/台	设计水头/m	设计流量/(m^3/s)	年平均发电量/万kW·h	开发方式	坝址以上集雨面积/km^2	总库容/万m^3	坝型	坝高/m	所有制形式	开建年月	投产年月
690	黄洋口水电站	景宁县	瓯江水系、小溪、英川港、隆川	1600.00	2	242.00	0.60	508.00	引水式	10.50	9.50	重力坝	5.00	民营	2002年12月	2003年8月
691	陶山水电站	景宁县	瓯江水系、小溪、包山坑	1600.00	2	150.00	1.50	395.67	混合式	15.00	83.00	拱坝	37.60	民营	2000年6月	2004年6月
692	景润水电站	景宁县	瓯江水系、小溪、毛垟港	6400.00	2	115.30	6.46	1831.33	引水式	62.30	243.00	拱坝	38.50	民营	2002年4月	2004年8月
693	金田水电站	景宁县	瓯江水系、小溪、小顺源	3200.00	2	260.00	1.50	906.00	混合式	24.50	186.50	拱坝	54.60	民营	2002年11月	2004年1月
694	龙川水电站	景宁县	瓯江水系、小溪、英川港、岱根、双龙桥	10000.00	2	313.00	3.80	3151.00	引水式	28.15	185.00	拱坝	56.60	民营	2002年4月	2004年6月
695	黄坑水电站	景宁县	瓯江水系、小溪、毛垟港、大地溪	4000.00	2	162.00	3.00	588.25	引水式	30.00	10.00	其他	45.00	民营	2002年4月	2019年7月
696	石洞门水电站	景宁县	瓯江水系、小溪、金兰坑	1600.00	2	75.00	1.21	351.33	引水式	21.80	80.44	拱坝	39.00	民营	2002年10月	2003年1月
697	丰水二级水电站	景宁县	瓯江水系、小溪、石门坑	1600.00	2	127.80	5.80	466.20	引水式	18.00	0.01	其他	4.00	民营	2002年12月	2005年8月
698	毛垟水电站	景宁县	瓯江水系、小溪、毛垟港	6400.00	2	16.40	47.00	1963.50	引水式	556.80	181.00	重力坝	17.50	国有	2003年4月	2005年9月
699	梧桐坑水电站	景宁县	瓯江水系、小溪、梧桐坑	3750.00	3	62.00	7.50	1157.38	引水式	138.00	2.00	重力坝	9.00	民营	2003年7月	2005年8月

续表

序号	名称	所在市（县、区）	所在河流	装机容量/kW	机组台数/台	设计水头/m	设计流量/（m^3/s）	年平均发电量/万kW·h	开发方式	坝址以上集雨面积/km^2	总库容/万m^3	坝型	坝高/m	所有制形式	开建年月	投产年月
700	景青水电站（旦水水电站）	景宁县	瓯江水系、小溪、山前坑	1260.00	2	24.50	0.60	250.30	引水式	3.50	9.32	重力坝	7.00	民营	2003年1月	2004年1月
701	交溪口水电站	景宁县	瓯江水系、小溪、标溪	2520.00	4	13.00	5.50	554.67	引水式	138.60	5.00	翻板坝	4.00	民营	2003年4月	2005年6月
702	三枝树水电站	景宁县	瓯江水系、小溪、鹤溪	12600.00	2	254.00	2.89	2945.17	引水式	56.00	627.00	面板坝	62.80	民营	2003年12月	2006年1月
703	大粗水电站	景宁县	瓯江水系、小溪、大粗坑	1000.00	2	140.00	0.91	184.35	引水式	10.88	27.00	拱坝	27.00	民营	2002年4月	2005年8月
704	岭头桥水电站	景宁县	瓯江水系、小溪、标溪、上标溪	6400.00	2	58.00	6.28	1705.00	引水式	129.18	22.80	翻板坝	26.50	民营	2003年7月	2005年12月
705	丰水一级水电站	景宁县	瓯江水系、小溪、石门坑	800.00	1	61.45	1.52	94.05	引水式	16.00	25.00	重力坝	25.50	民营	2004年12月	2005年8月
706	白水际二级水电站	景宁县	瓯江水系、小溪、鹤溪、郑坑	400.00	2	88.00	0.30	1007.83	引水式	2.20	5.00	其他	3.00	民营	2006年7月	2019年7月
707	炉西水电站	景宁县	瓯江水系、小溪、毛垟港、炉西小坑	1890.00	3	450.00	0.56	344.02	引水式	4.72	0.08	其他	6.50	民营	2003年11月	2007年3月
708	新坑水电站	景宁县	瓯江水系、小溪、毛垟港、炉西小坑	320.00	2	48.00	1.18	135.67	引水式	15.50	0.01	其他	2.50	民营	2004年4月	2007年1月
709	五洋一级水电站	景宁县	瓯江水系、小溪、毛垟港、秋炉溪	1600.00	2	74.00	1.42	373.33	引水式	21.08	99.50	重力坝	32.50	民营	2002年4月	2007年7月

续表

序号	名称	所在市（县、区）	所在河流	装机容量/kW	机组台数/台	设计水头/m	设计流量/（m^3/s）	年平均发电量/万kW·h	开发方式	坝址以上集雨面积/km^2	总库容/万m^3	坝型	坝高/m	所有制形式	开建年月	投产年月
710	五洋二级水电站	景宁县	瓯江水系、小溪、毛垟港、秋炉溪	1890.00	3	64.00	4.29	446.83	引水式	34.47	25.70	重力坝	16.30	民营	2005年4月	2007年7月
711	龙潭库水电站（不含古楼）	景宁县	瓯江水系、小溪、炉西坑、小港	1000.00	2	85.00	1.47	188.00	引水式	8.80	3.00	重力坝	3.00	民营	2004年1月	2005年6月
712	预章水电站	景宁县	瓯江水系、小溪、标溪、预章	800.00	2	232.00	0.46	150.88	引水式	4.61	5.00	重力坝	12.40	民营	2006年12月	2008年2月
713	陈潭水电站（西洋坑三级水电站）	景宁县	飞云江水系、北溪、大仰坑	1260.00	2	100.00	1.00	338.43	引水式	13.20	23.00	拱坝	32.00	民营	2004年2月	2006年5月
714	龙石潭水电站	景宁县	瓯江水系、小溪、英川港	1890.00	3	11.15	4.00	926.20	引水式	320.00	6.00	翻板坝	9.50	民营	2005年12月	2008年3月
715	三条际水电站	景宁县	瓯江水系、小溪、标溪、家地溪	5000.00	2	386.00	0.78	1510.83	引水式	10.50	89.30	重力坝	1.50	民营	2003年12月	2008年1月
716	白鹤二级水电站	景宁县	飞云江水系、北溪	8000.00	2	44.25	10.61	2277.96	引水式	179.20	216.00	重力坝	35.40	民营	2005年3月	2008年8月
717	双银坑一级水电站	景宁县	瓯江水系、小溪、炉西坑、茗源坑	1000.00	2	174.00	0.74	346.13	引水式	8.02	30.30	拱坝	25.00	民营	2005年1月	2009年8月
718	温头口水电站	景宁县	瓯江水系、小溪、标溪、家地溪	8000.00	2	164.50	2.78	1646.37	引水式	35.00	303.75	面板坝	48.85	民营	2003年6月	2009年1月
719	红旗水电站	景宁县	瓯江水系、小溪、炉西坑、梅岐坑	450.00	2	105.00	0.40	97.35	引水式	9.50	2.00	重力坝	9.00	民营	1980年3月	1983年1月

续表

序号	名称	所在市（县、区）	所在河流	装机容量/kW	机组台数/台	设计水头/m	设计流量/（m^3/s）	年平均发电量/万kW·h	开发方式	坝址以上集雨面积/km^2	总库容/万m^3	坝型	坝高/m	所有制形式	开建年月	投产年月
720	张春水电站	景宁县	瓯江水系、小溪、鹤溪	4400.00	2	568.00	0.33	281.00	引水式	3.80	0	其他	0	民营	2003年6月	2005年1月
721	白水际一级水电站	景宁县	瓯江水系、小溪、鹤溪、鹤溪干流	1325.00	3	568.00	0.26	306.00	引水式	1.77	34.20	土石坝	33.90	民营	2003年2月	2004年4月
722	滩岭水电站	景宁县	瓯江水系、小溪、鹤溪	200.00	1	92.00	0.26	82.53	引水式	10.50	6.00	面板坝	8.00	民营	1991年1月	1994年1月
723	双银坑水电站	景宁县	瓯江水系、小溪、炉西坑、茗源坑	800.00	1	90.00	0.75	210.95	引水式	11.30	30.00	拱坝	25.00	民营	1995年6月	2009年6月
724	银水际水电站	景宁县	瓯江水系、小溪、炉西坑、梅岐坑	950.00	2	36.00	2.86	323.65	引水式	51.00	0.02	重力坝	8.00	民营	1994年1月	1995年1月
725	蒲洋一级水电站	景宁县	瓯江水系、小溪、大赤坑、三石坑、赤木山溪谷	160.00	1	110.00	0.19	50.03	引水式	2.20	57.00	重力坝	33.00	集体	1982年6月	1984年1月
726	蒲洋三级水电站	景宁县	瓯江水系、小溪、大赤坑、三石坑	600.00	1	86.00	0.55	216.88	引水式	16.53	5.00	面板坝	3.00	集体	1985年3月	1986年7月
727	蒲洋二级水电站	景宁县	瓯江水系、小溪、大赤坑、三石坑	400.00	1	245.00	0.28	102.17	引水式	0.52	0	其他	0	民营	1993年7月	1973年7月
728	蒲洋四级水电站	景宁县	瓯江水系、小溪、大赤坑、三石坑	500.00	2	47.00	1.40	136.83	引水式	18.20	3.00	其他	2.00	民营	2002年3月	2004年1月
729	大赤洋水电站	景宁县	瓯江水系、小溪、大赤坑	200.00	1	18.00	1.00	79.55	引水式	36.00	0.01	其他	2.00	集体	1965年1月	1968年1月

续表

序号	名称	所在市（县、区）	所在河流	装机容量/kW	机组台数/台	设计水头/m	设计流量/（m^3/s）	年平均发电量/万kW·h	开发方式	坝址以上集雨面积/km^2	总库容/万m^3	坝型	坝高/m	所有制形式	开建年月	投产年月
730	草鱼塘水电站	景宁县	飞云江水系、北溪、碗溪	200.00	1	80.00	0.23	14.52	引水式	1.71	0.75	拱坝	5.00	民营	1968年6月	1970年1月
731	洋溪水电站	景宁县	瓯江水系、小溪、大赤坑	520.00	2	37.00	1.71	178.47	引水式	42.63	0.06	其他	2.00	民营	1993年12月	1994年9月
732	大均洋下水电站	景宁县	瓯江水系、小溪	625.00	5	4.20	0.28	362.67	引水式	1846.00	0	其他	0	民营	1998年8月	2000年4月
733	三重际水电站	景宁县	瓯江水系、小溪、包山坑	520.00	2	140.00	0.40	161.50	引水式	7.39	0.02	重力坝	11.40	民营	1979年4月	1981年12月
734	扫口水电站	景宁县	瓯江水系、小溪、扫口坑	640.00	2	120.00	0.58	158.05	引水式	10.88	4.00	拱坝	15.00	民营	1995年3月	1996年7月
735	龙潭水电站	景宁县	瓯江水系、小溪、大赤坑	480.00	2	105.00	3.35	100.57	引水式	40.00	4.00	其他	3.00	国有	1995年3月	1997年1月
736	溪下坑水电站	景宁县	瓯江水系、小溪、大赤坑	800.00	2	62.00	1.47	235.75	引水式	57.80	0.01	其他	2.50	民营	1995年12月	1996年12月
737	古传水电站	景宁县	瓯江水系、小溪、古传坑	400.00	1	100.00	0.51	117.13	引水式	13.60	10.00	土石坝	15.00	民营	1995年7月	1997年1月
738	岭根水电站	景宁县	瓯江水系、小溪、炉西坑、茗源坑	650.00	2	95.00	–	222.10	引水式	12.80	1.00	其他	2.00	民营	1996年9月	1998年4月
739	新亭水电站	景宁县	瓯江水系、小溪、新亭坑	890.00	4	164.00	0.22	225.30	引水式	11.00	0.70	重力坝	7.00	民营	1984年12月	1986年12月

续表

序号	名称	所在市（县、区）	所在河流	装机容量/kW	机组台数/台	设计水头/m	设计流量/（m^3/s）	年平均发电量/万kW·h	开发方式	坝址以上集雨面积/km^2	总库容/万m^3	坝型	坝高/m	所有制形式	开建年月	投产年月
740	泉坑水电站	景宁县	瓯江水系、小溪、大均坑	200.00	1	50.00	0.50	30.28	引水式	4.60	0.01	其他	1.50	集体	1969年1月	1970年3月
741	蒲坑水电站	景宁县	瓯江水系、小溪、大赤坑、三石坑	500.00	2	144.50	0.47	113.97	引水式	3.00	3.00	重力坝	1.42	民营	2002年4月	2003年5月
742	金坑一级水电站	景宁县	瓯江水系、小溪、梧桐坑	1200.00	4	56.00	2.81	450.00	引水式	153.00	7.5	重力坝	12	民营	1979年1月	1982年1月
743	金坑二级水电站	景宁县	瓯江水系、小溪、梧桐坑	410.00	3	12.00	6.00	23.97	引水式	163.00	8.00	其他	5.00	民营	1964年4月	1960年1月
744	七里水电站	景宁县	瓯江水系、小溪、七里坑	640.00	1	98.00	0.86	50.02	引水式	7.30	2.00	其他	1.20	民营	1981年1月	1982年1月
745	峡桥一级水电站	景宁县	瓯江水系、小溪、毛垟港、黄水坑、叶桥小坑	400.00	1	76.00	0.40	81.85	引水式	4.00	0.01	其他	2.00	民营	1996年5月	1998年7月
746	峡桥三级水电站	景宁县	瓯江水系、小溪、毛垟港、黄水坑、叶桥小坑	1200.00	3	165.00	1.04	329.60	引水式	12.50	0.05	重力坝	0.32	民营	1984年5月	1986年1月
747	炉西坑水电站	景宁县	瓯江水系、小溪、毛垟港、炉西小坑	650.00	2	67.00	1.00	149.70	引水式	26.00	4.00	重力坝	2.00	国有	1979年4月	1981年1月
748	枫林口水电站	景宁县	瓯江水系、小溪、标溪、东车小坑	650.00	2	67.00	0.70	132.43	引水式	20.00	6.00	其他	3.00	国有	1979年6月	1981年1月
749	景埠水电站	景宁县	瓯江水系、小溪、标溪、洋白坑	125.00	1	38.00	0.40	30.38	引水式	9.25	0.01	其他	2.00	民营	1995年1月	1996年8月

续表

序号	名称	所在市（县、区）	所在河流	装机容量/kW	机组台数/台	设计水头/m	设计流量/（m^3/s）	年平均发电量/万kW·h	开发方式	坝址以上集雨面积/km^2	总库容/万m^3	坝型	坝高/m	所有制形式	开建年月	投产年月
750	金峰二级水电站	景宁县	瓯江水系、小溪、毛垟港、大地溪	520.00	1	17.00	3.77	123.40	引水式	44.50	7.00	翻板坝	5.00	民营	2002年4月	2004年8月
751	南坑源三级水电站	景宁县	瓯江水系、小溪、英川港、南坑源	640.00	1	38	0.98	220.63	混合式	39.00	7.00	其他	5.00	民营	2001年2月	2003年5月
752	东叶坑水电站	景宁县	瓯江水系、小溪、标溪、东车小坑	260.00	1	85.00	0.32	84.83	引水式	10.20	3.00	重力坝	1.50	民营	1996年6月	1996年10月
753	猢狲坪水电站	景宁县	瓯江水系、小溪、英川港、黄坑源	960.00	3	79.73	0.74	327.00	引水式	39.00	2.00	其他	2.50	民营	1994年11月	1996年5月
754	猢狲坪二级水电站	景宁县	瓯江水系、小溪、英川港、南坑源	400.00	2	30.00	0.90	160.80	引水式	64.00	3.00	其他	3.00	民营	1997年7月	1999年4月
755	富仁坑水电站	景宁县	瓯江水系、小溪、英川港、英南坑	500.00	2	290.00	0.36	0.33	引水式	69.30	5.00	重力坝	1.50	民营	1995年7月	1997年7月
756	安亭外洋水电站	景宁县	瓯江水系、小溪、炉西坑、小港、际下坑	125.00	1	65.00	–	29.78	引水式	5.00	6.00	其他	5.00	民营	1969年11月	1972年1月
757	吴布水电站	景宁县	瓯江水系、小溪、大都坑	75.00	1	85.00	0.22	34.03	引水式	3.89	0.03	重力坝	3.70	民营	1986年1月	1988年1月
758	梅坑水电站	景宁县	瓯江水系、小溪、梅坑	525.00	2	140.06	0.50	73.68	引水式	4.34	1.00	其他	0	民营	1974年4月	1978年1月
759	郑坑下圩水电站	景宁县	瓯江水系、小溪、炉西坑、郑坑	180.00	1	65.00	–	25.73	引水式	5.00	1.00	其他	1.00	民营	1977年11月	1979年1月

续表

序号	名称	所在市（县、区）	所在河流	装机容量/kW	机组台数/台	设计水头/m	设计流量/（m^3/s）	年平均发电量/万kW·h	开发方式	坝址以上集雨面积/km^2	总库容/万m^3	坝型	坝高/m	所有制形式	开建年月	投产年月
760	鱼际坑水电站	景宁县	瓯江水系、小溪、标溪、上标溪、鱼际坑	1040.00	3	205.00	0.70	544.78	引水式	9.80	43.00	拱坝	29.30	民营	1997年11月	1999年7月
761	鱼际坑一级水电站	景宁县	瓯江水系、小溪、标溪、上标溪、鱼际坑	400.00	1	80.00	0.68	39.35	引水式	4.40	1.00	拱坝	3.00	民营	1998年10月	2000年4月
762	鱼际坑尾水水电站	景宁县	瓯江水系、小溪、标溪、上标溪、鱼际坑	100.00	1	17.00	0.87	25.20	引水式	3.50	1.00	其他	2.00	民营	1998年10月	2000年4月
763	桥银坑水电站（桥下坑二级水电站）	景宁县	飞云江水系、北溪、桥银坑、陈潭坑	1260.00	2	100.00	1.54	340.23	引水式	14.50	5.00	重力坝	5.00	民营	2006年11月	2008年1月
764	桃源库下水电站	景宁县	飞云江水系、北溪、大白坑、大白坑干流	3200.00	4	140.00	3.20	857.03	引水式	28.00	30.00	拱坝	30.00	民营	2003年6月	2006年12月
765	石柱口水电站	景宁县	瓯江水系、小溪、标溪、上标溪、小佐坑	640.00	2	48.50	1.10	245.80	引水式	32.00	3.00	重力坝	5.00	民营	2002年4月	2004年11月
766	华发水电站	景宁县	瓯江水系、小溪、英川港、隆川	1600.00	2	220.00	0.88	87.50	引水式	9.50	1.64	其他	2.00	民营	2014年11月	2016年1月
767	坑下水电站	景宁县	瓯江水系、小溪、英川港、坑垟坑	2100.00	2	140.00	1.51	475.50	引水式	18.75	1.00	其他	7.50	民营	1992年11月	1994年6月
768	梅淙水电站	景宁县	瓯江水系、小溪、英川港、坑垟坑	285.00	1	18.00	0.70	58.10	引水式	23.00	1.00	其他	1.30	民营	1968年11月	1970年1月
769	粗砻一级水电站	景宁县	瓯江水系、小溪、英川港、坑垟坑	800.00	2	138.00	0.80	313.33	引水式	8.50	26.00	拱坝	15.00	民营	1985年11月	1987年1月

续表

序号	名称	所在市（县、区）	所在河流	装机容量/kW	机组台数/台	设计水头/m	设计流量/（m^3/s）	年平均发电量/万kW·h	开发方式	坝址以上集雨面积/km^2	总库容/万m^3	坝型	坝高/m	所有制形式	开建年月	投产年月
770	粗砻二级水电站	景宁县	瓯江水系、小溪、英川港、坑垟坑	1270.00	3	200.00	1.06	504.33	引水式	9.30	6.00	其他	5.00	民营	1993年11月	1995年6月
771	洪源水电站	景宁县	瓯江水系、小溪、英川港、洪源坑	500.00	1	58	1.00	237.07	引水式	38.00	8.00	其他	5.00	民营	1994年12月	1998年12月
772	新村水电站	景宁县	瓯江水系、小溪、英川港	260.00	1	13.00	4.33	53.67	引水式	35.00	2.00	其他	3.00	民营	1994年11月	1996年8月
773	岭头水电站	景宁县	瓯江水系、小溪、英川港、坑垟坑	1140.00	4	120.00	0.86	329.42	引水式	13.00	2.00	重力坝	2.20	民营	1975年11月	1978年1月
774	底垟水电站	景宁县	瓯江水系、小溪、英川港	1000.00	2	43.00	2.70	396.52	引水式	37.00	5.00	重力坝	3.00	民营	2002年4月	2004年6月
775	西洋坑水电站	景宁县	飞云江水系、北溪、大仰坑	250.00	1	218.00	0.22	100.37	引水式	5.00	3.00	重力坝	2.00	民营	1984年1月	1985年1月
776	际门水电站	景宁县	飞云江水系、北溪、大白坑、桃源坑	800.00	2	86.00	0.75	360.33	引水式	15.00	3.00	其他	5.00	民营	2002年11月	2004年7月
777	沙坑水电站（沙坑三级水电站）	景宁县	瓯江水系、小溪、金兰坑	125.00	1	56.70	0.30	65.020	引水式	7.90	2.00	重力坝	3.00	民营	1993年11月	1995年5月
778	金牛坑（沙坑）水电站	景宁县	瓯江水系、小溪、金兰坑	500.00	2	265.00	0.28	166.50	引水式	3.00	8.00	拱坝	8.00	民营	1995年9月	1997年2月
779	大白坑水电站	景宁县	飞云江水系、北溪、大白坑、大白坑干流	1430.00	3	57.00	1.50	490.82	引水式	39.45	3.30	重力坝	6.38	民营	1995年2月	1997年7月

续表

序号	名称	所在市（县、区）	所在河流	装机容量/kW	机组台数/台	设计水头/m	设计流量/（m^3/s）	年平均发电量/万kW·h	开发方式	坝址以上集雨面积/km^2	总库容/万m^3	坝型	坝高/m	所有制形式	开建年月	投产年月
780	东方水电站（北溪一级水电站）	景宁县	飞云江水系、北溪、北溪干流	1500.00	3	58.00	2.40	280.63	引水式	38.30	44.20	重力坝	17.00	民营	1998年7月	2000年1月
781	蚊子岭一级水电站	景宁县	飞云江水系、北溪、大白坑、大白坑干流	520.00	2	45.00	1.54	195.42	引水式	9.35	8.00	土石坝	7.00	民营	2002年10月	2004年1月
782	南坑下水电站	景宁县	瓯江水系、小溪、英川港、南坑源	1800.00	2	70.00	3.30	473.95	引水式	67.20	8.00	其他	4.00	国有	1968年11月	1971年1月
783	东风水电站	景宁县	瓯江水系、小溪	445.00	3	4.00	10.00	215.00	引水式	1140.00	0	其他	0	民营	1968年7月	1970年6月
784	大赤坑一级水电站	景宁县	瓯江水系、小溪、大赤坑	720.00	3	47.00	2.90	261.50	引水式	62.80	2.00	其他	3.00	国有	1965年1月	1970年1月
785	大赤坑二级水电站	景宁县	瓯江水系、小溪、大赤坑	150.00	1	13.00	0.75	20.02	引水式	86.00	5.00	其他	2.00	国有	1965年3月	1966年1月
786	家地水电站	景宁县	瓯江水系、小溪、标溪、家地溪	1320.00	2	27.00	3.22	322.67	引水式	96.00	7.00	重力坝	5.00	民营	1994年10月	1996年12月
787	石银一级水电站	景宁县	瓯江水系、小溪、标溪、上标溪、小佐坑	600.00	2	45.00	1.50	216.17	引水式	37.00	60.00	拱坝	44.00	民营	1997年11月	1999年8月
788	大源坑水电站	景宁县	瓯江水系、小溪、大顺源、后斜坑	1000.00	2	290.00	0.46	237.00	引水式	6.50	5.50	拱坝	15.50	民营	1998年7月	1999年1月
789	雪花漈二级水电站	景宁县	瓯江水系、小溪、标溪、上标溪、小佐坑	2500.00	2	412.00	0.75	837.33	引水式	14.23	6.00	其他	5.00	民营	1997年2月	1998年9月

续表

序号	名称	所在市（县、区）	所在河流	装机容量 /kW	机组台数 / 台	设计水头 /m	设计流量 /（m^3/s）	年平均发电量 / 万 kW·h	开发方式	坝址以上集雨面积 /km^2	总库容 / 万 m^3	坝型	坝高 /m	所有制形式	开建年月	投产年月
790	洋佑坑水电站	景宁县	瓯江水系、小溪、大顺源、垟佑坑	400.00	1	140.00	3.20	82.83	引水式	5.32	2.00	其他	2.35	民营	1999 年 11 月	2001 年 7 月
791	双坑水电站	景宁县	瓯江水系、小溪、岭根坑	720.00	2	147.20	0.66	190.17	引水式	11.70	0.05	其他	2.40	民营	1999 年 8 月	2001 年 1 月
792	大隆水电站	景宁县	瓯江水系、小溪、标溪、家地溪	640.00	2	160.00	0.53	175.58	引水式	7.80	9.00	重力坝	8.00	民营	2002 年 7 月	2004 年 1 月
793	茶园水电站	景宁县	瓯江水系、小溪、英川港、茶园溪	3200.00	2	161.17	2.78	522.10	引水式	28.20	8.00	拱坝	5.00	民营	2005 年 3 月	2007 年 11 月
794	洪水岭水电站	景宁县	瓯江水系、小溪、英川港、洪源坑	3200.00	2	164.00	2.60	884.17	引水式	25.00	5.50	其他	10.00	民营	2005 年 7 月	2007 年 11 月
795	金秋水电站（金坑三级水电站）	景宁县	瓯江水系、小溪、梧桐坑	4000.00	2	39.60	7.50	998.00	引水式	143.00	7.00	翻板坝	5.00	民营	2004 年 7 月	2006 年 3 月
796	半岭水电站	景宁县	瓯江水系、小溪、英川港、岱根	800.00	2	8.00	5.98	247.83	引水式	58.00	8.90	重力坝	5.00	民营	2005 年 5 月	2007 年 6 月
797	均洋水电站	景宁县	瓯江水系、小溪、大均坑	1890.00	3	220.00	0.44	734.00	引水式	22.00	15.30	重力坝	21.00	民营	2005 年 12 月	2007 年 6 月
798	金丝坑水电站（上坑水电站）	景宁县	瓯江水系、小溪、梧桐坑	1600.00	2	336.00	0.59	320.33	引水式	5.40	8.60	重力坝	18.00	民营	2003 年 6 月	2006 年 3 月
799	北溪二级水电站	景宁县	飞云江水系、北溪、北溪干流	1500.00	2	34.00	3.01	348.38	引水式	39.00	8.00	翻板坝	3.00	民营	2004 年 7 月	2011 年 6 月

续表

序号	名称	所在市（县、区）	所在河流	装机容量/kW	机组台数/台	设计水头/m	设计流量/（m^3/s）	年平均发电量/万kW·h	开发方式	坝址以上集雨面积/km^2	总库容/万m^3	坝型	坝高/m	所有制形式	开建年月	投产年月
800	上标六级水电站	景宁县	瓯江水系、小溪、标溪	3200.00	4	16.00	26.00	656.05	引水式	315.50	6.00	翻板坝	4.00	民营	2010年11月	2013年1月
801	芎岱楼水电站	景宁县	瓯江水系、小溪、标溪、家地溪	4000.00	2	49.70	4.93	1143.02	引水式	82.43	389.50	拱坝	50.30	民营	2003年8月	2007年9月
802	银库水电站	景宁县	瓯江水系、小溪、毛垟港	3200.00	2	9.35	45.00	485.67	引水式	638.00	62.00	翻板坝	4.00	民营	2005年4月	2008年8月
803	白殿坑水电站	景宁县	瓯江水系、小溪、大顺源	1890.00	3	200.00	0.40	507.17	引水式	13.64	20.48	重力坝	22.50	民营	2006年4月	2008年11月

附录 3　丽水市不同规模水电站数量及装机容量

电站规模		电站数量 / 座	装机容量 / 万 kW	占比 /%	
				数量	装机容量
大型（装机容量≥ 30 万 kW）		2	90.90	0.25	32.15
中型（5 万 kW ≤装机容量< 30 万 kW）		2	18.58	0.25	6.57
小（1）型（1 万 kW ≤装机容量< 5 万 kW）		37	78.70	4.61	27.83
小（2）型	500kW ≤装机容量< 1 万 kW	497	87.62	61.89	30.99
	装机容量< 500kW	265	6.96	33.00	2.46
合计		803	282.76	100.00	100.00

附录 4　2020 年丽水市小水电总装机容量及电站数量

行政区划	总计		装机容量									
			1 万 kW ≤装机容量 < 5 万 kW		5000kW ≤装机容量 < 1 万 kW		1000kW ≤装机容量 < 5000kW		500kW ≤装机容量 < 1000kW		装机容量< 500kW	
	数量 / 座	装机容量 / 万 kW	数量 / 座	装机容量 / 万 kW	数量 / 座	装机容量 / 万 kW	数量 / 座	装机容量 / 万 kW	数量 / 座	装机容量 / 万 kW	数量 / 座	装机容量 / 万 kW
莲都区	101	6.87	0	0	1	0.85	13	2.72	24	1.82	63	1.48
龙泉市	99	22.47	4	8.00	5	3.30	49	9.17	20	1.44	21	0.56
青田县	106	27.07	5	15.46	3	2.26	37	6.52	30	1.96	31	0.87
云和县	57	8.57	2	4.10	0	0	15	2.53	22	1.40	18	0.54
庆元县	60	21.28	6	11.86	5	3.41	22	4.97	10	0.62	17	0.42
缙云县	44	6.46	1	1.00	1	0.50	19	3.98	8	0.56	15	0.42
遂昌县	111	25.37	8	13.72	2	1.54	38	7.38	22	1.56	41	1.17
松阳县	67	11.22	3	3.86	3	1.78	21	4.10	13	0.84	27	0.64
景宁县	152	34.93	6	11.66	8	5.22	69	14.72	37	2.47	32	0.86
市本级	2	9.04	2	9.04	0	0	0	0	0	0	0	0
合计	799	173.28	37	78.70	28	18.86	283	56.09	186	12.67	265	6.96

附录 5　丽水市水电站建设年代分布

建设年代	电站数量 / 座	装机容量 / 万 kW	占比 /%	
			数量	装机
20 世纪 70 年代及之前	150	14.22	18.68	5.03
20 世纪 80 年代	76	49.54	9.47	17.52
20 世纪 90 年代	186	37.81	23.16	13.37
2000—2010 年	368	171.84	45.83	60.77
2011 年至今	23	9.35	2.86	3.31
合 计	803	282.76	100.00	100.00

附录 6　丽水市水电站分类汇总（按所有制形式）

所有制形式	电站数量 / 座	装机容量 / 万 kW	占比 /%	
			数量	装机
国有	114	155.31	14.20	54.93
集体	82	4.17	10.21	1.47
民营	607	123.28	75.59	43.60
合计	803	282.76	100.00	100.00